U0252672

面向新工科的电工电子信息基础课程系列教材

教育部高等学校电工电子基础课程教学指导分委员会推荐教材

第1版为浙江省高等教育重点建设教材

第3版为浙江省"十二五"优秀教材

第4版为浙江省首批"新形态"建设教材

电子系统

设计与实践

第4版

贾立新　主　编

倪洪杰　王辛刚　副主编

清华大学出版社

北京

内 容 简 介

本书由模拟电子系统设计、数字电子系统设计、单片机电子系统设计和综合电子系统设计四部分组成,包括基于集成运放的放大电路设计、滤波器设计、直流稳压电源设计、FPGA/CPLD应用基础、STM32F407单片机的基本原理、单片机最小系统设计、单片机串行总线扩展技术、单片机并行总线扩展技术、数字化语音存储与回放系统、DDS信号发生器、高速数据采集系统、CAN总线通信系统12章内容。内容编排循序渐进,从器件、单元电路设计,到以STM32F407单片机和Cyclone Ⅳ系列FPGA为核心器件、配以高性能模拟器件的综合电子系统设计。

本书可作为电类专业本科生实践课程的教材或参考书,也可供相关技术人员参考。

图书在版编目(CIP)数据

电子系统设计与实践/贾立新主编. —4 版. —北京:清华大学出版社,2019(2024.2 重印)
(面向新工科的电工电子信息基础课程系列教材)
ISBN 978-7-302-53541-6

Ⅰ. ①电…　Ⅱ. ①贾…　Ⅲ. ①电子系统－系统设计－高等学校－教材　Ⅳ. ①TN02

中国版本图书馆 CIP 数据核字(2019)第 180072 号

责任编辑:文　怡
封面设计:王昭红
责任校对:梁　毅
责任印制:宋　林

出版发行:清华大学出版社
网　　址:https://www.tup.com.cn,https://www.wqxuetang.com
地　　址:北京清华大学学研大厦 A 座　　　邮　编:100084
社 总 机:010-83470000　　　　　　　　　邮　购:010-62786544
投稿与读者服务:010-62776969,c-service@tup.tsinghua.edu.cn
质量反馈:010-62772015,zhiliang@tup.tsinghua.edu.cn
课件下载:https://www.tup.com.cn,010-83470236
印 装 者:三河市龙大印装有限公司
经　　销:全国新华书店
开　　本:185mm×260mm　　印　张:20.5　　字　数:495 千字
版　　次:2007 年 4 月第 1 版　2019 年 11 月第 4 版　　印　次:2024 年 2 月第 7 次印刷
定　　价:59.00 元

产品编号:084436-01

前言

大学生课外科技活动已经成为人才培养的重要环节。作为学生课外科技活动的重要平台，全国大学生电子设计竞赛对高校电子信息类专业的人才培养发挥了巨大促进作用，同时也极大促进了相关课程的建设和改革。近几年来，随着工程教育专业认证和一流学科建设的开展，对学生能力培养提出了新的要求。基于上述背景，越来越多的电子信息类专业开设了以培养学生工程实践能力为主要目标的电子系统设计课程，将学生电子系统设计能力的培养常态化、课程化，增加学生受益面。编写本书的目的就是为具备模电、数电、单片机等基础知识的学生开设电子系统设计、电子设计竞赛赛前训练等实践课程提供一本合适的教材或参考书。

本书第 1 版为浙江省高等教育重点建设教材。第 2 版和第 3 版为浙江工业大学重点建设教材，其中第 3 版被评为浙江省"十二五"优秀教材。第 4 版被列为浙江省首批"新形态"建设教材。

全书内容可分为以下 4 个部分：

第一部分为模拟电子系统设计。这部分内容由第 1～3 章组成。第 1 章介绍集成运放的模型、典型电路、主要参数，列举宽带放大电路、AGC 放大电路、仪表放大器电路、波形变换电路、V/I 变换电路、单电源放大电路等设计实例。第 2 章介绍 MFB 有源滤波器的手工设计方法以及开关电容滤波器的原理和典型芯片的应用。第 3 章介绍线性稳压电源设计、DC/DC 开关电源基本原理及典型 DC/DC 芯片的应用。

第二部分为数字电子系统设计。这部分内容由第 4 章组成。内容包括 Intel 公司 Cyclone Ⅳ 系列主流芯片的结构和原理，以 EP4CE6E22C8 为核心芯片的 FPGA 最小系统设计，信号发生器的设计。通过信号发生器的设计实例，介绍锁相环(PLL)和嵌入式存储器等 FPGA 内部资源的应用、Quartus Ⅱ 13.0 软件工具的操作以及数字系统的设计流程。

第三部分为单片机电子系统设计。这部分由第 5～8 章组成。第 5 章介绍基于 Cortex-M4 内核的 STM32F407 单片机基本原理。第 6 章介绍单片机最小系统设计。该单片机最小系统由一片单片机和一片 CPLD 构成，具有集成度高、扩展方便的优点，是构成单片机电子系统和综合电子系统的基础。第 7 章介绍串行总线扩展方法。通过程控放大器、电阻测量仪两个设计实例介绍 SPI 总线和 I²C 总线的接口设计和编程方法。第 8 章介绍并行总线扩展方法。内容包括 STM32F407 单片机 FSMC 接口，单片机与 FPGA 之间的并行接口设计。然后介绍两个设计实例——"等精度频率计"和"简易 16 位 SPI 接口"。

第四部分为综合电子系统设计。这部分内容由第 9～12 章组成。分别介绍数字化语音存储与回放系统、DDS 信号发生器、高速数据采集系统和 CAN 总线通信系统 4 个典型的综合电子系统。从方案设计、理论分析计算、软硬件设计、系统调试等 4 方面介绍综合电子系统的设计方法。

全书内容编排循序渐进,分为器件、单元电路、电子系统 3 个层次。

第一个层次是器件。本书介绍众多性能优异的模拟、数字、数模混合集成电路,如 Cortex-M4 内核单片机、Cyclone Ⅳ 系列 FPGA、MAX Ⅱ 系列 CPLD、串行大容量 FlashROM、步进电机驱动芯片、高速 A/D 转换器(ADC)、高速 D/A 转换器(DAC)、高分辨率 A/D 转换器、乘法型 D/A 转换器、宽带运放、精密运放、电流反馈运放、压控增益放大器(VGA)、高速电压比较器、开关电容滤波器、模拟开关、专用 DDS 芯片、DC/DC 芯片等。这些器件在理论课教材中很少涉及,读者可以通过本书理解其工作原理,掌握其使用方法。

第二个层次是单元电路。本书介绍许多在电子系统中常用的单元电路。包括:运放构成的放大电路,RC 有源滤波器,开关电容滤波器,FPGA 内部数字电路(包括 PLL、ROM、双口 RAM、FIFO),单片机和 FPGA 之间的接口电路(简易 SPI 接口、并行接口),高速 ADC 电路、高速 DAC 电路等。

第三个层次是电子系统。本书介绍程控放大器、电阻测量仪、等精度频率计、语音存储与回放系统、DDS 信号发生器、高速数据采集、CAN 总线通信系统 7 个综合电子系统。这些综合电子系统特点是:数模结合、软硬结合;既强调功能,又强调指标;涉及的技术具有很强的通用性,能起到举一反三的作用。完成这些电子系统的设计需要综合多种技术,采用适当的工具软件才能完成,体现了复杂工程问题的特征。

本教材体现以下特色:

(1) 本书为一本"新形态"教材。以纸质教材为载体,通过嵌入在教材中的二维码作为互联网移动终端设备入口,向读者提供与教材内容相关的知识点讲解视频、实验演示视频、测试程序等资源。"新形态"教材便于学生线上线下自主学习,而且二维码对应的数字资源也可以不断更新。

(2) 模块化的电子系统设计方法。其设计思路是将电子系统分成 3～6 个模块,每个模块由 1～3 个单元电路组成,每个单元电路通常由一片集成芯片实现。模块化设计方法提高了电子系统设计的抽象层次,降低了电子系统的设计难度,也便于采用团队协作的方式由多名学生完成一个电子系统的设计。

(3) 丰富的设计案例。本书采用了作者 20 多年指导电子设计竞赛和电子系统设计课程教学所积累的设计案例。这些设计案例的硬件电路原理图、程序代码均经过调试验证,同时根据学生在实践过程中出现的问题持续改进。

（4）每一章节后面均安排思考题和设计训练题。思考题帮助读者理解书本内容,也可以作为教师教学过程中试卷命题时的参考。设计训练题与每一章内容紧密结合,适合学生实践训练。

（5）作者研制开发了一套模块化综合电子系统实验平台,将书中出现的典型电路制作成标准尺寸的模块,通过选用不同的模块可以构建书中所有设计实例和大部分设计训练题。该自制实验设备在 2010 年获全国电子技术教学研究会实验教学成果一等奖。

参加本书编写的有贾立新、倪洪杰、王辛刚等。第 2 章由倪洪杰编写,第 3 章由王辛刚编写,其余各章由贾立新编写。贾立新负责全书统稿。清华大学出版社的编辑为本书的出版做了卓有成效的工作,在此深表谢意。

本书的出版得到了 2017 年度浙江工业大学重点教材建设项目和浙江工业大学控制科学与工程学科教材培育基金的资助。

由于作者水平有限,书中难免有不妥之处。如果您在阅读本书的过程中发现问题或有改进本书的建议,请与作者联系。

作　者

2019 年 5 月于浙江工业大学

电子系统设计课件.zip

目录

目录

目录

目录

第**1**章

基于集成运放的放大电路设计

1.1 运算放大器的模型

运算放大器最早应用于模拟计算机中,它可以完成加法、减法、微分、积分等各种数学运算。随着集成电路技术的不断发展,运算放大器的应用日益广泛,可以实现信号的产生、变换、处理等各种功能,已成为构成模拟系统最基本的集成电路。

运算放大器是由多级基本放大电路直接耦合而组成的高增益放大器。通常由高阻输入级、中间放大级、低阻输出级和偏置电路组成,其内部结构框图如图 1.1-1 所示。

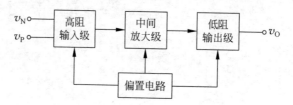

图 1.1-1 运算放大器的内部结构框图

实际的运算放大器内部电路比较复杂,为了便于理解其原理,这里给出了如图 1.1-2 所示的简化运算放大器电路图。第 1 级为由 T_1、T_2 对管构成的基本差分放大电路,把双端输入信号变成单端输入信号;第 2 级进一步放大输入信号并提供频率补偿;第 3 级为典型的甲乙类功放,增加运放的驱动能力。

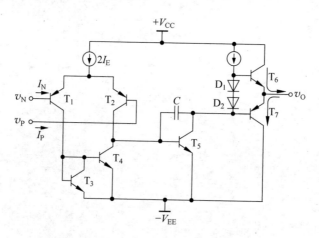

图 1.1-2 简化的运算放大器电路图

当运算放大器与外部电路连接组成各种功能电路时,从系统角度看,无须关心其复杂的内部电路,而是着重研究其外特性。具体地讲,人们利用厂商提供的运放参数构成表征外特性的简化运算模型。在分析由运算放大器构成的模拟电路时,常用的有理想运算放大器模型和实际运算放大器模型。

1. 理想运算放大器模型

理想运算放大器的模型如图 1.1-3 所示,它具有以下特性:

(1) 开环电压增益 $A_{vo} = \infty$;

(2) 输入电阻 $r_{id} = \infty$;

(3) 输出电阻 $r_o = 0$;

(4) 上限截止频率 $f_H = \infty$;

(5) 共模抑制比 $K_{CMR} = \infty$;

(6) 失调电压、失调电流和内部噪声均为 0。

对于理想运算放大器的前 3 条特性,通用运算放大器一般可以近似满足。后 3 条特性通用运算放大器不易达到,需要选用专用运算放大器来近似满足。如可选用宽带运算放大器获得很宽的频带宽度,选用精密运算放大器使失调电压、内部噪声趋于 0。

从理想运算放大器的特性可以导出理想运放在线性运用时具有的两个重要特性:

(1) 理想运算放大器的同相输入端和反相输入端的电流为 0,即 $i_N = i_P = 0$。这一结论是由理想运放输入电阻 $r_{id} = \infty$ 而得到的;

(2) 理想运算放大器的两输入端电压差等于 0,即 $v_N = v_P$,这一结论是由理想运放的电压增益 $A_{vo} = \infty$,输出电压为有限值而得到的。

2. 实际运算放大器模型

实际运算放大器的模型如图 1.1-4 所示。实际运算放大器的模型包括以下典型参数:

(1) 差分输入电阻 r_{id};

(2) 开环电压增益 A_{vo};

(3) 输出电阻 r_o。

其中,增益 A_{vo} 也称为开环差模增益,在输出不加负载时有:

$$v_o = A_{vo} v_{id} = A_{vo}(v_P - v_N) \tag{1.1-1}$$

$$v_{id} = \frac{v_o}{A_{vo}} \tag{1.1-2}$$

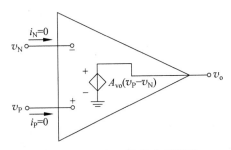

图 1.1-3 理想运算放大器模型

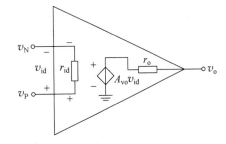

图 1.1-4 实际运算放大器的模型

实际运放的参数由器件的数据手册给出。如运算放大器 LM741 的主要参数为：$r_{id}=2\text{M}\Omega, A_{vo}=200\text{V}/\text{mV}, r_o=75\Omega$。由于运算放大器的开环增益都非常大，对于一个有限的输出，只需要非常小的差分输入电压。譬如，要维持 $v_o=6\text{V}$，运算放大器 LM741 需要 $v_{id}=6/200000=30\mu\text{V}$，是非常小的电压。

1.2 集成运放构成的基本放大电路

1. 反相放大电路

比例运算放大电路分为反相放大器和同相放大器。反相放大器的基本电路结构如图 1.2-1 所示。其闭环电压放大倍数：

$$A_{vf}=v_o/v_i=-R_2/R_1 \tag{1.2-1}$$

用反相放大器可以很方便地实现各种增益的放大电路。要想改变放大电路的电压增益，无须改变运放本身，只需调整电路中 R_1 和 R_2 的比值即可。如要设计一个电压增益为 30 倍的反相放大器，只需 R_1 取 1kΩ、R_2 取 30kΩ 就可实现。反相放大器的输入电阻等于 R_1。从增加放大电路输入电阻的角度来看，R_1 应尽量取得大一些，但 R_1 取得太大，则在相同电压增益时，势必 R_2 也要增加。R_2 太大会引起放大电路工作不稳定，因此，在设计反相放大器时，R_1 既不能取得太小，也不能取得太大。

当只放大交流信号时，反相器的输入端和输出端应接入隔直电容，如图 1.2-2 所示。电容器 C_1 和 C_2 为耦合电容，起隔离直流成分的作用。C_1 和 C_2 的取值由所需的低频响应和电路的输入阻抗(对于 C_1)或负载(对于 C_2)电阻来确定。对图 1.2-2 所示电路，C_1 和 C_2 可由下式来确定：

$$C_1=1000/(2\pi f_L R_1) \tag{1.2-2}$$

$$C_2=1000/(2\pi f_L R_L) \tag{1.2-3}$$

式中，f_L 是放大电路的下限频率。若 R_1、R_L 单位为 kΩ，f_L 单位为 Hz，则求得的 C_1、C_2 单位为 μF。

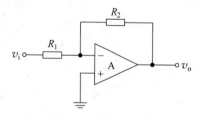

图 1.2-1 反相放大器原理图

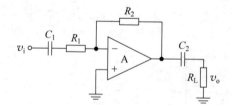

图 1.2-2 反相交流放大器原理图

2. 同相放大器

如果要求放大电路有足够大的输入电阻，可以采用同相放大器的结构。同相放大器的电路如图 1.2-3 所示。在同相放大电路中，输入信号 v_i 直接加到运放的同相输入端，

输出电压 v_o 通过 R_2 送回运放的反相输入端,形成电压串联负反馈。同相电压放大器的闭环电压放大倍数为

$$A_{vf} = \frac{v_o}{v_i} = 1 + \frac{R_2}{R_1} \tag{1.2-4}$$

当 $R_1 = \infty$,$R_2 = 0$ 时,相当于运放的输出端和反相输入端直接连接,就得到同相放大器的一个特例——电压跟随器。电压跟随器输入阻抗无限大,输出阻抗很小,可起到阻抗变换的作用。例如,当信号源的内阻比较大时,输入级采用电压跟随器,可有效避免信号源的衰减。电压跟随器也可以用于输出级,提高带负载能力。需要指出的是,并不是任何运放都可以构成电压跟随器。例如,OPA552 在构成放大器时要求增益 5 倍以上才能获得良好性能,因此该运放不宜构成电压跟随器。而运放 OPA551 具有单位增益稳定(unity-gain-stable)的特性,可以构成电压跟随器。

3. 加法电路

加法电路常用于两种模拟信号的相加,其原理图如图 1.2-4 所示。利用叠加原理,得到加法电路的输出表达式为

$$v_o = -\left(\frac{v_{i1}}{R_1} + \frac{v_{i2}}{R_2}\right) \times R_f \tag{1.2-5}$$

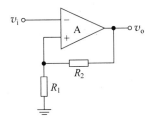

图 1.2-3 同相放大器原理图

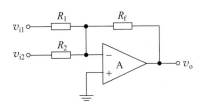

图 1.2-4 加法电路原理图

例 1.2-1 如图 1.2-5(a)所示的 v_1 和 v_2 为两路模拟信号:$v_1 = 0.1\sin1000\pi t$ (V);v_2 为峰峰值为 4V、频率为 2kHz 的三角波。设计加法电路将 v_1 和 v_2 相加,满足 $v_o = -(10v_1 + v_2)$。要求加法电路中的运放用 +12V 单电源供电。

解:模拟电路的设计步骤通常是先确定电路结构,后确定元件的参数。本题的加法电路是在图 1.2-4 所示的基本电路基础上改进得到的,其原理图如图 1.2-5(b)所示。与图 1.2-4 所示电路相比,图 1.2-5(b)所示电路做了两点改进:一是在加法电路的两个输入端加了 C_1、C_2 隔直电容;二是在运放的同相输入端加了偏置电压 V_{REF}。C_1、C_2 的作用是滤除输入信号中含有的直流分量(这里假设输入信号中的直流分量是无用成分),同时便于确定 V_{REF} 的取值。由于加了隔直电容,在计算偏置电压 V_{REF} 时,加法电路相当于电压跟随器。为了使加法电路在单电源供电时输出端获得最大动态范围,应将 v_o 的静态电压设为 6V,只需将 V_{REF} 取 6V 即可。为了满足 $v_o = -(10v_1 + v_2)$,根据式(1.2-5),加法电路的电阻选取如下:$R_1 = 1k\Omega$,$R_2 = 10k\Omega$,$R_f = 10k\Omega$。由于 v_1 的频率为 500Hz,当电容 C_1 取值为 $10\mu F$,对应的阻抗 X_{C1} 约为 32Ω,是 R_1 阻值的 3.2%。三角波的频率

为 2kHz，当电容 C_2 取值为 $0.33\mu F$ 时，对应的阻抗 X_{C2} 约为 241Ω，是 R_2 阻值的 2.4%。由于 C_1、C_2 的阻抗不为 0，会使加法电路的输出产生一定的误差。增加 C_1、C_2 的电容值，可以减小加法电路的输出误差。需要指出的是，由于 C_1 电容值较大，采用了电解电容，连接时应注意电容的极性。如果 C_1 的极性接反，电容会产生漏电流，起不到隔直作用，导致 v_o 输出饱和。

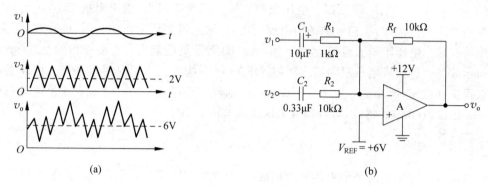

图 1.2-5　例 1.2-1 波形图与原理图

4. 基本差分放大电路

在工程实际中，放大器的输入信号通常来自传感器。有些传感器本身是电桥电路，如称重传感器；有些传感器在工作时接成电桥电路，以提高测量精度，如电阻式温度传感器，其典型电路如图 1.2-6 所示。电桥电路有两路信号输出，其特点是有较小的差模信号，电压值通常是微伏级或毫伏级；有较大的共模信号，共模电压可达几伏。电桥电路的有用信号恰恰包含在差模信号中，而共模信号通常是无用的信号。

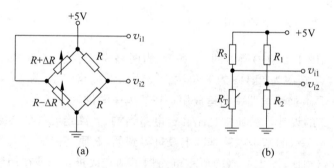

图 1.2-6　传感器电桥电路

(a) 称重传感器；(b) 电阻式温度传感器

基本差分放大电路原理图如图 1.2-7 所示。图中，v_{id} 表示差模电压，v_{ic} 表示共模电压。由于差分放大电路工作在线性状态，对其分析可以采用叠加原理。

令 $v_{i2}=0$，只有 v_{i1} 作用时的电路输出电压 v_{o1} 为

$$v_{o1}=-\frac{R_f}{R_1}\times v_{i1} \tag{1.2-6}$$

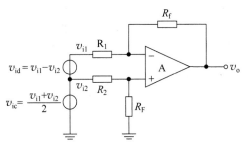

图 1.2-7　基本差分放大电路原理图

令 $v_{i1}=0$，只有 v_{i2} 作用时的电路输出电压 v_{o2} 为

$$v_{o2} = \frac{R_F}{R_2+R_F}\Big(1+\frac{R_f}{R_1}\Big)\times v_{i2} \tag{1.2-7}$$

总输出电压为

$$v_o = v_{o1}+v_{o2} = \frac{R_f}{R_1}\Big(\frac{1+R_1/R_f}{1+R_2/R_F}\times v_{i2}-v_{i1}\Big) \tag{1.2-8}$$

假设电阻满足平衡条件 $R_f/R_1=R_F/R_2$，式（1.2-8）可简化为

$$v_o = -\frac{R_f}{R_1}(v_{i1}-v_{i2}) = -A_{vd}(v_{i1}-v_{i2}) = -A_{vd}\times v_{id} \tag{1.2-9}$$

从式（1.2-9）可知，差分放大电路只对差模信号 v_{id} 进行放大，差模放大倍数为 A_{vd}，对共模信号 v_{ic} 的放大倍数 A_{vc} 为 0。差分放大器的重要指标为共模抑制比 K_{CMR}（Common Mode Rejection Ratio），其定义为 A_{vd} 与 A_{vc} 之比，单位为 dB，即

$$K_{CMR} = 20\lg\left|\frac{A_{vd}}{A_{vc}}\right| dB \tag{1.2-10}$$

基本差分放大电路在使用中存在以下不足。

（1）电阻参数很难完全匹配而导致 CMRR 下降。

当采用集成运放和普通金属膜电阻构成基本差分放大电路时，普通金属膜电阻的精度通常只有 1% 左右，即使用万用表对电阻进行精心筛选，也很难完全满足平衡条件，从而导致差分放大电路 CMRR 下降。

以图 1.2-7 所示的电路来分析，设 $R_1=R_2=R_f=R_F=10k\Omega$，假设电阻阻值误差为 0，则当 (v_{i1},v_{i2}) 分别为 $(-0.1V,+0.1V)$、$(4.9V,5.1V)$、$(9.9V,10.1V)$ 时，v_o 的输出电压均为 0.2V。尽管这 3 种输入电压下共模电压分别为 0V、5V 和 10V，但输出电压和共模电压无关。假设由于电阻误差，使 $R_1=10k\Omega$、$R_2=9.9k\Omega$、$R_f=9.95k\Omega$、$R_F=10.1k\Omega$，则根据式（1.2-8），上述 3 种输入电压下，v_o 的输出电压分别为 0.2002V、0.2626V 和 0.3250V。电阻不匹配的后果是不仅使 $v_o\neq0.2V$，而且还随共模电压的变化而变化。

（2）输入电阻不够大。

不难分析，图 1.2-7 所示基本差分放大电路两个输入端的输入电阻为：$R_{i1}=R_1$，$R_{i2}=R_2+R_F$，因此输入电阻不可能做得非常大。以图 1.2-8 所示电路为例，当电阻桥不接入差分电路时，$v_{i1}=2.564V$，$v_{i2}=2.500V$，差模电压为 64mV；当电阻桥接入差分放大电路后，利用图 1.2-9 所示的等效电路可求得 $v_{i1}=2.502V$，$v_{i2}=2.439V$，差分电压为 63mV。电阻桥接入差分电路之后，差分电压产生了超过 1.5% 的误差，这在高精度测量系统中是不允许的。

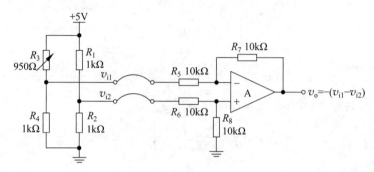

图 1.2-8　电阻桥与基本差分放大电路连接图

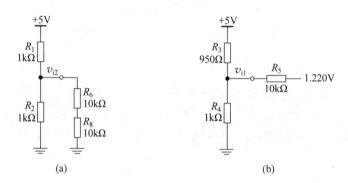

图 1.2-9　电阻桥接入差分电路后的等效电路

（3）增益调节不方便。

由于基本差分放大电路要求电阻阻值严格匹配，如要调节增益，必须两只电阻同时调节，而且要调到一样的大小，难度很大。

5. 仪表放大器

为了解决基本差分放大电路存在的不足，在实际应用中通常采用仪表放大器。仪表放大器原理图如图 1.2-10 所示，它由基本差分放大器和同相放大器构成，其输出电压表达式为

$$v_o = \left(1 + 2 \times \frac{R_2}{R_1}\right)(v_2 - v_1) \tag{1.2-11}$$

由于仪表放大器输入级采用同相放大器，因此，具有很高的输入电阻。从式(1.2-11)可知，通过调节电阻 R_1 的阻值就可以方便地改变仪表放大器的增益。在工程实际中，图 1.2-10 所示电路通常做成单片集成仪表放大器，即将除电阻 R_1 外的电路制作在同一硅衬底上，并采用激光调整技术将基本差分放大电路的电阻比例误差减少至 0.01%，从

而大大提高了共模抑制比。总之,集成仪表放大器很好地解决了基本差分放大器存在的不足。

6. V/I 变换电路

V/I 变换电路将电压信号转换为与之对应的电流输出,也称为互导放大电路。V/I 变换电路原理图如图 1.2-11 所示。该电路由双运放构成,v_1 为输入电压,I_O 为输出电流,R_L 为负载电阻。

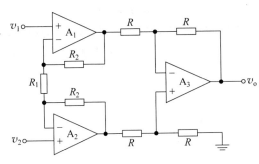

图 1.2-10 仪表放大器原理图

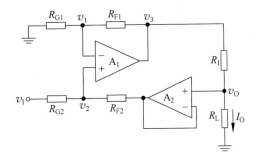

图 1.2-11 V/I 变换电路原理图

电路工作原理分析如下:

$$v_1 = \frac{R_{G1}}{R_{G1} + R_{F1}} \times v_3 \qquad (1.2\text{-}12)$$

$$v_2 = \frac{R_{G2}}{R_{G2} + R_{F2}} \times (v_O - v_1) + v_1 = \frac{R_{G2}}{R_{G2} + R_{F2}} \times v_O + \frac{R_{F2}}{R_{G2} + R_{F2}} \times v_1$$
$$(1.2\text{-}13)$$

根据运算放大器"虚短"特性,$v_1 = v_2$,得

$$\frac{R_{G1}}{R_{G1} + R_{F1}} \times v_3 = \frac{R_{G2}}{R_{G2} + R_{F2}} \times v_O + \frac{R_{F2}}{R_{G2} + R_{F2}} \times v_1 \qquad (1.2\text{-}14)$$

将 $v_3 = (R_1 + R_L) I_O$,$v_O = R_L \times I_O$ 代入式(1.2-14)得

$$I_O = \frac{\left(\dfrac{R_{F2}}{R_{G2}} + \dfrac{R_{F1}}{R_{G1}} \times \dfrac{R_{F2}}{R_{G2}} \right)}{R_1 \left(1 + \dfrac{R_{F2}}{R_{G2}} \right) + R_L \left(\dfrac{R_{F2}}{R_{G2}} - \dfrac{R_{F1}}{R_{G1}} \right)} \times v_1 \qquad (1.2\text{-}15)$$

从式(1.2-15)可知,只要满足 $R_{F1}/R_{G1} = R_{F2}/R_{G2}$,就能使输出电流 I_O 的大小与负载电阻 R_L 无关,这是 V/I 变换电路源最重要的特性。如果进一步使 $R_{F1}/R_{G1} = R_{F2}/R_{G2} = 1$,式(1.2-15)可简化为

$$I_O = \frac{v_1}{R_1} \qquad (1.2\text{-}16)$$

图 1.2-12 所示为改进后的 V/I 变换电路。与图 1.2-11 电路相比,图 1.2-12 所示电路进行了两方面的改进。首先由于 R_{G1}、R_{G2}、R_{F1}、R_{F2} 电阻值存在误差,R_{G2}、R_{F2} 由两只

20kΩ 固定电阻和一只 2kΩ 的可调电阻器 RP1 组成。通过调节 RP_1，满足 $R_{F1}/R_{G1} = R_{F2}/R_{G2}$；其次为了增加输出电流，在运算放大器的输出端接一只 NPN 三极管 T_1 实现扩流。

当 V/I 变换电路的输出电流保持恒定的情况下，随着负载电阻 R_L 的增加，输出电压也增加。当输出电压增加到某个值时将不再增加，这个值就是 V/I 电路的最大输出电压，它是 V/I 电路的一个重要参数。最大输出电压可由下式估算

$$V_{Omax} = V_{OH} - V_{BE1} - V_{R1} \tag{1.2-17}$$

V_{OH} 为运放的最大输出电压，对 TL082 来说，采用 +15V 电源时，V_{OH} 约为 13.5V（参见表 1.3-1）。V_{BE1} 为三极管 T_1 的发射极压降，约为 0.6V，V_{R1} 为电阻 R_1 上的压降，当通过 20mA 电流时，压降约为 4V。可见当输出电流为 20mA 时的最大输出电压约为 8.9V。

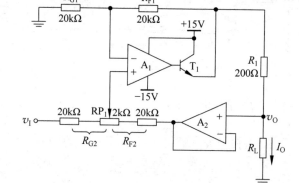

图 1.2-12　改进后的 V/I 转换电路原理图

1.3　集成运放的参数

集成运放的参数可分为静态参数和动态参数，分别用来表示集成运放的直流电气特性和交流电气特性。

1. 静态参数

集成运放的静态参数也称为直流参数，包括输入偏置电流 I_B、输入失调电流 I_{OS}、输入失调电压 V_{OS}、输入电阻 R_{IN}、输出电阻 R_O、最大输出电压摆幅等，其示意图如图 1.3-1 所示。

1）输入偏置电流和输入失调电流

集成运放在它们的输入引脚都会吸收少量的电流，同相输入端吸收的电流用 I_P 表示，反相输入端吸收的电流用 I_N 表示。一般来说，若输入晶体管是 NPN BJT 或 P 沟道 JEFT 时，I_P 和 I_N 流入运算放大器，而若输入晶体管是 PNP BJT 或 N 沟道 JEFT 时，I_P

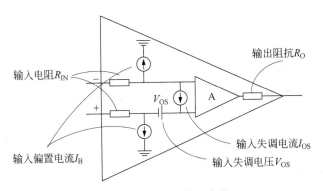

输入电阻R_{IN}
输出阻抗R_{O}
V_{OS}
A
输入偏置电流I_{B}
输入失调电流I_{OS}
输入失调电压V_{OS}

图 1.3-1　运放的静态参数

和 I_{N} 流出运算放大器。I_{P} 和 I_{N} 的平均值称为输入偏置电流：

$$I_{\mathrm{B}} = \frac{I_{\mathrm{P}} + I_{\mathrm{N}}}{2} \tag{1.3-1}$$

将 I_{P} 和 I_{N} 的差称为输入失调电流：

$$I_{\mathrm{OS}} = I_{\mathrm{P}} - I_{\mathrm{N}} \tag{1.3-2}$$

I_{OS} 的幅度量级通常比 I_{B} 小。I_{B} 的极性取决于输入晶体管类型，而 I_{OS} 极性则取决于运放输入级对管的失配方向，有些运算放大器 $I_{\mathrm{OS}} > 0$，有些运算放大器 $I_{\mathrm{OS}} < 0$。

运算放大器的芯片数据手册中一般给出 I_{B} 和 I_{OS} 的典型值和最大值。对于不同的运算放大器，I_{B} 值和 I_{OS} 值差别很大，表 1.3-1 给出了 3 种典型运放的 I_{B} 和 I_{OS} 的参数。

表 1.3-1　3 种常用运放的静态参数（表中 V_+ 和 V_- 为运放的电源电压）

型　号	$I_{\mathrm{B}}/\mu\mathrm{A}$		$I_{\mathrm{OS}}/\mu\mathrm{A}$		$V_{\mathrm{OS}}/\mathrm{mV}$		最大输出电压	
	典型值	最大值	典型值	最大值	典型值	最大值	$V_{\mathrm{OH}}/\mathrm{V}$	$V_{\mathrm{OL}}/\mathrm{V}$
MAX4016	5.4	20	0.1	20	4	20	$V_+ - 0.06$	$V_- + 0.06$
TL082	0.00005	0.0004	0.000025	0.0002	5	15	$V_+ - 1.5$	$V_- + 1.5$
OPA2188	0.00016	0.00085	0.00032	0.0017	0.006	0.025	$V_+ - 0.22$	$V_- + 0.22$

为了分析输入偏置电流和失调电流对放大电路的影响，采用了如图 1.3-2 所示的电路模型，即将放大电路所有输入信号置零。

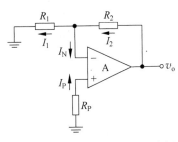

假设运算放大器除了存在 I_{P} 和 I_{N} 之外都是理想的，利用电路知识分析如下：

$$V_{\mathrm{P}} = -I_{\mathrm{P}} R_{\mathrm{P}} \tag{1.3-3}$$

$$I_1 = \frac{V_{\mathrm{P}}}{R_1} = -\frac{I_{\mathrm{P}} R_{\mathrm{P}}}{R_1} \tag{1.3-4}$$

图 1.3-2　由输入偏置电流和失调电流引起的输出误差

$$I_2 = I_1 + I_{\mathrm{N}} = -\frac{I_{\mathrm{P}} R_{\mathrm{P}}}{R_1} + I_{\mathrm{N}} \tag{1.3-5}$$

$$v_o = I_2 R_2 - I_P R_P = \left(-\frac{I_P R_P}{R_1} + I_N \right) R_2 - I_P R_P$$

$$= (-I_P R_P + I_N R_1) \frac{R_2}{R_1} - I_P R_P = -\left(1 + \frac{R_2}{R_1} \right) R_P I_P + R_2 I_N \qquad (1.3\text{-}6)$$

v_o 是由于输入偏置电流和失调电流产生的误差信号,因此用 E_0 表示,式(1.3-6)可转化为

$$E_0 = \left(1 + \frac{R_2}{R_1} \right) \left[(R_1 // R_2) I_N - R_P I_P \right] \qquad (1.3\text{-}7)$$

通过以上分析可知,尽管电路没有任何输入信号,电路仍能产生某个输出 E_0,这个由输入偏置电流和失调电流产生的输出常称为输出直流噪声。在实际设计放大电路时,应尽可能地减少输出直流噪声。那么,如何有效地减少输出直流噪声呢?将式(1.3-7)表示成

$$E_0 = \left(1 + \frac{R_2}{R_1} \right) \left\{ \left[(R_1 // R_2) - R_P \right] I_B - \left[(R_1 // R_2) + R_P \right] I_{os}/2 \right\} \qquad (1.3\text{-}8)$$

只要令 $R_P = R_1 // R_2$,就可以消去含有 I_B 的项,式(1.3-8)变为

$$E_0 = \left(1 + \frac{R_2}{R_1} \right) (-R_1 // R_2) I_{os} \qquad (1.3\text{-}9)$$

通过减小 R_1 和 R_2 的阻值或者选择一款具有更低 I_{os} 值的运算放大器可以进一步降低 E_0。

2) 输入失调电压

对于理想运算放大器,将同相输入端和反相输入端短接,可得

$$v_o = A_{vo}(v_P - v_N) = A_{vo} \times 0 = 0\text{V} \qquad (1.3\text{-}10)$$

对于实际运算放大器来说,由于输入级电路 T_1 和 T_2 两只管子(参考图 1.1-2)参数不完全匹配,其输出电压 $v_o \neq 0$。为使运放输出电压为零,必须在两输入端之间加一个补偿电压,该电压称为输入失调电压 V_{os}。具有输入失调电压 V_{os} 的运算放大器的传输特性和电路模型如图 1.3-3 所示。

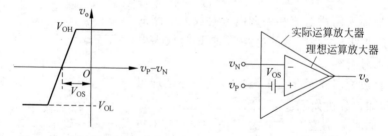

图 1.3-3   具有输入失调电压 V_{os} 的运算放大器的传输特性和电路模型

下面分析 V_{os} 对如图 1.3-4 所示的电阻反馈运算放大器电路的影响。

在图 1.3-4 所示电路中,无失调运算放大器对于 V_{os} 来说相当于一个同相放大器,其输出误差为

$$E_0 = \left(1 + \frac{R_2}{R_1}\right) V_{OS} \qquad (1.3\text{-}11)$$

式中，$(1+R_2/R_1)$ 为直流噪声增益，噪声增益越大，误差也就越大。

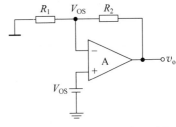

图 1.3-4　V_{OS} 产生的输出误差

如果同时考虑 I_{OS} 和 V_{OS} 的影响，总的输出失调电压为

$$E_0 = \left(1 + \frac{R_2}{R_1}\right)\left[V_{OS} - (R_1//R_2) I_{OS}\right] \qquad (1.3\text{-}12)$$

虽然式(1.3-12)中由 I_{OS} 和 V_{OS} 产生的两项误差似乎是相减的，但由于 I_{OS} 和 V_{OS} 极性是任意的，在设计时应考虑最严重的情况，即两者是相加时的情况。

输出失调电压在有些场合对电路性能没有太大的影响，如对电容耦合的交流放大器设计中，很少关注失调电压。但在一些微弱信号检测或高分辨率数据转换中，必须认真考虑失调电压的影响。除了选用低失调电压的运放之外，对于增益固定的放大器来说，可以通过外部调零电路消除失调电压，其原理如图 1.3-5 所示。

对于如图 1.3-6 所示的增益可变放大器来说，增益改变时，失调电压产生的输出误差也发生改变，每次增益改变都需要进行调零，通过外部调零的方法很难采用，这时，应该选择一款 V_{OS} 更小的运算放大器。表 1.3-1 给出了 3 种常用运放的失调电压参数。

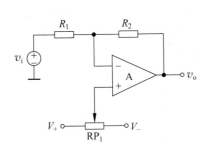

图 1.3-5　外部失调误差调零原理图

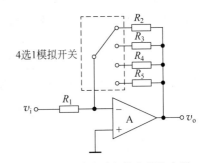

图 1.3-6　增益可变放大器放大器

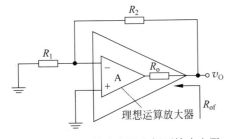

图 1.3-7　开环输出电阻和闭环输出电阻

3) 开环输出阻抗和闭环输出阻抗

集成运放的数据手册通常会给出开环输出阻抗 R_o。当运放构成如图 1.3-7 所示的电压负反馈电路时，根据负反馈的理论其闭环输出电阻 R_{of} 由式(1.3-13)确定。式中 A 为运放的开环增益，F 为反馈系数 $R_1/(R_1+R_2)$。由于 $1+AF$ 的值趋于无穷大，闭环输出阻抗接近于 0Ω。

$$R_{of} = \frac{R_o}{1 + AF} \qquad (1.3\text{-}13)$$

4) 最大输出电压

最大输出电压 V_{OH} 和 V_{OL} 也是运放的一个重要参数，其定义如图 1.3-8(a)所示。最大输出电压与运放输出电路结构有关。图 1.3-8(b)为双极型运放的输出结构,电源电压要减去 V_{CE6} 和 R_1 上的压降才是最大输出电压。图 1.3-8(c)为 CMOS 运放的输出结构,由于 PMOS 管和 NMOS 管的 v_{DS} 压降接近于 0 V,所以,最大输出电压接近于电源电压。这种最大输出电压达到或接近电源电压的运放称为轨对轨(rail to rail)输出运放。表 1.3-1 给出了 3 种常用运放的最大输出电压值。

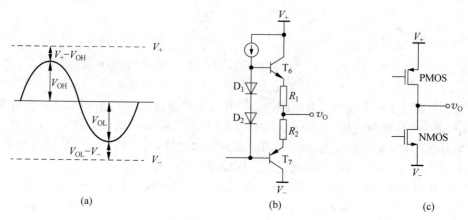

图 1.3-8　运放的最大输出电压和两种输出结构

从表 1.3-1 所列运放的静态参数可知,MAX4016 属于宽带运放,轨对轨输出,但偏置电流、失调电流远大于另外两种运放,失调电压也比较大。TL082 为高阻型运放,由于输入级采用 JFET 晶体管,输入阻抗非常大,所以偏置电流和失调电流都做得非常小,但失调电压偏大。OPA2188 为零漂移运算放大器,其特点是失调电压非常小,接近于零。

2. 动态参数

运放的动态参数也称为交流参数,包括开环带宽 BW、单位增益带宽 GBW、转换速率 SR 等。

1) 开环带宽 BW 和单位增益带宽 GBW

开环带宽 BW 和单位增益带宽 GBW 反映运算放大器的频率特性。运算放大器的开环响应可以近似地表示成

$$A(\mathrm{j}f) = \frac{A_0}{1 + \mathrm{j}f/f_b} \tag{1.3-14}$$

其幅频特性如图 1.3-9 所示。

在开环幅频特性上,开环电压增益从开环直流增益 A_0 下降 3dB 时所对应的频宽称为开环带宽 BW。从开环直流增益下降到 0dB 时所对应的频宽称为单位增益带宽 GBW。f_b 称为开环−3dB 频率,f_t 称为单位增益频率。对于电压反馈运算放大器来说,增益和带宽的乘积

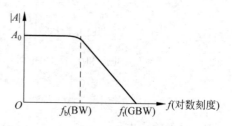

图 1.3-9　运算放大器幅频特性

是一常数,因此,不难得到 f_t 和 f_b 满足以下关系:

$$f_t = A_0 f_b \tag{1.3-15}$$

运放的数据手册一般只给出 GBW 的值,如运放 TL082 的 GBW 为 4MHz(见表 1.3-2),其开环增益为 100V/mV,根据式(1.3-15),$f_b = 4MHz/100000 = 40Hz$。可见,运放的开环带宽是非常窄的。

由于增益与带宽的乘积是恒定的,因此,降低增益可以增加带宽。图 1.3-10 所示为同相放大器及其频率响应。同相放大器通过负反馈,将增益从运算放大器的开环增益 A_0 降到了 A_F,但是其带宽却从 f_b 扩展到 f_B。进一步可以得出结论,电压跟随器虽然增益为 1,但却有最宽的带宽。

在设计高增益放大器时,为了获得一定的带宽,可以采用多级放大电路级连的形式。如利用运算放大器设计一个增益为 60dB 的音频放大器,要求带宽 $f_B \geqslant 20kHz$。如果用单级放大电路实现,要求运放的 GBW 达到 20MHz 以上,显然,采用通用运放构成的两级放大电路来实现更为合理。

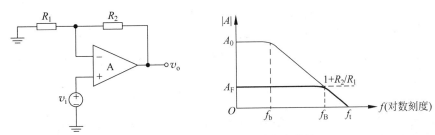

图 1.3-10　同相放大器及其频率特性

2) 转换速率

当放大器输出大振幅信号时,除了放大器的带宽外,还应考虑运放的转换速率(Slewing Rate,SR)。转换速率也称为压摆率,是指运放在额定负载及输入阶跃大信号时输出电压的最大变化率。即

$$SR = \frac{dv_o(t)}{dt} \bigg|_{max} \tag{1.3-16}$$

不同型号的运放,SR 差别很大,普通运放的 SR 值约为几伏每微秒,而一些高速运放的 SR 值可达几千伏每微秒。表 1.3-2 给出了几种常用运放的单位增益带宽和压摆率。

表 1.3-2　常用运放的动态参数

型　　号	单位增益带宽/MHz	$SR/(V \cdot \mu s^{-1})$
OP07	0.6	0.3
OPA2188	2	0.8
TL082	4	13
MAX4016	150	600
THS3092	210	7300

如前所述,由运算放大器构成的反馈放大器增益越小,带宽越宽。以开环放大倍数为 100dB 的运算放大器为例,构成放大倍数为 1 的闭环放大器,其实际带宽可以达

到 5 位数,但转换速率却维持不变。因此,当放大器输出大振幅的高频信号时,转换速率对实际的带宽起到主要的约束。假设运算放大器的转换速率为 SR,输出信号为 $v_o = V_{om}\sin(2\pi ft)$,则

$$\text{SR} = \frac{\mathrm{d}v(t)}{\mathrm{d}t}\bigg|_{t=0} = 2\pi f V_{om}\cos(2\pi ft)\big|_{t=0} = 2\pi f V_{om}$$

那么大振幅的频率带宽可用下式计算:

$$f_{(max)} = \text{SR}/(2\pi V_{om}) \tag{1.3-17}$$

以一款高电流、高电压输出运算放大器 OPA552 来计算,OPA552 的单位增益带宽 GBW 为 12MHz,SR 为 24V/μs,用其构成放大倍数为 5 的反相放大器,其小信号带宽为 12MHz/5=2.4MHz,当输出信号的峰峰值为 10V 时,其

$$f_{(max)} = \text{SR}/(2\pi V_{om}) = 24\times10^6/(2\pi\times5)$$
$$= 764(\text{kHz})$$

可见,要得到峰峰值为 10V 的正弦信号,其信号频率必须小于 764kHz,否则就会失真。当信号频率大于 764kHz 时,本来放大器应输出正弦波,但实际的波形却是如图 1.3-11 所示的近似三角波的信号。

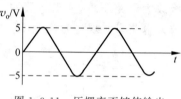

图 1.3-11 压摆率不够使输出波形失真

3. 集成运放的分类及选择

集成运放按工艺可分为双极型(Bipolar)、结型场效应管(JFET)和互补金属氧化物(CMOS)三种类型。Bipolar 型运放具有低失调电压、低温度漂移、高开环增益及高共模抑制比的特点,广泛应用于各种信号源阻抗较低且要求放大倍数较大的场合。JFET 型运放具有非常低的输入偏置电流,适用于信号源阻抗非常高的场合。需要注意的是,JFET 运放的偏置电流随温度升高会发生显著变化,当温度变化范围较宽时,该特性会影响系统精度。CMOS 型运放具有低电压、低功耗、轨对轨、低成本和体积小等特性。CMOS 运放由于其工艺的灵活性,还可加入一些很好的特性,例如轨对轨输入/输出、自归零(Auto-Zero)和零温漂(Zero-Drift)技术。

集成运放按照参数可分为以下几种:

1) 通用型运算放大器

通用型运算放大器各项性能指标适中、价格低廉、适用面广,是应用最广泛的集成运算放大器。常见的型号有 LM741、LM358、LM324 等。

2) 高阻型运算放大器

高阻型运算放大器一般用 JFET 作为输入级,差模输入阻抗非常高、输入偏置电流非常小,缺点是输入失调电压较大。该类运放适用于高速积分电路、D/A 转换电路、采样保持电路等应用场合。常见的型号有 OPA134PA、LF356、TL082 等。

图 1.3-12 所示为运放构成的采样保持电路原理图。该采样保持电路由运算放大器 A_1、A_2 和模拟开关 S 构成。采样时,S 导通,电容充电至 v_1,故 $v_O = v_C = v_1$。由于 A_1 构成的电压跟随器输出电阻很小,所以电容充电时间非常短。保持时,断开 S,由于电容无

放电通路,其电压保持不变。ADC 在保持状态进行转换,从而保证了转换精度。

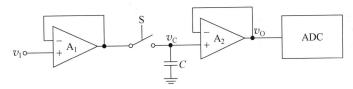

图 1.3-12　采样保持电路原理图

3) 精密运算放大器

精密运算放大器失调电压小且不随温度的变化而变化,适用于程控放大器、精密测量等应用场合中。常见的型号有 OP07、OP27、OPA177 以及 OPA2188 等。这些运放具有非常低的失调电压、非常低的偏置电流和很高的开环增益。

4) 高速运算放大器

高速运算放大器有两个重要指标:带宽和压摆率。带宽决定了小信号输出时放大器的速度,而压摆率主要决定大信号输出时放大器的速度。高速运放分为电压反馈(Voltage Feedback,VFB)和电流反馈(Current Feedback,CFB)两种类型。高速运放适用于高速 ADC 和 DAC 的信号调理电路以及视频信号放大。高速运放的型号非常多。如 MAX4016 就是一款低成本、轨对轨输出的电压反馈高速运放,可以采用 $3.3\sim10\text{V}$ 的单电源供电,也可以采用 $\pm1.65\sim\pm5\text{V}$ 的双电源供电。THS3092 是电流反馈运算放大器,具有高电压、低失真、高压摆率、高输出电流的特点,电源电压为 $\pm5\sim\pm15\text{V}$。MAX4016 和 THS3092 的动态参数参见表 1.3-2。

5) 高电压、高电流运算放大器

通用运放的输出电压最大值一般只有十几伏,输出电流只有几十毫安。高电压、高电流运算放大器不需要附加任何电路,即可输出高电压和高电流。OPA548 是一款高电压高电流输出的运算放大器。可采用单电源供电,也可采用双电源供电。单电源供电电压为 $+8\sim+60\text{V}$,双电源供电电压为 $\pm4\sim\pm30\text{V}$。该运放可连续输出 3A 电流。

如何从种类繁多的运算放大器产品中选择一款合适的运算放大器?基本原则是,如果无特殊要求,一般选用通用型运算放大器。这类器件直流性能好,种类齐全,选择余地大,价格低廉。通用运放又分为单运放、双运放和四运放。如果一个电路中包含两个以上运放(如信号放大器、有源滤波器等),则可以考虑选择双运放、四运放,这样将有助于简化电路,缩小体积,降低成本,提高系统可靠性。

如果系统对运算放大器某一方面有特殊要求,则应选用专用运算放大器。例如,如果系统要求运放有很高的输入阻抗,则应选用高输入阻抗集成运放;如果系统要求比较精密、漂移比较小、噪声低,例如微弱信号检测、高精度稳压源、高增益直流放大器等,则应选用精密运算放大器;如果系统的工作频率较高,如高速 ADC 和 DAC 转换电路、视频放大器、较高频率的振荡及其他波形发生器、锁相电路等,应选用高速运算放大器;如果系统的工作电压很高而要求运放的输出电压也很高,应选用高压型运算放大器,如果系统要求驱动较大的负载时,应选用功率运放。

当确定好某一类运放以后,可按以下顺序选择运算放大器型号:

(1) 供电电源电压。根据运放输出电压范围,选择运放的电源电压。

(2) 带宽。小信号时考虑运算放大器的增益带宽积。

(3) 转换速率。大幅度信号输出时应考虑运算放大器的压摆率。

(4) 精度。虽然失调电压可以通过外部电路校正,但选用失调电压较小的运放可以降低设计难度。

1.4 运放应用电路设计举例

本节通过几个设计举例,介绍运放应用电路设计方法和技巧,同时,也使读者从中了解几种性能优异的模拟集成电路。

例 1.4-1 宽带放大电路设计。设计要求:

(1) 电压增益 A_V 可在 1～250 范围内手动连续调节;

(2) 放大器输出的直流偏置可以手动调节;

(3) 3dB 通频带为 0～10MHz;

(4) 放大器的输入电阻为 50Ω;

(5) 最大输出电压峰峰值大于 20V。当放大器输出电压峰峰值达到 20V 时,输出端接 51Ω/2W 电阻,与空载时相比,输出电压幅度变化不大于±3%,波形无明显失真。

解: 宽带放大电路设计可以根据以下步骤进行。

1) 确定电路结构

为了达到设计要求,宽带放大电路采用 3 级放大器的结构:第 1 级为增益可调反相放大器,第 2 级为直流偏置可调反相放大器,第 3 级为两个同相放大器并联而成的驱动电路。各级放大电路增益分配如下:第 1 级放大器增益 A_{V1} 从 0～−10 可调;第 2 级放大器增益固定 $A_{V2}=-10$;第 3 级放大器增益 $A_{V3}\geqslant2.5$。原理框图如图 1.4-1 所示。

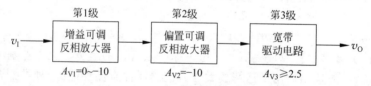

图 1.4-1 宽带放大电路原理框图

2) 运算放大器的选择

运算放大器选择主要根据电源电压、带宽、压摆率、最大输出电流等参数来选择。前两级反相放大器可以选用±5V 电源供电、单位增益带宽 150MHz 以上的高速运放,对输出电流和压摆率没有太高的要求。由于放大电路输出电压峰峰值达到 20V 以上、最大输出电流达到 200mA(10V/50Ω＝200 mA)以上,因此需要选择±15V 电源供电、高压摆率、大输出电流的运放。根据上述分析,前两级电路选用宽带运算放大器 LT1819,后一级驱动电路选用电流反馈运放 THS3092。

3) 电路设计与参数计算

宽带放大电路的原理图如图 1.4-2 所示。图中 R_1 为输入电阻,取值为 51Ω。第 3 级由两个同相放大电路并联而成,进一步增加了驱动能力。

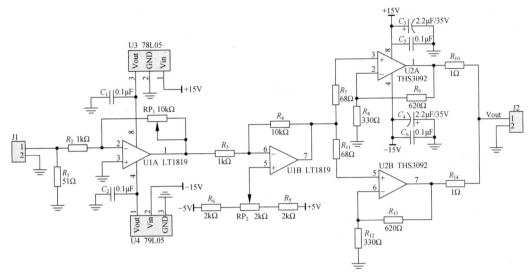

图 1.4-2 宽带放大电路原理图

根据图 1.4-2 中的元件参数,最大增益计算如下:

$$A_V = \left(-\frac{RP_1}{R_2}\right) \times \left(-\frac{R_4}{R_3}\right) \times \left(1 + \frac{R_9}{R_8}\right) = \frac{10\text{k}\Omega}{1\text{k}\Omega} \times \frac{10\text{k}\Omega}{1\text{k}\Omega} \times \left(1 + \frac{620\Omega}{330\Omega}\right) \approx 288(\approx 49\text{dB})$$

在设计宽带放大电路时,应重点考虑以下问题:

(1) THS3092 反馈电阻的选取。THS3092 为电流反馈运放,其频率特性与常用的电压反馈运放不同。电流反馈运放构成的放大器带宽与增益没有关系,而是与反馈电阻有关。反馈电阻越小,带宽越宽,选取反馈电阻的阻值时,应参考厂商提供的数据手册。

(2) 运放的散热。THS3092 因为高速、输出电流大,工作时散热对运放的稳定性非常重要。在设计 PCB 时,将底层的地平面作为散热器,也可以在运放上面安装一个小型散热器。

(3) 运放的供电。在图 1.4-2 所示的宽带放大器原理图中,LT1819 需要采用±5V电源供电,其±5V 电源并未由单独的稳压电源供电,而是从±15V 电源通过 78L05 和79L05 稳压芯片降压得到。这样设计的目的是简化电源电路,并且提高宽带放大电路工作的稳定性。也许读者会问,宽带放大电路中的两片集成运放能否都选用±15V 供电的芯片? 实际情况是,允许±15V 供电的宽带电压反馈运放品种不多,选择余地很小,可能会增加成本。

(4) 电源去耦。如果多个运放共用一个直流电源,则通过电源内阻的耦合容易产生自激振荡。采用电源去耦的方法可以有效抑制自激振荡。方法是在每个运算放大器的电源输入端并联电容滤波电路。如图 1.4-2 所示的 $C_1 \sim C_6$ 都是电源去耦电容。0.1μF的电容采用陶瓷电容,2.2μF 的电容采用钽电容。大容量的钽电容用作低频滤波,小容量的陶瓷电容因其对高频信号形成低阻抗通路,从而起到高频滤波作用。

4) 宽带放大电路的测试

将宽带放大电路的输入端加正弦信号,输出端接 51Ω/2W 负载电阻,用示波器观察输出波形,得到测试波形如图 1.4-3 所示。从图 1.4-3(a)、(b)波形可知,当放大电路的增益设为 1,放大电路工作稳定,无自激振荡,带宽超过 10MHz;从图 1.4-3(c)、(d)波形可知,在输入信号幅值不变的前提下,随着频率的升高,输出信号的幅值有所下降。这是因为,当放大电路增益达到最大时,带宽是最窄的。根据放大电路带宽的定义,对于直接耦合的放大电路,当输出信号的幅值下降到通带幅值的 0.707 倍时,对应的频率就是带宽。根据该定义,比较图 1.4-3(c)波形和图 1.4-3(d)波形的幅值,可知,宽带放大器的带宽大于 10MHz。从图 1.4-3(e)、(f)波形可知,放大电路输出峰峰值为 20V,频率为 100kHz~1MHz 的方波时,波形无明显失真,说明了电流反馈运放 THS3092 极高的压摆率。

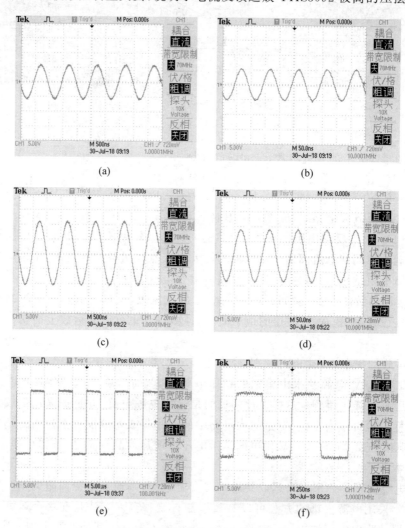

图 1.4-3　宽带放大器的输出波形

(a) $A_V = 1$、$v_{ipp} = 10V$、$f = 1MHz$ 正弦波;(b) $A_V = 1$、$v_{ipp} = 10V$、$f = 10MHz$ 正弦波;(c) $A_V = 250$、$v_{ipp} = 80mV$、$f = 1MHz$ 正弦波;(d) $A_V = 250$、$v_{ipp} = 80mV$、$f = 10MHz$ 正弦波;(e) $A_V = 250$、$v_{ipp} = 80mV$、$f = 100kHz$ 方波;(f) $A_V = 250$、$v_{ipp} = 80mV$、$f = 1MHz$ 方波

例 1.4-2　自动增益控制(Automatic Gain Control,AGC)放大电路设计。

解：AGC 放大电路的作用是当输入信号电压变化时,其输出电压恒定或基本不变。AGC 放大电路由压控增益放大器(Voltage-controlled Gain Amplifie,VGA)和幅值检测电路两部分组成,其原理框图如图 1.4-4 所示。AGC 放大电路是一个负反馈电路,随着输出信号幅度的变化,幅值检测电路产生一个相应变化的直流电压 v_G,利用 v_G 去控制压控增益放大器的放大倍数。当输出信号幅度较大时,v_G 减小,压控增益放大器的放大倍数减小;当输出信号的幅度较小时,v_G 增大,压控增益放大器的放大倍数增大。AGC 电路的特性曲线如图 1.4-5 所示。AGC 电路的主要技术指标为 AGC 范围,由下式确定。

$$\text{AGC 范围} = 20\lg[V_{i2}/V_{i1}] - 20\lg[V_{OH}/V_{OL}] \,(\text{dB}) \tag{1.4-1}$$

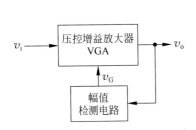

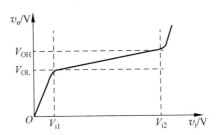

图 1.4-4　AGC 电路原理框图　　　　图 1.4-5　AGC 电路的特性曲线

AD8367 是一款高性能压控增益放大器,可在最高 500MHz 的频率下工作。从外部施加 0~1V 的控制电压,增益变化范围可达 45dB。AD8367 内部集成了平方律检波器(Square Law Detector),其输出引脚 DETO 与增益控制引脚 GAIN 直接相连,就可以构成 AGC 电路,其原理图如图 1.4-6 所示。由于 DETO 引脚输出电压与输入信号有效值成正比,因此,通过 DETO 引脚输出电压可以测量输入信号的有效值。图 1.4-6 中,DETO 输出电压引到 J3 口,使该电路还可用于高频信号有效值的测量。

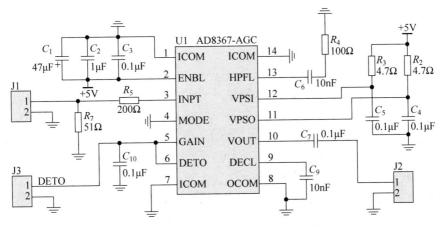

图 1.4-6　由 AD8367 构成的 AGC 电路

图 1.4-7 所示为 AGC 电路的测试波形。图中上面为输出波形,下面为输入波形。从测试结果可知,输入信号的频率在 $10\text{kHz}\sim25\text{MHz}$、峰峰值在 $200\text{mV}\sim2.5\text{V}$ 变化时,AGC 放大电路输出信号的峰峰值始终稳定在 1V 左右。

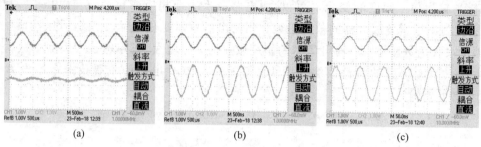

图 1.4-7 AGC 电路测试波形

(a) 输入 $v_{\text{ipp}}=200\text{mV}$、$f=1\text{MHz}$ 的正弦信号;(b) 输入 $v_{\text{ipp}}=2.5\text{V}$、$f=1\text{MHz}$ 的正弦信号;

(c) 输入 $v_{\text{ipp}}=2.5\text{V}$、$f=10\text{MHz}$ 的正弦信号

例 1.4-3 波形变换电路设计。将频率为 $1\text{Hz}\sim10\text{MHz}$、峰峰值为 $0.1\sim5\text{V}$ 的正弦波转换成同频率方波。

解: 波形变换电路常用于频率测量、同步数据采集等,在电子系统中应用广泛。波形变换电路由放大电路和电压比较器组成,原理框图如图 1.4-8 所示。电压比较器采用 $+5\text{V}$ 单电源供电。为了增加抗干扰能力,将电压比较器设计成迟滞电压比较器。将电压比较器的 $V_{\text{T}+}$ 和 $V_{\text{T}-}$ 分别设为 2.6V 和 2.4V。放大电路的作用就是通过放大和偏置将输入信号调理到直流偏置为 2.5V、峰峰值大于 2V 的正弦信号,如图 1.4-9 所示。考虑输入信号幅值最小的情况,为了将峰峰值为 0.1V 的正弦信号放大到峰峰值为 2V,放大电路的增益应设为 20,同时应提供 2.5V 的偏置。随着输入信号的幅值增大,虽然放大电路的输出可能进入饱和状态,但并不影响电压比较器的工作。

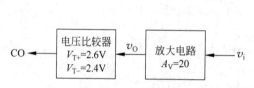

图 1.4-8 波形变换电路原理框图

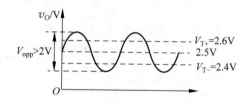

图 1.4-9 放大电路输出波形

波形变换电路原理图如图 1.4-10 所示。运放采用电压反馈高速双运放 MAX4016,电压比较器采用 3.4ns 高速电压比较器 TLV3501。由于电压反馈运算放大器的增益带宽积为一常数,为了保证一定的带宽,增益不宜太大。第 1 级放大器的增益设为 $0\sim-10$ 倍可调,第 2 级放大电路为固定增益 -2。MAX4016 的单位增益带宽为 150MHz,可以确保放大电路带宽可达 10MHz 以上。为了在放大电路的输出端提供 2.5V 的直流偏置电压,在第 2 级放大电路的同相输入端加一个直流偏置调节电位器 RP_2。

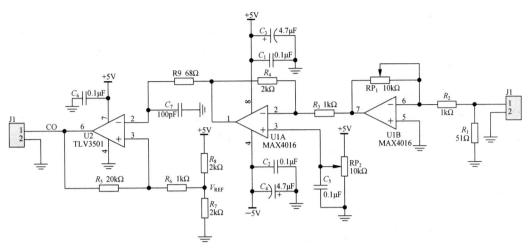

图 1.4-10 波形变换电路的原理图

为了提高电压比较器的抗干扰能力,将 TLV3501 接成反相迟滞电压比较器的形式。设 TLV3501 输出高、低电平分别为 V_{OH} 和 V_{OL},阈值电压分别为 V_{T+} 和 V_{T-},R_8 和 R_7 分压产生的参考电压为 V_{REF},则

$$V_{T+}=\frac{R_6\times V_{OH}}{R_6+R_5}+\frac{R_5\times V_{REF}}{R_6+R_5},\quad V_{T-}=\frac{R_6\times V_{OL}}{R_6+R_5}+\frac{R_5\times V_{REF}}{R_6+R_5} \tag{1.4-2}$$

V_{OH} 和 V_{OL} 由 TLV3501 的数据手册提供:$V_{OH}\approx5V$,$V_{OL}\approx0V$。其余元件参数由图 1.4-10 提供。R_8 和 R_7 电阻分压得到 $V_{REF}\approx2.5V$。根据式(1.4-2)可计算得到 $V_{T+}\approx2.62V$,$V_{T-}\approx2.38V$。

由信号发生器输出峰峰值为 100mV~5V、频率为 1Hz~10MHz 的正弦信号,送波形变换电路输入端,用示波器观察电压比较器输出,测试结果如图 1.4-11 所示。图中上面为输出波形,下面为输入波形。

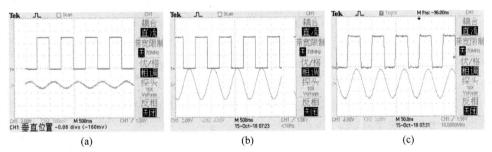

(a)　　　　　　　　　(b)　　　　　　　　　(c)

图 1.4-11 波形变换电路测试波形

(a)输入 $v_{ipp}=100mV$、$f=1Hz$ 正弦信号;(b)输入 $v_{ipp}=5V$、$f=1Hz$ 正弦信号;

(c)输入 $v_{ipp}=5V$、$f=10MHz$ 正弦信号

例 1.4-4 称重传感器信号调理电路设计。

解: 称重传感器可以采用定型产品,也可以自制。图 1.4-12 所示为自制称重传感器实物图以及由称重传感器构成的简易电子秤。自制称重传感器由弹性元件、电阻应变片和信号线 3 部分组成。弹性元件为一铁片加工而成。中间比较窄的部分是应变集中区域(称为应变区)。两应变片($R+\Delta R$ 和 $R-\Delta R$)分别安装在应变区的上方和下方,一个受拉,一个受压。为了减小电桥的非线性误差以及实现温度补偿作用,将另外两个应变片 R 安装在非应变区的同一侧。

应变片通常是由金属丝构成的。当金属丝受外力作用时,其长度和截面积都会发生变化。当金属丝受外力作用而伸长时,其长度增加,而截面积减小,电阻值便会增大。当金属丝受外力作用而压缩时,长度减小而截面积增加,电阻值会减小。当金属片受重物作用弯曲时,安装在金属片上方的应变片电阻增大,而下方的应变片电阻减小。安装在不受应变影响位置的应变片,其阻值始终不变。称重传感器的 4 个应变片电阻值分别为 R、R、$R+\Delta R$、$R-\Delta R$。其差模输出电压如式(1.4-3)所示。

$$v_{id}=(V_{1+}-V_{1-})=\left(\frac{R+\Delta R}{R+\Delta R+R-\Delta R}-\frac{R}{R+R}\right)\times V_{DD}=\frac{V_{DD}}{2}\times\frac{\Delta R}{R} \quad (1.4\text{-}3)$$

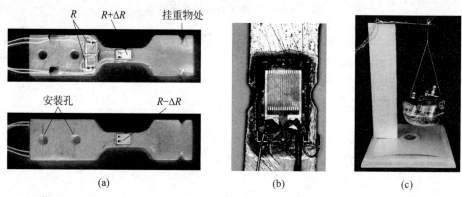

图 1.4-12　自制称重传感器实物图
(a) 自制称重传感器;(b) 放大后的应变片;(c) 简易电子秤

由式(1.4-3)可知,电阻桥输出差模电压与电阻的变化量呈线性关系。

由于称重传感器的的输出信号包含了很大共模信号,而差模信号比较微弱,需要通过仪表放大器对差模信号放大。常用的集成仪表放大器有 AD620、INA333、INA129、INA128 等。这里以 INA333 为例介绍称重传感器信号调理电路设计方法。INA333 的内部原理框图如图 1.4-13 所示。INA333 是一个自归零、轨对轨输入输出的仪表放大器,内建的射频干扰滤波器可以有效减少空中电磁波对仪表放大器输入级的影响。INA333 的增益由下式确定

$$A_V=1+\left[\frac{100\text{k}\Omega}{R_G}\right] \quad (1.4\text{-}4)$$

式中,R_G 为外接电阻,通过调节 R_G 就可以改变仪表放大器增益。

如图 1.4-14 所示就是由 INA333 构成的称重传感器信号调理电路,配合单片机就可以构成简易电子秤。图中虚线框内的 4 只电阻构成称重传感器,其输出的差模信号由 INA333 放大,再经过 RC 滤波后送 16 位 ADC ADS1100。ADS1100 的工作原理和使用方法参见 7.3.3 节有关内容。

在 INA333 的 REF 引脚加一个参考电压 V_{REF} 以调节仪表放大器输出的直流偏置。

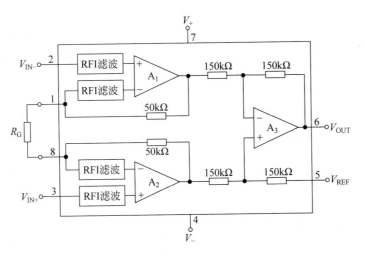

图 1.4-13　INA333 原理框图

V_{REF} 由 2.5V 的基准电压源 TL4050-2.5 提供，通过 RP_2 调节 V_{REF} 大小。V_{REF} 并不是直接加到 INA333 的 REF 引脚，而是通过精密运算放大器 OPA177 构成电压跟随器再连到 REF 引脚，目的是向 INA333 提供低阻参考电压源。图中可调电位器 RP_1 作为仪表放大器的外接电阻 R_G，以调节增益。INA333 适合应用在 +5V 单电源供电的场合，$V_{\text{IN}+}$ 和 $V_{\text{IN}-}$ 的输入电压处在 2.5V 附近时性能最佳。

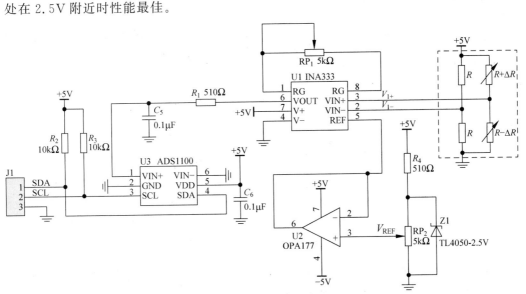

图 1.4-14　INA333 构成的称重传感器信号调理电路

1.5　单电源放大电路设计

在便携式或电池供电的系统中，运算放大器通常采用单电源供电。单电源供电的运放与双电源供电的运放在工作中有什么不同呢？图 1.5-1 所示的两个电路中运放采用单电源供电。由于运放的最大输出电压范围取决于电源范围,因此,电路中的运放输出电压一定为 $0 \sim V_{CC}$。图 1.5-1(a)的反相器只能放大对地为负的直流信号(同相放大器只能放大对地为正的直流信号)。如果输入信号为正弦信号时,输出波形将产生严重失真,如图 1.5-1(b)所示。

为了使单电源运放不失真地放大信号,需要对单电源运放加合适的偏置,使得输入信号为 0V 时,电路的输出电压刚好处在电源电压的一半。以下介绍单电源运放电路几种常用的偏置方法。

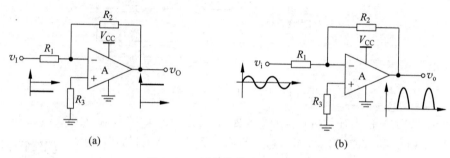

图 1.5-1　运放的输出电压范围

（a）输入负的直流信号；（b）输入交流信号

1. 利用虚拟地实现偏置

将电源和地的中间电位即 $V_{CC}/2$ 作为所有信号的虚拟地。输入信号和输出信号均以虚拟地作为参考。图 1.5-2 所示为采用虚拟地的反相放大器。

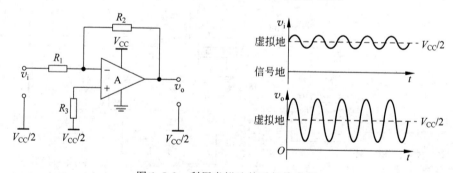

图 1.5-2　利用虚拟地的反相放大器

由于运放信号地的电位比虚拟地电位低 $V_{CC}/2$,因此,以虚拟地作为电位基准,运放相当于 $\pm V_{CC}/2$ 双电源供电。虚拟地设为 $V_{CC}/2$ 可以获得最大的输出动态响应范围。

虚拟地可以简单地用两个等值电阻对电源分压产生,但是,虚拟地和信号地一样,要求能吸入较大电流,必要时可以采用电阻分压加电压跟随器实现。

2. 交流放大电路的偏置

单电源交流反相放大器如图 1.5-3 所示。由于单电源供电,需要给交流放大器设置一个合适的静态工作点。交流放大电路的静态工作点就是输入端不加交流信号时,运放的输出电压。通过加偏置电压将交流放大电路的静态工作点设为 $V_{CC}/2$。对于交流放大电路,由于输入和输出都加了隔直电容,偏置电压的计算变得非常简单。将耦合电容当作断开处理,以运放的同相输入端作为输入,运放构成的电路就是一个电压跟随器。只要在运放的同相输入端加 $V_{CC}/2$ 的偏置电压,运放的输出端就可以得到 $V_{CC}/2$ 的静态直流电压。偏置电压由 R_2、R_3 两个等值电阻分压得到。

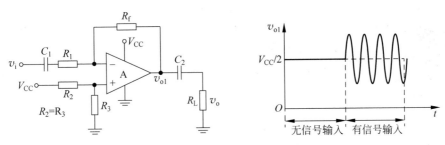

图 1.5-3 单电源供电的交流反相放大器

采用交流耦合的同相放大器如图 1.5-4 所示。偏置电压由 R_1 和 R_2 分压得到,从运放的同相输入端加入。根据图 1.5-4 所示电路的参数,偏置电压放大 2 倍以后作为运放的静态工作点,因此,偏置电压应设为 $2.5V/2=1.25V$,可取 $R_1=30k\Omega$,$R_2=10k\Omega$。

3. 直接耦合放大电路的偏置

对于直接耦合的单电源放大电路,通常采用线性电路的叠加原理来计算偏置电压或者确定电阻阻值。

例 1.5-1 电路如图 1.5-5 所示。已知 $V_{CC}=5V$,$V_{REF}=5V$。要求电路 $v_1=0.01V$ 时,$v_O=1V$;$v_1=1V$ 时,$v_O=4.5V$。请确定 $R_1 \sim R_4$ 的阻值。

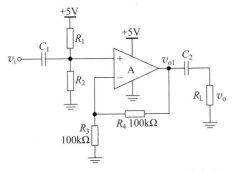

图 1.5-4 单电源供电的交流同相放大器

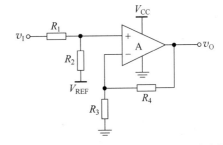

图 1.5-5 单电源供电的直接耦合同相放大器

解:根据叠加原理

$$v_O = v_1 \times \left(\frac{R_2}{R_1+R_2}\right)\left(\frac{R_3+R_4}{R_3}\right) + V_{REF} \times \left(\frac{R_1}{R_1+R_2}\right)\left(\frac{R_3+R_4}{R_3}\right) \quad (1.5\text{-}1)$$

令 $v_O=mv_1+b$,则

$$m = \left(\frac{R_2}{R_1 + R_2}\right)\left(\frac{R_3 + R_4}{R_3}\right), \quad b = V_{REF} \times \left(\frac{R_1}{R_1 + R_2}\right)\left(\frac{R_3 + R_4}{R_3}\right) \tag{1.5-2}$$

将 $v_I = 0.01V, v_O = 1V$ 和 $v_I = 1V, v_O = 4.5V$ 代入 $v_O = mv_I + b$ 得 $b = 0.9646, m = 3.535$

将 m 和 b 的值代入式(1.5-2),得 $R_2 = 18.32R_1, R_4 = 2.73R_3$。

取 $R_1 = R_3 = 10k\Omega$,得 $R_2 = 183.2k\Omega, R_4 = 27.3k\Omega$。

 关于图 1.5-5 所示电路中运放型号的选取,应根据以下原则:首先选用单电源运放,常用的型号有 LM358、LM324、TLC272 等;其次根据题目要求,在电源电压+5V 的前提下,运放输出电压摆幅应达到 1~4.5V,因此,应选用轨对轨单电源运放,如 TLV2472。

设置合适的偏置电压是单电源放大电路设计的关键。上述介绍的几种常用偏置方法,需要结合实际情况合理选用。

思考题

1. 图 1.2-5(b)中,运放的同相输入端加了+6V 的参考电压,该参考电压是如何确定的? 如果去掉 C_1、C_2,参考电压应取什么值?

2. 分析图 1.2-12 中电压跟随器的作用。通过查阅芯片数据手册,说明电压跟随器中的 OPA177 能否用 OP07C 代替?

3. 由 TL082 构成的直接耦合多级放大电路,输入短路时,输出仍有 0.5V 的电压,请分析原因,如何消除。

4. 运放 NE5532 的单位增益带宽 GBW 为 10MHz,SR 为 8V/μs,用该运放设计反相放大器,将峰峰值为 1V、频率为 1MHz 的正弦信号放大 5 倍,是否可行? 说明理由。

5. 电压反馈运算放大器和电流反馈运算放大器在使用上有什么区别?

6. 由 TLV3501 构成的电压比较器如图 T1-1 所示。已知 $V_{T-} = 1.38V$,请计算 R_3 和 V_{T+} 的值(参考式(1.4-2))。

7. 单电源供电放大电路如图 T1-2 所示。电路指标如下:$v_I = -0.1V$ 时,$v_O = 1V$;$v_I = -1V$ 时,$v_O = 6V$。取 $R_4 = 10k\Omega, R_1 = 2k\Omega$,试计算 R_2 和 R_3 的值。

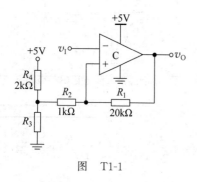

图 T1-1

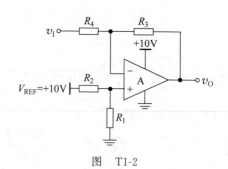

图 T1-2

8. AGC 放大电路由哪几部分组成？AGC 放大电路的主要指标是什么？

9. 在图 1.4-10 所示的波形变换电路中,如果运放输出饱和,对电路的工作有没有影响？

10. 某差分放大电路的差模放大倍数 A_{vd} 为 1。假设由于电阻的误差,差分放大电路的 CMRR 只有 60dB。当 $v_{i1}=2.510V$, $v_{i2}=2.490V$ 时,差模信号和共模信号产生的电压输出分别为多少？

设计训练题

设计题一 增益可调放大电路设计

用两片单运放 OP07 设计直流放大电路,增益 1、10、100 三挡可调,增益误差<5%,输入阻抗大于 1MΩ,允许使用模拟开关或微型继电器。

设计题二 测量放大器设计

用通用运算放大器设计并制作一个测量放大器,原理图如图 P1-1 所示。输入信号 V_1 取自桥式测量电路的输出。当 $R_1=R_2=R_3=R_4$ 时,$V_1=0$。R_2 改变时,产生 $V_1 \neq 0$ 的电压信号。测量电路与放大器之间有 1m 的连接线。设计要求如下:

(1) 差模电压放大倍数 $A_{vd}=1 \sim 500$,可手动调节;

(2) 最大输出电压为 $\pm 3.5V$,非线性误差<0.5%;

(3) 在输入共模电压-5~5V 范围内,共模抑制比 CMMR>100dB;

(4) 在 $A_{vd}=500$ 时,输出端噪声电压的峰峰值小于 0.1V;

(5) 通频带为 0~10Hz;

(6) 放大器的差模输入电阻≥2MΩ(可不测试,由电路设计予以保证)。

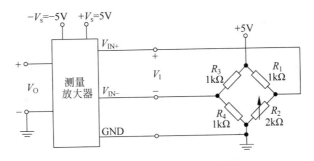

图 P1-1 测量放大器原理框图

第 2 章

滤波器设计

2.1 概述

在实际电子系统中,模拟信号中往往包含一些不需要的信号成分,必须设法将其衰减到足够小的程度,或者把有用的信号挑选出来。滤波器就是实现使特定频率范围内的信号顺利通过,而阻止其他频率信号通过的电路。

1. 滤波器的分类

滤波器通常分为无源滤波器、RC 有源滤波器、开关电容滤波器、数字滤波器 4 种类型。

无源滤波器由无源器件 R、C 和 L 组成,它的缺点是在较低频率下工作时,电感 L 的体积和重量较大,而且滤波效果不理想。

RC 有源滤波器由 R、C 和运算放大器构成,在减小体积和减轻重量方面得到显著改善,尤其是运放具有高输入阻抗和低输出阻抗的特点,可使有源滤波器提供一定的信号增益,因此,RC 有源滤波器得到广泛的应用。RC 有源滤波器的设计是本章重点介绍的内容之一。

开关电容滤波器(Switched Capacitor Filters,SCF)是一种由 MOS 开关、电容和运放构成的离散时间模拟滤波器。开关电容滤波器很容易做成单片集成电路或与其他电路做在同一个芯片上,因此,可以有效提高电子系统的集成度。开关电容滤波器直接对连续模拟信号采样,不做量化处理,因此不需要 ADC、DAC 等电路,这是开关电容滤波器与数字滤波器最明显的区别。开关电容滤波器处理的信号虽然在时间上是离散的,但幅值是连续的,因此,开关电容滤波器仍属于模拟滤波器。开关电容滤波器的原理及使用方法是本章重点介绍的内容之二。

数字滤波器是由数字乘法器、加法器和延时单元组成的一种算法或装置。数字滤波器的功能是对输入离散信号的数字代码进行运算处理,以达到改变信号频谱的目的。数字滤波器可由本书介绍的 FPGA 和 STM32F407 单片机通过硬件或者软件的方法实现,但其设计方法不在本书的内容范围。

滤波器按幅频特性可分为低通、高通、带通和带阻 4 种类型。其理想幅频特性分别如图 2.1-1 所示。

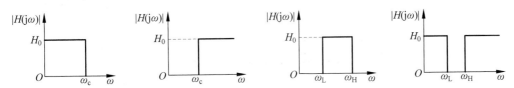

图 2.1-1 低通、高通、带通和带阻滤波器的理想幅频特性

(1) 低通滤波器(Low Pass Filter,LPF):低于截止频率 f_c 的频率可以通过,高频率成分被滤掉。

(2) 高通滤波器(High Pass Filter,HPF):高于截止频率 f_c 的频率可以通过,低频成分被滤掉。

(3) 带通滤波器(Band Pass Filter,BPF):只有高于 f_L 低于 f_H 的频率可以通过,其他成分均被滤掉。

(4) 带阻滤波器(Bandreject Filter,BRF):在 f_L 与 f_H 之间的频率被滤掉,其他成分均可以通过。作为特例,只有特定频率成分可以通过的滤波器被称为陷波滤波器(Notch Filter)。

2. 滤波器的基本应用

滤波器在电子系统中的应用十分广泛,如数据采集系统中的抗混叠滤波器,波形发生器中的重建(平滑)滤波器,从方波中提取基波和高次谐波的带通滤波器,利用 PWM 信号实现 D/A 转换的低通滤波器等。

1) 抗混叠滤波器

在数据采集系统中,采样频率 f_s 是一个关键参数。采样频率越高,模拟信号的数字表示就越精确,采样频率太低,模拟信号的信息就会丢失。奈奎斯特采样定理指出,如果采样频率小于有用信号中所含最高频率的两倍,就会出现称为"混叠"的现象。出现混叠时就无法正确地还原出原信号的全部信息。

在 A/D 转换时,输入模拟信号会夹杂噪声,噪声的频率通常高于有用信号的最高频率。如果采样频率为有用信号最高频率的两倍,噪声就会叠加到有用信号上,产生混叠。因此,在 A/D 转换之前,先用低通滤波器将噪声滤掉,再把信号送到 ADC 的模拟输入端。这个低通滤波器就称为抗混叠滤波器,其示意图如图 2.1-2 所示。

2) 重建滤波器

用数字的方式来产生模拟信号时,DAC 输出的模拟信号存在高频噪声。这些高频噪声是由于 DAC 的最小分辨电压引起的。当输出的模拟信号一个周期内采样点数变少时,失真现象更为严重。为了消除由于噪声引起的失真,通常在 DAC 的输出端加一级低通滤波器,如图 2.1-3 所示。该低通滤波器称为重建滤波器(也称平滑滤波器)。

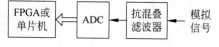

图 2.1-2 数据采集系统中的抗混叠滤波器 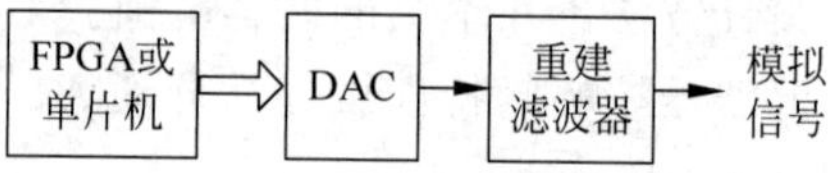   图 2.1-3 用于 DAC 输出信号的平滑滤波器

图 2.1-4(a)所示为示波器在 DAC 输出引脚上观测到的频率为 4MHz 的正弦信号波形,一个信号周期中只有 10 个采样点。图 2.1-4(b)所示为经过低通滤波器后观测到的波形,波形质量明显改善了。

3) 基于 PWM 的 DAC

PWM(Pulse-Width Modulation)信号是指周期一定而占空比可调的方波信号,如图 2.1-5 所示。PWM 信号通常由单片机或 FPGA 产生。PWM 信号 $v_1(t)$ 的傅里叶级数展开如下式:

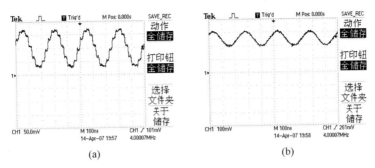

(a)   (b)

图 2.1-4 滤波前后的信号波形对比

（a）DAC 输出正弦信号；（b）滤波以后正弦信号

$$v_1(t) = a_0 + \sum_{n=1}^{\infty} a_n \cos(2n\pi f t) + \sum_{n=1}^{\infty} b_n \sin(2n\pi f t) \qquad (2.1\text{-}1)$$

式中，$a_0 = \dfrac{1}{T}\displaystyle\int_0^T v_1(t)\mathrm{d}t = V_\mathrm{m} \times D$

$\qquad a_n = \dfrac{2}{T}\displaystyle\int_0^T v_1(t)\cos(2n\pi f t)\mathrm{d}t$

$\qquad b_n = \dfrac{2}{T}\displaystyle\int_0^T v_1(t)\sin(2n\pi f t)\mathrm{d}t$

式中，V_m 为 PWM 信号的幅值，D 为 PWM 信号的占空比（Duty Ratio），a_0 为一个直流量，其大小与 PWM 信号的占空比 D 成正比。采用模拟低通滤波器滤掉式(2.1-1)中正弦和余弦分量，那么得到的信号就是与占空比 D 成正比的直流信号。改变占空比 D，就可以使直流信号的电压在 $0\sim V_\mathrm{m}$ 范围内变化。因为占空比 D 与数字量对应，因此，将 PWM 信号发生器和低通滤波器合在一起就相当于一个 DAC。图 2.1-6 所示为基于 PWM 的 DAC 原理框图。用 PWM 的方法实现 D/A 转换，可降低电子系统的成本，并可获得很高的分辨率。

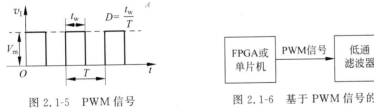

图 2.1-5   PWM 信号   图 2.1-6   基于 PWM 信号的 DAC

4）波形变换

从式(2.1-1)可知，方波信号由直流分量、基波和高次谐波构成。采用带通滤波器就可以将基波和高次谐波提取出来，从而实现方波变换成正弦波的功能。具体电路设计方案读者可参考本章设计题一。

3. 滤波器的传递函数

有源滤波器是建立在频率基础上处理信号的一种电路。有源滤波器随频率变化的

这种特性行为称为频率响应,并以传递函数 $H(j\omega)$ 表示。有源滤波器的动态特性有 3 种形式来描述:

1) 单位冲激响应

$$x(t)=\delta(t), \quad y(t)=h(t) \tag{2.1-2}$$

2) 传递函数

$$H(s)=\frac{Y(s)}{X(s)} \tag{2.1-3}$$

3) 频率特性

$$H(j\omega)=\frac{Y(j\omega)}{X(j\omega)} \tag{2.1-4}$$

有源滤波器的传递函数的一般表达式为

$$H(s)=\frac{a_n s^n + a_{n-1}s^{n-1} + \cdots + a_0}{s^n + b_{n-1}s^{n-1} + \cdots + b_0} \tag{2.1-5}$$

式(2.1-5)分母的阶决定滤波器的阶次。当 $n=1$ 时,称为一阶滤波器;当 $n=2$ 时,称为二阶滤波器……对实际的有源滤波器电路来说,n 取决于时间常数要素的数目。在各种阶次的滤波器中,二阶滤波器是最重要的,这是因为二阶滤波器不仅是一种常用的滤波器,而且是构成高阶滤波器的重要组成部分。本节将主要介绍二阶滤波器的设计方法。二阶有源滤波器的传递函数介绍如下。

1) 标准二阶有源低通滤波器的传递函数

$$H(s)=\frac{H_0 \omega_c^2}{s^2 + \dfrac{\omega_c}{Q}s + \omega_c^2} \tag{2.1-6}$$

式中,H_0 为任意增益因子,ω_c 为低通滤波器截止角频率,Q 为品质因素。

2) 标准二阶有源高通滤波器的传递函数

$$H(s)=\frac{H_0 s^2}{s^2 + \dfrac{\omega_c}{Q}s + \omega_c^2} \tag{2.1-7}$$

式中,ω_c 为高通滤波器截止角频率。

3) 标准二阶有源带通滤波器的传递函数

$$H(s)=\frac{H_0 \omega_0 \dfrac{s}{Q}}{s^2 + \dfrac{\omega_0}{Q}s + \omega_0^2} \tag{2.1-8}$$

式中,ω_0 为带通滤波器中心角频率。

4) 标准二阶有源带阻滤波器的传递函数

$$H(s)=\frac{H_0 (\omega_0^2 + s^2)}{s^2 + \dfrac{\omega_0}{Q}s + \omega_0^2} \tag{2.1-9}$$

式中,ω_0 为带阻滤波器中心角频率。

工程上,滤波器的频率响应通常用波特图表示。图 2.1-7 所示为二阶低通滤波器的波特图。

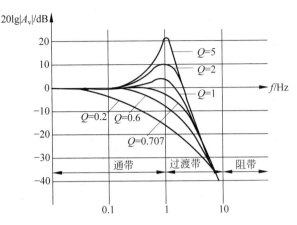

图 2.1-7　二阶低通滤波器幅频响应

滤波器允许信号通过的频段称为通带,而阻止信号通过的频段称为阻带。通带内的电压放大倍数称为通带增益。

滤波器的品质因素 Q 也称为滤波器的截止特性系数,其值决定了滤波器在 f_c 附近的频率特性。按照 f_c 附近频率特性,可将滤波器分为巴特沃斯(Butterworth)型、切比雪夫(Chebyshev)型、贝塞尔(Bessel)型等 3 种类型。

巴特沃斯滤波器的输出信号幅度随频率增高单调下降,具有最平坦的通带幅频特性,但相移与频率的关系不是很线性的,阶跃响应有过冲。

贝塞尔滤波器在通带内具有与巴特沃斯滤波器一样的最大平坦特性,相移和频率之间有良好的线性关系,阶跃响应过冲小,但过渡带曲线的下降较缓慢。

切比雪夫滤波器通带内增益有起伏(纹波),与巴特沃斯滤波器和贝塞尔滤波器相比过渡带曲线下降较快。

在设计滤波器时,可根据实际需要,选择不同特性的滤波器。例如,如果滤波器响应曲线的锐截止比最大平坦更为重要,则可采用切比雪夫滤波器。

4. 两种常用的有源滤波器电路

RC 有源滤波器有两种常用的类型:一种是无限增益多重反馈型(Multi-Feedback,MFB)滤波器,一种是压控电压源型(Voltage Controlled Voltage Source)滤波器,也称为 Sallen-Key 滤波器。这两种滤波器的基本电路分别如图 2.1-8 和图 2.1-9 所示。两种滤波器各有优缺点,MFB 滤波器是反相滤波器,含有一个以上的反馈路径,集成运放作为高增益有源器件使用,其优点是 Q 值和截止频率对元件改变的敏感度较低,缺点是滤波器增益精度不高。Sallen-Key 滤波器是同相滤波器,将集成运放当作有限增益有源器件使用,优点是具有高输入阻抗,增益设置与滤波器电阻电容元件无关,所以增益精度极高。本章主要介绍 MFB 滤波器的设计,Sallen-Key 滤波器设计方法读者可以阅读参考文献[2]相关章节。

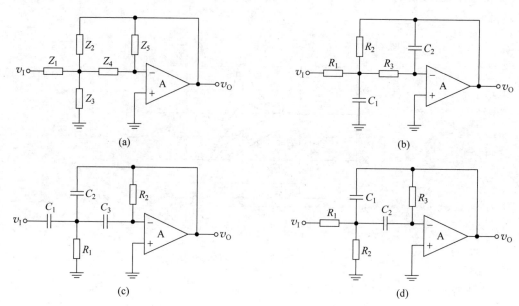

图 2.1-8 二阶 MFB 滤波器电路

（a）基本电路；（b）低通滤波器；（c）高通滤波器；（d）带通滤波器

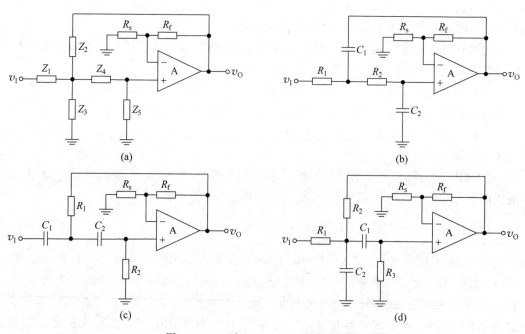

图 2.1-9 二阶 Sallen-Key 滤波器电路

（a）基本电路；（b）低通滤波器；（c）高通滤波器；（d）带通滤波器

根据前面分析,有源滤波器有 4 大要素,如图 2.1-10 所示。下面简要介绍设计中的考虑原则。

图 2.1-10　有源滤波器的 4 大要素

1）关于电路类型的选择

MFB 滤波器和 Sallen-Key 滤波器各有优缺点，应根据实际需求选用。在选择带通滤波器电路时，当要求带通滤波器的通带较宽时，可用低通滤波器和高通滤波器合成，这比单纯用带通滤波器要好。

2）阶数选择

滤波器的阶数主要根据对带外衰减特性的要求来确定。每一阶低通或高通滤波器可获得 −20dB 每十倍频程衰减。多级滤波器串接时，传输函数总特性的阶数等于各级阶数之和。

3）运放的要求

一般情况下可选用通用型运算放大器。对运放的频率特性要求：运放的单位增益带宽（GBW）应大于 $100 \times A_0 \times f_c$（$A_0$ 为通带增益），压摆率应大于 $2\pi \times V_{OPP} \times f_c$（$V_{OPP}$ 为输出信号电压峰峰值）。如果滤波器输入信号较小，例如在 10mV 以下，应选用精密运算放大器。

2.2　无限增益多重反馈滤波器设计

2.2.1　二阶 MFB 低通滤波器设计

二阶 MFB 低通滤波器的电路结构如图 2.1-8（b）所示。该滤波器电路由 R_1、C_1 组成的低通滤波电路以及 R_3、C_2 组成的积分电路组成，这两级电路表现出低通特性。通过 R_2 的正反馈对 Q 进行控制。根据对电路的交流分析，求得传递函数为

$$H_{LP}(s) = \frac{-1/(R_1 R_3 C_1 C_2)}{s^2 + \dfrac{s}{C_1}\left(\dfrac{1}{R_1} + \dfrac{1}{R_2} + \dfrac{1}{R_3}\right) + \dfrac{1}{R_3 R_2 C_1 C_2}} \tag{2.2-1}$$

将式（2.2-1）与式（2.1-6）比较得

$$\omega_c = \frac{1}{\sqrt{R_2 R_3 C_1 C_2}} \tag{2.2-2}$$

$$H_0 = -\frac{R_2}{R_1} \tag{2.2-3}$$

$$Q = \frac{\sqrt{C_1/C_2}}{\sqrt{R_2 R_3/R_1^2} + \sqrt{R_3/R_2} + \sqrt{R_2/R_3}} \tag{2.2-4}$$

滤波器的设计任务之一就是根据滤波器的 ω_c、H_0、Q 3 个参数来确定电路中各元件参数。显然,直接采用上述 3 个公式来计算 C_1、C_2、R_1、R_2、R_3 的值是非常困难的。为了简化运算步骤,先给 C_2 确定一个合适的值,然后令 $C_1 = nC_2$(n 为电容扩展比),并用 A_0(即 H_0 的绝对值)来表示滤波器的通带增益。可以由式(2.2-2)~式(2.2-4)推得各电阻值的计算公式。

由式(2.2-3)得

$$R_2 = R_1 A_0 \tag{2.2-5}$$

由式(2.2-2)得

$$R_3 = \frac{1}{\omega_c^2 R_2 C_1 C_2} \tag{2.2-6}$$

将式(2.2-5)和式(2.2-6)代入式(2.2-4)得

$$R_1 = \frac{1 + \sqrt{1 - 4Q^2(1 + A_0)/n}}{2\omega_c Q C_2 A_0} \tag{2.2-7}$$

式(2.2-7)必须满足 $n \geqslant 4Q^2(1 + A_0)$,不妨取 $n = 4Q^2(1 + A_0)$,式(2.2-7)就可简化为

$$R_1 = \frac{1}{2\omega_c Q C_2 A_0} \tag{2.2-8}$$

令 $R_0 = \dfrac{1}{\omega_c C_2}$,滤波器中各项参数的计算公式可进一步简化为

$$C_1 = 4Q^2(1 + A_0)C_2, \quad R_1 = R_0/(2QA_0), \quad R_2 = A_0 R_1, \quad R_3 = R_0/[2Q(1 + A_0)] \tag{2.2-9}$$

根据式(2.2-9),只要确定 C_2 的值,其余的参数可随之确定。

例 2.2-1 设计二阶 MFB 低通滤波器。已知滤波器的通带增益 $A_0 = 1$,截止频率 $f_c = 3.4\text{kHz}$,$Q = 0.707$。

解:滤波器中各项参数的具体计算步骤如下:

(1) 选取 C_2 值为 2200pF,则基准电阻 $R_0 = 1/2\pi f_c C_2 = 21.29\text{k}\Omega$

(2) C_1 的电容值,$C_1 = 4Q^2(1 + A_0)C_2 = 8797\text{pF}$

(3) R_1 的电阻值,$R_1 = R_0/(2QA_0) = 15.05\text{k}\Omega$

(4) R_2 的电阻值,$R_2 = A_0 \times R_1 = 15.05\text{k}\Omega$

(5) R_3 的电阻值,$R_3 = R_0/[2Q(1 + A_0)] = 7.53\text{k}\Omega$

将计算的电阻、电容值取标称值,得到如图 2.2-1 所示的二阶 MFB 低通滤波器原理图。

上述设计的二阶低通滤波器采用 Multisim 软件仿真,得到的幅频特性如图 2.2-2 所示。仿真结果表明,该滤波器通带增益为 1,截止频率(-3dB 处)约为 3.4kHz,与设计要求相符。

实际滤波器的幅频特性可采用低频扫频仪测量,也可以用信号发生器与示波器相结合的方法来测量。用信号发生器与示波器测量幅频特性的方法是,用信号发生器产生峰

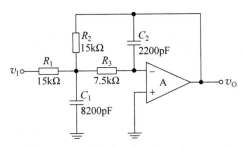

图 2.2-1　二阶 MFB 低通滤波器原理图

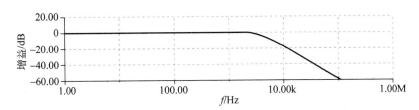

图 2.2-2　二阶低通滤波器幅频特性仿真结果

峰值为 2V、频率为 100Hz～5kHz 的正弦信号,加到滤波器输入端,用示波器测量滤波器输出信号峰峰值,记录数据,列成表格。表 2.2-1 所示为例 2.2-1 设计的低通滤波器实际幅频特性。从表中数据可知,通带增益 A_0 为 1.04,频率为 3.4kHz 处的增益为 1.44/2＝0.72,与理论值相比,误差还是比较小的。

表 2.2-1　低通滤波器实际幅频特性表(v_{ipp}＝2V)

f/kHz	0.1	0.5	1.0	1.5	2.9	2.5	3.0	3.1	3.2
v_{opp}/V	2.08	2.08	2.08	2.08	2.08	2.00	1.78	1.70	1.64

f/kHz	3.3	3.4	3.5	3.6	3.7	4.0	4.5	5.0	
v_{opp}/V	1.54	1.44	1.38	1.26	1.20	0.94	0.63	0.43	

结合本例,在设计 RC 有源滤波器时应注意以下几点:

(1)选择 C_2 电容值的一般原则是:为了得到合理的电阻值,滤波器截止频率越高,C_2 的电容值越小。通常以表 2.2-2 提供的数据作参考。需要注意的是,如果电容值很小时,应考虑寄生电容的影响,否则,设计好的滤波器参数会产生较大的误差。

表 2.2-2　C_2 电容值选择参考表

滤波器截止频率 f_c	C_2 选择范围	滤波器截止频率 f_c	C_2 选择范围
≤100Hz	0.1μF～10μF	10kHz～100kHz	100pF～1000pF
100Hz～1000Hz	0.01μF～0.1μF	≥100kHz	10pF～100pF
1kHz～10kHz	0.001μF～0.01μF		

(2)在实际电路中,电阻和电容应取标称值。标称值是为了便于电阻和电容的使用和生产而统一规定的。表 2.2-3 列出了精度为 5% 和精度为 1% 两种系列电阻的标称值,

精度为 5% 的电容标称值。

表 2.2-3　电阻器和电容的标称值

允许偏差	标 称 电 阻											
5%	1.0	1.1	1.2	1.3	1.5	1.6	1.8	2.0	2.2	2.4	2.7	3.0
	3.3	3.6	3.9	4.3	5.1	5.6	6.2	6.8	7.5	8.2	9.1	
1%	100	102	105	107	110	113	115	118	120	121	124	127
	130	133	137	140	143	147	150	154	158	160	162	165
	169	174	178	180	182	187	191	196	200	205	210	215
	220	221	226	232	237	240	243	249	255	261	267	270
	274	280	287	294	300	301	309	316	324	330	332	340
	348	350	357	360	365	374	383	390	392	402	412	422
	430	432	442	453	464	470	475	487	499	510	511	523
	536	549	560	562	565	578	590	604	619	620	634	649
	665	680	681	698	715	732	750	768	787	806	820	825
	845	866	887	909	910	931	953	976				

允许偏差	标 称 电 容											
5%	1.0	1.1	1.2	1.3	1.5	1.6	1.8	2.0	2.2	2.4	2.7	3.0
	3.3	3.6	3.9	4.3	4.7	5.1	5.6	6.2	6.8	7.5	8.2	9.1

（3）由于标称值和计算值之间会有一定的误差，再加上元器件本身容差和非理想性，实际得到的滤波器的参数很有可能偏离它们的设计值。特别是当滤波器的增益比较高时，电阻或电容的误差会使电路特性发生变化。因此，增益 A_0 的取值一般在 1～10 为宜。

2.2.2　二阶 MFB 高通滤波器设计

二阶 MFB 高通滤波器的电路结构如图 2.1-8（c）所示。其传递函数为

$$H_{HP}(s) = \frac{-(C_1/C_2)s^2}{s^2 + \dfrac{C_1+C_2+C_3}{R_2 C_2 C_3}s + \dfrac{1}{R_1 R_2 C_2 C_3}} \qquad (2.2\text{-}10)$$

将式（2.2-10）与式（2.1-7）比较得

$$\omega_c = \frac{1}{\sqrt{R_1 R_2 C_2 C_3}} \qquad (2.2\text{-}11)$$

$$H_0 = -\frac{C_1}{C_2} \qquad (2.2\text{-}12)$$

$$Q = \frac{\sqrt{R_2/R_1}\,\sqrt{C_2 C_3}}{C_1+C_2+C_3} \qquad (2.2\text{-}13)$$

令 $C_1 = C_3 = C_0$，$A_0 = |H_0|$，基准电阻 $R_0 = \dfrac{1}{\omega_c C_0}$，由式（2.2-11）～式（2.2-13）可得

$$C_2 = C_1/A_0, \quad R_1 = R_0/[Q(2+1/A_0)], \quad R_2 = R_0 Q(1+2A_0) \quad (2.2\text{-}14)$$

例 2.2-2 设计二阶 MFB 高通滤波器。已知滤波器通带增益 $A_0=1$，截止频率 $f_c=300\mathrm{Hz}$，$Q=0.707$。

解：取基准电容 $C_0=0.033\mu\mathrm{F}$，各元件的参数计算如下：

$$C_1 = C_3 = C_0 = 0.033\mu\mathrm{F}$$
$$C_2 = C_1/A_0 = 0.033\mu\mathrm{F}$$
$$\text{基准电阻}\ R_0 = 1/(2\pi f_c C_0) = 16.076\mathrm{k}\Omega$$
$$R_1 = R_0/[Q(2+1/A_0)] = 7.58\mathrm{k}\Omega$$
$$R_2 = R_0 Q(1+2A_0) = 34.097\mathrm{k}\Omega$$

将各元件参数取标称值，得到如图 2.2-3 所示的二阶 MFB 高通滤波器原理图。

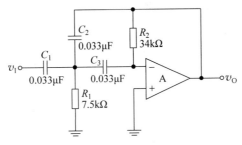

图 2.2-3　二阶 MFB 高通滤波器原理图

上述设计的二阶 MFB 高通滤波器采用 Multisim 软件仿真，得到的幅频特性如图 2.2-4 所示。仿真结果表明，该滤波器符合设计要求。

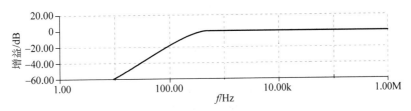

图 2.2-4　二阶高通滤波器幅频特性仿真结果

用与例 2.2-1 相同的测试方法可得到高通滤波器幅频特性实测数据如表 2.2-4 所示。当输入信号频率为截止频率 300Hz 时，实测增益为 $A_0=1.44/2=0.72$，300Hz 时的理论增益应为 $1.04\times0.707=0.735$，两者十分接近。

表 2.2-4　高通滤波器幅频特性实测数据（$v_{\mathrm{ipp}}=2\mathrm{V}$）

f/Hz	100	200	250	280	290	300	310
$v_{\mathrm{opp}}/\mathrm{V}$	0	0.42	0.88	1.24	1.32	1.44	1.52
f/Hz	320	350	400	500	1000	2000	3000
$v_{\mathrm{opp}}/\mathrm{V}$	1.60	1.76	1.90	2.00	2.08	2.08	2.08

2.2.3 二阶 MFB 带通滤波器设计

当带通滤波器的通带比较窄时,可根据如图 2.1-8(d)所示的二阶 MFB 带通滤波器电路直接设计。图 2.1-8(d)所示滤波器的传递函数为

$$H_{BP}(s) = \frac{-\dfrac{1}{R_1 C_1}s}{s^2 + \dfrac{C_1 + C_2}{R_3 C_1 C_2}s + \dfrac{R_1 + R_2}{R_1 R_2 R_3 C_1 C_2}} \qquad (2.2\text{-}15)$$

将式(2.2-15)与式(2.1-8)比较,并令 $C_1 = C_2 = C_0$,可得

$$\omega_0 = \frac{1}{C_0}\sqrt{\frac{R_1 + R_2}{R_1 R_2 R_3}}, \quad Q = \frac{R_3}{2}\sqrt{\frac{R_1 + R_2}{R_1 R_2 R_3}}, \quad H_0 = -\frac{R_3}{2R_1} \qquad (2.2\text{-}16)$$

令 $A_0 = |H_0|$,根据式(2.2-16),得到二阶带通滤波电路各元件参数计算公式:

$$R_1 = \frac{Q}{A_0 \omega_0 C_0}, \quad R_2 = \frac{R_1}{2Q^2/A_0 - 1}, \quad R_3 = \frac{2Q}{\omega_0 C_0} \qquad (2.2\text{-}17)$$

例 2.2-3 设计一个 $f_0 = 1\text{kHz}$,$Q = 10$ 和 $A_0 = 1$ 的二阶 MFB 带通滤波器。

解:取 $C_1 = C_2 = C_0 = 0.01\mu F$,根据式(2.2-17)得

$$R_1 = \frac{Q}{A_0 \omega_0 C_0} = \frac{10}{1 \times 2\pi \times 1 \times 10^3 \times 0.01 \times 10^{-6}} = 159.2(\text{k}\Omega)$$

$$R_2 = \frac{R_1}{2Q^2/A_0 - 1} = \frac{159.2 \times 10^3}{2 \times 10^2 \div 1 - 1} = 800(\Omega)$$

$$R_3 = \frac{2Q}{\omega_0 C_0} = \frac{2 \times 10}{2\pi \times 1 \times 10^3 \times 0.01 \times 10^{-6}} = 318.3(\text{k}\Omega)$$

各元件取标称值后,得到如图 2.2-5 所示的原理图。

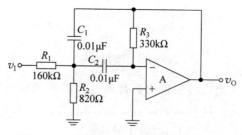

图 2.2-5　二阶 MFB 带通滤波器原理图

带通滤波器仿真结果如图 2.2-6 所示。

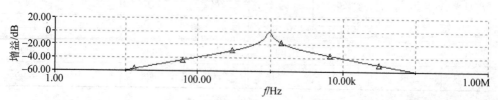

图 2.2-6　带通滤波器仿真结果

带通滤波器幅频特性实测数据如表 2.2-5 所示。从测试数据可知,滤波器的中心频率 f_0 在 1005Hz 左右,与设计值十分接近。

表 2.2-5 带通滤波器幅频特性实测数据($v_{ipp} = 2V$)

f/Hz	100	500	700	800	900	950	970	990	995
v_{opp}/V	0.02	0.14	0.28	0.43	0.80	1.20	1.44	1.70	1.75
f/Hz	1000	1005	1010	1030	1050	1100	1200	1300	1500
v_{opp}/V	1.80	1.80	1.80	1.70	1.5	1.04	0.64	0.42	0.26

2.2.4 二阶 MFB 带阻滤波器设计

比较式(2.1-8)所示的带通滤波器表达式和式(2.1-9)所示的带阻滤波器表达式,有 $H_{BR}(s) = H_0 - H_{BP}(s)$,式中,$H_0$ 为带通滤波器的增益。根据两者之间的关系,可以先设计带通滤波器,然后再加一级加法电路就可得到带阻滤波器。

例 2.2-4 设计一个 $f_0 = 1\text{kHz}$,$Q = 10$ 和 $A_0 = 1$ 的二阶 MBF 带阻滤波器。

解:带阻滤波器原理图如图 2.2-7 所示。前一级电路为例 2.2-4 所设计的带通滤波器,后一级为加法电路。带阻滤波器的传递函数为

$$H_{BR}(s) = \frac{v_O(s)}{v_I(s)} = -(R_6/R_4)H_{BP}(s) - (R_6/R_5) = -\frac{R_6}{R_4}\left(\frac{R_4}{R_5} + H_{BP}(s)\right)$$

将上式与式 $H_{BR}(s) = H_0 - H_{BP}(s)$ 比较,R_4/R_5 应等于带通滤波器的通带增益,R_6/R_4 为带阻滤波器的通带增益。由于带通滤波器和带阻滤波器的通带增益均为 1,所以,加法电路具体参数可选:$R_4 = R_5 = R_6 = 2\text{k}\Omega$。

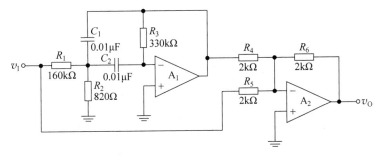

图 2.2-7 二阶带阻滤波器原理图

带阻滤波器仿真结果如图 2.2-8 所示。

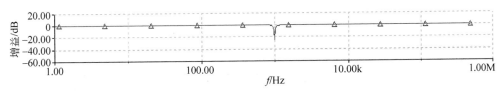

图 2.2-8 二阶带阻滤波器幅频特性仿真结果

带阻滤波器幅频特性实测数据如表 2.2-6 所示。从表中数据可知,滤波器的中心频率在 1020Hz 左右,与设计值有一定的误差。

表 2.2-6　带阻滤波器幅频特性实测数据($v_{ipp}=2V$)

f/Hz	500	700	800	900	970	980	990	995	1000
v_{opp}/V	1.75	1.75	1.70	1.51	1.15	1.00	0.75	0.64	0.48
f/Hz	1005	1010	1020	1030	1040	1100	1500	2000	2500
v_{opp}/V	0.34	0.19	0.11	0.40	0.65	1.40	1.75	1.75	1.75

2.2.5　有源滤波器的级联

二阶滤波器是最基本的滤波器,通过级联可得到带通滤波器或者高阶滤波器。

当要求带通滤波器的通带较宽时,可用低通滤波器和高通滤波器级联而成,如图 2.2-9 所示。

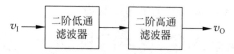

图 2.2-9　带通滤波器结构框图

例 2.2-5　设计一个二阶带通滤波器,通带范围为 300Hz～3.4kHz,通带增益 $A_0=1$。

解:二阶带通滤波器直接由图 2.2-1 和图 2.2-3 两个电路电路级联而成,如图 2.2-10 所示。

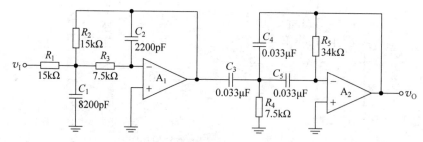

图 2.2-10　例 2.2-5 原理图

仿真结果如图 2.2-11 所示。

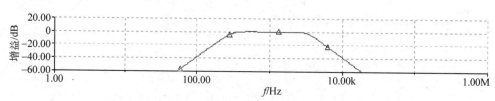

图 2.2-11　例 2.2-5 带通滤波器仿真结果

如果需要抑制的信号和需要通过的信号在频率上非常接近,那么,二阶滤波器的截止特性可能就不够陡峭,此时,就需要采用高阶滤波器。高阶滤波器通常是由低阶滤波器级联而成,其原理是高阶滤波器的传递函数 $H(s)$ 通过因式分解后可化成低阶项乘积。

例 2.2-6 假设有用信号的最高频率 f_a 为 3.4kHz,采样频率 f_s 为 40kHz,采用 12 位 ADC。确定抗混叠滤波器阶数。

解:采样后的信号频谱如图 2.2-12 所示。图中阴影部分为信号采样后产生的混叠。只要混叠信号的幅度足够小,就不会影响 A/D 转换的精度。

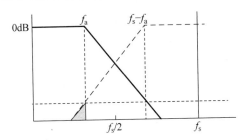

图 2.2-12 采样后的信号频谱

设 ADC 的最大量程归一化后为 0dB,则 12 位 ADC 能测量到的最小信号为 $20\lg(2^{12}) = 72\text{dB}$。每 10 倍频程的衰减为

$$\frac{72\text{dB}}{\lg((f_s - f_a)/f_a)} = \frac{72\text{dB}}{\lg(36.6\text{kHz}/3.4\text{kHz})} \approx 70\text{dB}$$

滤波器的阶数为

$$n = \frac{70\text{dB}}{20\text{dB}} = 3.5$$

应采用四阶低通滤波器。

二阶以上的滤波器可以通过低阶滤波器级联而成,如四阶低通滤波器可以通过两个二阶低通滤波器串联得到;四阶高通滤波器可以通过两个二阶高通滤波器串联得到。

例 2.2-7 设计一四阶低通滤波器,$f_c = 3.4\text{kHz}$,通带增益 $A_0 = 1$。

解:四阶滤波器通常是由二阶滤波器级联而成。其示意图如图 2.2-13 所示。

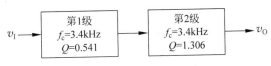

图 2.2-13 滤波器级联示意图

1) 第 1 级低通滤波器参数计算

选电容 C_2 为 2200pF,则:

$$\text{基准电阻 } R_0 = 1/2\pi f_c C_2 = 21.29\text{k}\Omega$$

$$C_1 = 4Q_1^2(1 + A_0)C_2 = 5151\text{pF}, \quad \text{取标称值 5100pF}$$

$$R_1 = R_0/(2Q_1 A_0) = 19.67\text{k}\Omega, \quad \text{取标称值 20k}\Omega$$

$$R_2 = A_0 R_1 = 19.67\text{k}\Omega, \quad \text{选择 20k}\Omega$$

$$R_3 = R_0/[2Q_1(1+A_0)] = 9.83\text{k}\Omega, \quad \text{取标称值 } 10\text{k}\Omega$$

2）第 2 级低通滤波器参数计算

选电容 C_4 为 2200pF，则：

$$\text{基准电阻 } R_0 = 1/2\pi f_c C_4 = 21.29\text{k}\Omega$$

$$C_3 = 4Q_2^2(1+A_0)C_4 = 0.0313\mu\text{F}, \quad \text{取标称值 } 0.033\mu\text{F}$$

$$R_4 = R_0/(2Q_2 A_0) = 8.15\text{k}\Omega, \quad \text{取标称值 } 8.2\text{k}\Omega$$

$$R_5 = A_0 R_4 = 8.2\text{k}\Omega$$

$$R_6 = R_0/[2Q_2(1+A_0)] = 4.07\text{k}\Omega, \quad \text{取标称值 } 3.9\text{k}\Omega$$

四阶低通滤波器的原理图如图 2.2-14 所示。

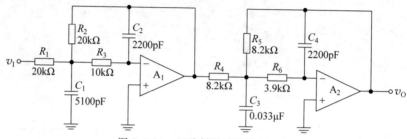

图 2.2-14　四阶低通滤波器原理图

四阶滤波器的仿真结果如图 2.2-15 所示。

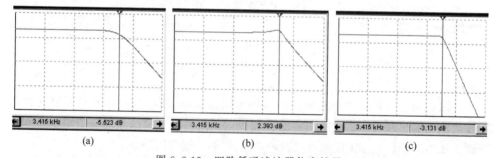

| 3.415 kHz | -5.623 dB | 3.415 kHz | 2.393 dB | 3.415 kHz | -3.131 dB |

(a)　　　　　　　　　　(b)　　　　　　　　　　(c)

图 2.2-15　四阶低通滤波器仿真结果

（a）第 1 级 $Q=0.541$；（b）第 2 级 $Q=1.306$；（c）四阶滤波器幅频特性

　　四阶低通滤波器幅频特性实测数据如表 2.2-7 所示。从表 2.2-7 所示测试结果看，滤波器的实际通带增益约为 1.10，通带内幅频特性较为平坦。滤波器的实际截止频率约为 3.5kHz，与设计指标存在一定的误差。产生误差的原因主要是电阻电容参数采用标称值以及电阻和电容元件的容差。

表 2.2-7　四阶通滤波器实际测试结果（$v_{\text{ipp}} = 2\text{V}$）

f_i/Hz	100	500	1000	1500	2000	2500	3000	3100	3200	3300
v_{opp}/V	2.16	2.16	2.16	2.20	2.30	2.30	2.12	2.00	1.92	1.80
f_i/Hz	3400	3500	3600	4000	4500	5000	5500	6000	6500	7000
v_{opp}/V	1.68	1.60	1.48	1.08	0.72	0.52	0.40	0.30	0.24	0.22

多级滤波器的设计应考虑以下几个问题：

（1）每一级滤波器 Q 值的确定。在例 2.2-7 设计的四阶低通滤波器中，两级滤波器的 Q 值选择 $Q_1=0.541,Q_2=1.306$，其依据是表 2.2-8 所提供的参数。该表提供了设计多级巴特沃斯滤波器时，每一级 Q 值的选取。

表 2.2-8　归一化（对 1Hz）多级巴特沃斯滤波器 Q 值选取

n	f_{01}	Q_1	f_{02}	Q_2	f_{03}	Q_3	f_{04}	Q_4	f_{05}	Q_5	$2f_c$ 处的衰减/dB
2	1	0.707	1								12.30
3	1	1.000	1								18.13
4	1	0.541	1	1.306							24.10
5	1	0.618	1	1.620	1						30.11
6	1	0.518	1	0.707	1	1.932					36.12
7	1	0.555	1	0.802	1	2.247	1				42.14
8	1	0.510	1	0.601	1	0.900	1	2.563			48.16

（2）各级滤波器级联的顺序。从数学的角度来说，各部分级联的顺序是没有关系的。然而对实际电路来说，由于在高 Q 的滤波器输出信号的幅值有可能超出运算放大器最大输出电压范围，为了避免动态范围的损失和滤波器精度的降低，可以把各级滤波器按 Q 值升高的顺序级联在一起，即把低 Q 值的滤波器放在整个滤波器电路的第一级上。

现在有专门的工具软件来完成有源滤波器设计，如 TI 公司推出的 FilterPro 软件等。虽然手工设计滤波器比较烦琐，但并未失去其价值，通过滤波器的手工设计，可以深入理解滤波器参数与元件参数之间的关系，进一步可以通过调节某个元件的参数来调节滤波器的参数。

2.3　开关电容滤波器

RC 有源滤波器在使用中存在以下不足之处：

（1）由于元件参数的容差和运算放大器非理想性的影响，实际滤波器的响应很有可能偏离理论上预期的响应。

（2）滤波器参数易受环境温度影响。从有源滤波器的参数公式可知，H_0 和 Q 通常与元件的比值有关，而 ω_c 则与元件的乘积有关。虽然可以通过采用对温度和时间有良好跟踪能力的元件使比值保持恒定，却很难保持乘积恒定。

（3）滤波器的带宽不易调整。如在数据采集系统中，为了提高信号的频率分辨率，要求抗混滤波器的截止频率是可调节的。

（4）滤波器外围元件多、体积大，对于一些要求空间紧凑的电子系统，往往难以满足设计要求。

开关电容滤波器（Switched-Capacitor Filter，SCF）是利用开关电容网络和运放构成的滤波器。由于开关电容网络通过 MOSFET 开关周期性地作用于 MOS 电容来模拟电阻，使得开关电容滤波器的时间常数取决于电容的比值而不是 RC 乘积，因此，开关电容滤波器可以提供稳定的截止频率或中心频率。随着 MOS 工艺的迅速发展,单片集成开关电容滤波器尺寸越来越小,使用越来越简单,在电子系统设计中获得了广泛应用。

2.3.1　开关电容滤波器的基本原理

开关电容(Switched-Capacitor,SC)电路是根据电荷存储和转移原理而构成的电路,其原理图如图 2.3-1 所示。开关电容电路由受时钟控制的 MOS 开关和 MOS 电容组成。MOS 电容量为 1~40pF,其绝对精度约为 5%,相对精度可高达 0.01%。

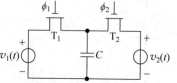

图 2.3-1　开关电容电路原理图

开关电容电路可以模拟电阻,它是一种"电容对电荷的存储和释放来实现信号传输"的等效电阻。现以图 2.3-2 所示的电路模型来说明开关电容电路的工作原理。

图 2.3-2 中 S_1 和 S_2 是两个 MOS 开关,ϕ_1 和 ϕ_2 是不重叠的两相时钟脉冲,该时钟脉冲的频率 f_s 通常是输入信号 $v_1(t)$ 最高频率的 50~150 倍。由于 S_1 和 S_2 的通和断受 ϕ_1 和 ϕ_2 控制,故 S_1 和 S_2 这两个 MOS 开关不会同时接通。

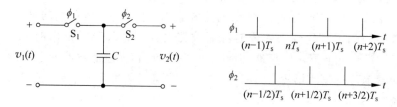

图 2.3-2　开关电容单元及时钟脉冲

在 $t=(n-1)T_s$ 时刻,S_1 接通而 S_2 截止,此时,输入信号 $v_1(t)$ 向电容 C 充电,其充电量为

$$q_C(t)=Cv_1[(n-1)T_s] \tag{2.3-1}$$

在 $t=(n-1)T_s$ 到 $(n-1/2)T_s$ 期间,由于两个 MOS 开关均断开,故电容器 C 上的电压 $v_C(t)$ 和电荷 $q_C(t)$ 保持不变。

在 $(n-1/2)T_s$ 时刻,S_2 接通而 S_1 截止,于是电容 C 上将建立起电压和电量分别为

$$v_C(t)=v_C[(n-1/2)T_s]=v_2[(n-1/2)T_s] \tag{2.3-2}$$

$$q_C(t)=q_C[(n-1/2)T_s]=Cv_2[(n-1/2)T_s] \tag{2.3-3}$$

可见,在每一个时钟周期 T_s 内,$v_C(t)$ 和 $q_C(t)$ 仅变化一次,电荷的变化量为

$$\Delta q_C=C\left\{v_1[(n-1)T_s]-v_2\left[\left(n-\frac{1}{2}\right)T_s\right]\right\} \tag{2.3-4}$$

式(2.3-4)说明,在从 $(n-1/2)T_s$ 到 $(n-1)T_s$ 期间,开关电容从 $v_1(t)$ 端向 $v_2(t)$ 端转移的电荷量与 C 的大小、$(n-1)T_s$ 时刻 $v_1(t)$ 值、$(n-1/2)T_s$ 时刻的 $v_2(t)$ 值有关。分析指出,在开关电容两端口之间流动的是电荷而非电流;开关电容转移的电荷量取决于两端口不同时刻的电压值,而不是两端口在同一时刻的电压值;因此,开关电容电路传

输信号的本质是在时钟驱动下,由开关电容对电荷的存储和释放。

因为时钟脉冲周期 T_s 远远小于 $v_1(t)$ 和 $v_2(t)$ 的周期,故在 T_s 内可认为 $v_1(t)$ 和 $v_2(t)$ 是恒值,从近似平均的角度看,可以把一个 T_s 内由 $v_1(t)$ 送往 $v_2(t)$ 的 $\Delta q_C(t)$ 等效为一个平均电流 $i_C(t)$,它从 $v_1(t)$ 流向 $v_2(t)$,即

$$i_C(t)=\frac{\Delta q_C}{T_s}=\frac{C}{T_s}\left\{v_1\big[(n-1)T_s\big]-v_2\left[\left(n-\frac{1}{2}\right)T_s\right]\right\}$$
$$=\frac{C}{T_s}\big[v_1(t)-v_2(t)\big]=\frac{1}{R_{SC}}\big[v_1(t)-v_2(t)\}\big] \tag{2.3-5}$$

式中

$$R_{SC}=\frac{T_s}{C}=\frac{1}{Cf_s} \tag{2.3-6}$$

式中,R_{SC} 即为开关电容模拟电阻(或开关电容等效电阻)。

采用开关电容电阻可以大大节省集成电路的衬底面积。例如,制造一个 $10\mathrm{M}\Omega$ 的集成电阻所占硅片衬底面积约为 $1\mathrm{mm}^2$,而制造一个 $10\mathrm{M}\Omega$ 的开关电容模拟电阻,在 $f_s=100\mathrm{kHz}$ 时,只要制造 $1\mathrm{pF}$ 的 MOS 电容,该电容占用的硅片衬底面积只有 $0.01\mathrm{mm}^2$。

开关电容能模拟成电阻,就可以将传统的模拟电路转换成 SC 电路。如图 2.3-3 所示为模拟积分器,其传递函数为

$$\frac{v_O}{v_1}=-\frac{1}{sR_1C_2}=-\frac{1}{\mathrm{j}\omega R_1C_2} \tag{2.3-7}$$

图 2.3-3 所示模拟积分器的特征频率为

$$\omega_0=\frac{1}{R_1C_2} \tag{2.3-8}$$

用开关电容代替积分器中的电阻,可得到如图 2.3-4 所示的开关电容积分器。

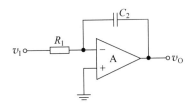

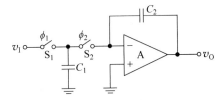

图 2.3-3　模拟积分器原理图　　　　图 2.3-4　开关电容积分器原理图

将式(2.3-6)代入式(2.3-8)可得

$$\omega_0=\frac{C_1}{C_2}f_s \tag{2.3-9}$$

从上式可知,开关电容积分器特征频率 ω_0 取决于电容比值。采用现有的技术,很容易就可以达到低至 0.1% 的比值容差,从而获得稳定的特征频率。同时,特征频率 ω_0 与时钟频率 f_s 成比例,改变 f_s 就可以改变特征频率,表明开关电容积分器的特征频率必然是可编程的,而且,如果需要一个稳定的特征频率 ω_0,用一石英晶体振荡来产生 f_s 即可。

图 2.3-5 是一阶 RC 有源低通滤波器电路。电路的传输函数为

$$A(s) = \frac{v_O(s)}{v_1(s)} = -\frac{R_f}{R_1} \times \frac{1}{1 + sR_fC} \tag{2.3-10}$$

图 2.3-6 是用开关电容模拟电阻取代后得到的相应的一阶开关电容滤波器电路。用开关电容模拟电阻 T_s/C_1 和 T_s/C_2 分别取代电阻 R_1 和 R_f 后,可得图 2.3-6 开关电容滤波器电路的传输函数为

$$A(s) = \frac{v_O(s)}{v_1(s)} = -\frac{C_1}{C_2} \times \frac{1}{1 + sT_sC/C_2} \tag{2.3-11}$$

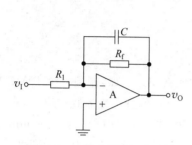

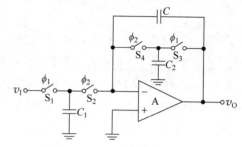

图 2.3-5　一阶有源低通滤波器　　　　图 2.3-6　一阶开关电容滤波器电路

2.3.2　单片集成开关电容滤波器的应用

目前,世界上有多家半导体公司推出了品种丰富的集成开关电容滤波器产品。本节以 LTC1068 典型芯片为例,说明集成开关电容滤波器的使用方法。

LTC1068 是凌特公司(Linear Technology)出品的低噪声、高精度通用滤波器。LTC1068 内含 4 个由时钟调节的二阶滤波器模块,可构成低通、高通、带通、带阻滤波器。LTC1068 有多种型号,包括 LTC1068-200(0.5Hz~25kHz)、LTC1068(1Hz~50kHz)、LTC1068-50(2Hz~50kHz)、LTC1068-25(4Hz~200kHz)。不同型号之间的唯一区别就是时钟频率与滤波器中心频率的比值不同。

LTC1068 有模式 1、模式 1b、模式 2、模式 3 四种工作模式,对应不同的滤波特性。具体可参考 LTC1068 的数据手册。LTC1068 的时钟频率与滤波器中心频率的比值可以通过外部电阻改变。外围电阻的参数虽然可以通过数据手册提供的公式手工计算,但采用凌特公司提供的软件 FilterCAD(可通过官网 www.linear.com 下载)计算更加方便快捷。

例 2.3-1　采用一片 LTC1068-100 组成四阶巴特沃斯高通滤波器和四阶巴特沃斯低通滤波器,时钟比为 100∶1。

解:

(1) 四阶巴特沃斯高通滤波器设计。步骤如下:

步骤一:打开 FilterCAD 软件,如图 2.3-7 所示。选择 Enhanced Design。

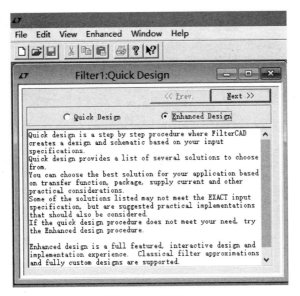

图 2.3-7　步骤一

步骤二：单击 Next 按钮，进入如图 2.3-8 所示的界面。选择滤波器类型 Highpass，响应类型 Butterworth，阶数为 4。由于选择了四阶巴特沃斯滤波器，因此，两级滤波器的 Q 值自动地选为 1.3066 和 0.5412，这与表 2.2-8 是相符的。滤波器的截止频率 f_c 也采用默认值 40kHz。

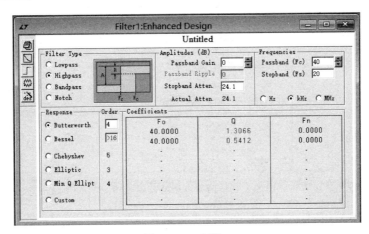

图 2.3-8　步骤二

步骤三：选择器件。选择图 2.3-8 左侧 Implement，进入如图 2.3-9 所示的界面。先选择 Switched Capacity，再在下拉菜单中选择"1068　100∶1 +/−5.0V"。注意，Clock 中的频率值等于高通滤波器的截止频率乘以时钟比。由于本题要求时钟比为 100∶1，滤波器的截止频率为 40kHz，因此 Clock 的频率采用默认值 4000kHz。假设时钟比要设为 80∶1，则 Clock 的频率应采用 3200kHz。显然时钟比不同，下一步得到的原理图中电阻的参数就不一样了。

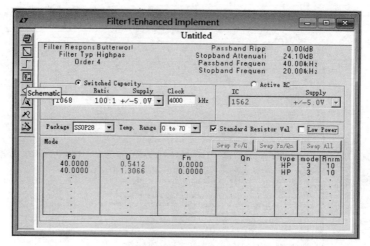

图 2.3-9　步骤三

步骤四：选择图 2.3-9 所示界面左侧菜单 Schematic，就可得到如图 2.3-10 所示的四阶高通滤波器的原理图。

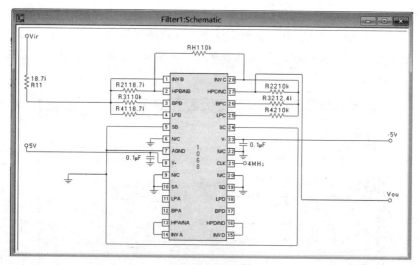

图 2.3-10　四阶高通滤波器原理图

（2）四阶巴特沃斯低通滤波器设计。步骤如下：

步骤五：与步骤一相同。

步骤六：单击 Next 按钮，进入如图 2.3-11 所示的界面。选择滤波器类型 Lowpass，相应类型 Butterworth，阶数为 4。滤波器的截止频率 f_c 采用默认值 20kHz。

步骤七：选择器件。选择 Implement，进入如图 2.3-12 所示的菜单。先选择 Switched Capacity，再在下拉菜单中选择"1068　100：1 +/−5.0V"。与步骤三相同，Clock 中的频率值采用默认值。

步骤八：选择 Schematic，就可得到如图 2.3-13 所示的四阶低通滤波器的原理图。

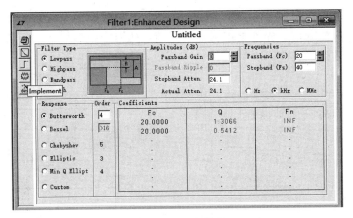

图 2.3-11 步骤六

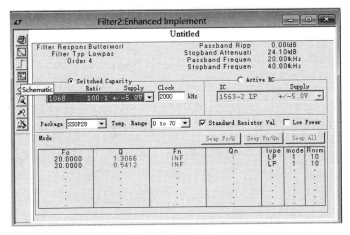

图 2.3-12 步骤七

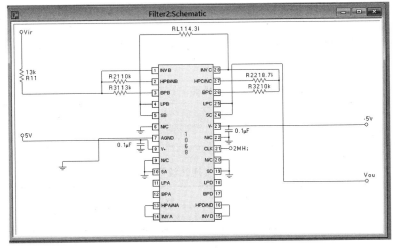

图 2.3-13 四阶低通滤波器原理图

图 2.3-10 和图 2.3-13 所示原理图中,部分电阻阻值并不是标称值。如果要得到实际的电路,需要取标称值。元件采用标称值后的总体原理图如图 2.3-14 所示。

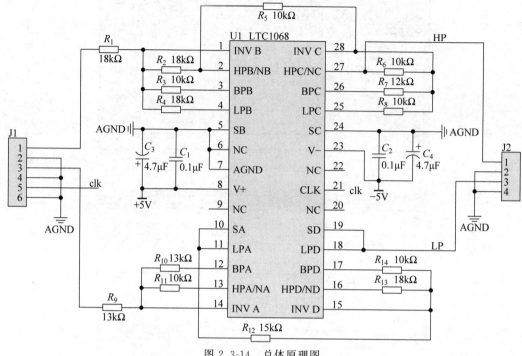

图 2.3-14   总体原理图

低通滤波器和高通滤波器共用一个时钟信号。由于低通滤波器和高通滤波器的时钟比均为 100∶1,当参考时钟的频率设为 100kHz 时,低通滤波器的截止频率为 1kHz,高通滤波器的截止频率也为 1kHz。

测试滤波器幅频特性时,需要双路信号发生器和示波器。信号发生器 CH1 输出 $v_{ipp}=2$V、频率从 100Hz~10kHz 变化的正弦信号,CH2 输出 100kHz 的方波信号(低电平为 0V,高电平为 3V),用示波器测量滤波器输出信号的幅值。测试结果如表 2.3-1 和表 2.3-2 所示。

表 2.3-1   四阶低通滤波器测试结果

f/Hz	200	500	700	900	950	1000	1050	1500	2000
v_{opp}/V	2.08	2.08	2.04	1.84	1.70	1.56	1.42	0.6	0.32

表 2.3-2   四阶高通滤波器测试结果

f/Hz	500	700	900	950	1000	1050	1500	2000	4000
v_{opp}/V	0.36	0.64	1.28	1.50	1.62	1.76	2.28	2.32	2.32

从表 2.3-1 可知,通带内输出电压为 2.08V,根据截止频率的定义,当输出电压降到 $2.08\times0.707=1.47$V 时,对应的频率为截止频率。观察表 2.3-1 中的数据,截止频率应

该为 1000～1050Hz,与理论值有一定的误差。从表 2.3-2 可知,通带输出电压为 2.32V,当输出电压降到 2.32V×0.707＝1.64V 时,对应的频率为截止频率。观察表 2.3-2 中的数据可知,滤波器的实际截止频率与设计要求的截止频率非常接近。

从实际测试的数据可知,LTC1068 构成的低通和高通滤波器无论是通带增益还是截止频率与理论值之间存在一定的误差。主要原因是图 2.3-14 中电阻的阻值采用了标称值,与理论值之间存在误差。采用两只电阻串联的方法使电阻实际值尽可能地接近理论值可有效减小滤波器截止频率的误差。

开关电容滤波器的优点是设计简单,而且只需改变时钟信号的频率就可以改变滤波器的截止频率。结合第 10 章介绍的 DDS 技术,图 2.3-14 所示的滤波器可以十分方便地构成程控低通/高通滤波器。

思考题

1. 有源滤波器两种常见的拓扑结构是什么? 两种滤波器各有什么特点?

2. 有源滤波器的参考电容值应如何选取?

3. 有源滤波器和开关电容滤波器各有什么优点?

4. 为什么开关电容滤波器的输出级有时还需要加一级 RC 滤波?

5. 开关电容滤波器 LTC1068 系列包括了 LTC1068-200、LTC1068、LTC1068-50、LTC1068-25 等四种型号,它们之间有什么区别?

6. 假设要求 $2f_c$ 处滤波器的衰减不小于 20dB,应选用几阶滤波器?

7. 分析图 T2-1 所示开关电容电路原理。

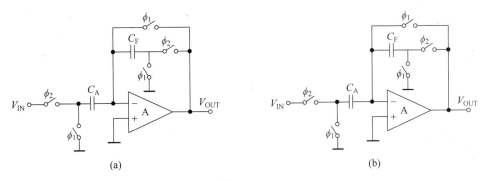

图　T2-1

设计训练题

设计题一　正弦信号产生电路设计

正弦信号产生电路框图如图 P2-1 所示。实现以下功能:

(1) 采用 555 定时器设计多谐振荡器,产生频率为 1kHz、占空比为 50% 的方波信号

v_1。频率和占空比允许有±5％误差。

（2）设计有源滤波将 v_1 转化为同频率的正弦信号 v_2，要求用示波器观测 v_2 无明显失真，v_{pp}－4V，直流偏移量为0V。

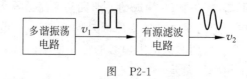

图　P2-1

画出原理图，完成参数计算，用电路仿真软件对所设计的滤波器进行幅频特性仿真；设计印制电路板，焊接元器件进行实际测试。

设计题二　单电源运放应用电路设计

使用一片四运放芯片LM324组成运放应用电路，框图如图P2-2(a)所示。实现下述功能：

（1）设计振荡器产生如图 P2-2(b)所示的三角波信号 v_2，v_2 的峰峰值为 4V，$f＝2\mathrm{kHz}$；

（2）使用信号发生器产生 $v_1＝0.1\sin1000\pi t（\mathrm{V}）$ 的正弦波信号，通过加法器实现输出电压 $v_3＝10v_1＋v_2$；

（3）v_3 经滤波器滤除 v_2 频率分量，选出 500Hz 正弦信号，要求正弦信号峰峰值等于9V，用示波器观测波形失真尽量小；

（4）电源只能采用＋15V单电源。要求预留 v_1、v_2、v_3、v_4 的测试端口。

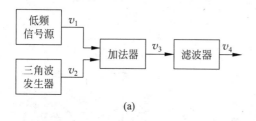

(a)　　　　　　　　　　　　　　　(b)

图　P2-2

根据上述设计要求，完成：

（1）电路设计和参数计算；

（2）电路仿真；

（3）在通用印制电路板上焊接电路；

（4）用示波器观察 v_1、v_2、v_3、v_4 的波形，并记录。

设计题三　LTC1068 应用设计

用一片 LTC1068-100 设计一个四阶低通滤波器和一个四阶高通滤波器。高通滤波器截止频率为 6.8kHz，低通滤波器截止频率为 3.4kHz。原理框图如图 P2-3 所示。

提示：LTC1068-100 可以通过外部电阻调整时钟比。将低通滤波器的时钟比设为

100：1,高通滤波器的时钟比设为 50：1,外部时钟 f_{clk} 的时钟频率设为 340kHz 即可。采用软件 FilterCAD 完成设计。

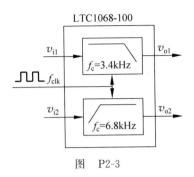

图　P2-3

第3章

直流稳压电源设计

3.1 概述

直流稳压电源将交流电网电压转换成直流电压,为电子系统提供工作电源,是电子系统的重要组成部分。现代电子系统涉及的芯片越来越多,芯片功耗越来越大,对电源的要求也越来越高。早期的单独由 5V 电源供电的电子系统已经极少见了。现代电子系统的电源除了要提供多种多样电压,如 1.2V、1.8V、2.5V、3.3V 和 5V 等,还要求大电流、高精度、低噪声和高效率等。例如,第 10 章将要介绍的 DDS 信号发生器就需要多种电源,如图 3.1-1 所示。

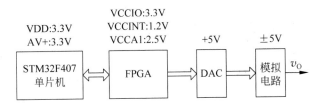

图 3.1-1 DDS 信号发生器对电源的要求

直流稳压电源的基本组成如图 3.1-2 所示,由变压器、整流电路、滤波电路、稳压电路几部分组成。

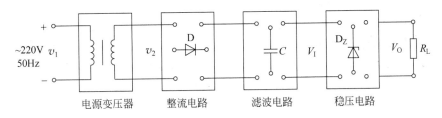

图 3.1-2 直流稳压电源的组成

整流电路的功能是利用二极管的单向导电性,将正弦交流电压转换成单向脉动电压。常见的整流电路有半波整流、全波整流和桥式整流几种类型。

滤波电路的作用是滤除整流电压中的纹波。常用的滤波电路有电容滤波电路、电感电容滤波电路、π 型滤波电路等。

稳压电路的作用是当输入电压 V_1 发生变化或者负载 R_L 发生变化时,能维持输出电压 V_O 不变,是直流稳压电源的最关键的一部分,它的性能好坏对整个电源的影响很大。常用的稳压电路有三种类型:线性稳压电路、电感型开关稳压电路、电荷泵开关稳压电路。三种稳压电路的原理框图如图 3.1-3 所示。

三种稳压电路的比较如表 3.1-1 所示。

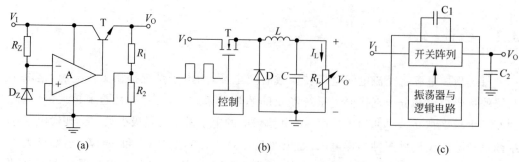

图 3.1-3　三种常用的稳压电路

(a)线性稳压电路;(b)电感型开关稳压电路;(c)电荷泵开关稳压电路

表 3.1-1　三种稳压电路的性能比较

指标	线性稳压电路	电感型开关稳压电路	电荷泵开关稳压电路
效率	20%~60%	90%~95%	75%~90%
PCB 面积	很少,外部元件两个电容	最大,外部元件大电感,两个电容	中等,外部元件 3~4 个电容
纹波	很小	中等	稍大
电磁干扰(EMI)	很小	稍大	中等
成本	最低	最高	中等

直流稳压电源主要有以下技术指标:

1) 最大输出电流

指稳压电源正常工作的情况下能输出的最大电流,用 I_{Omax} 表示。稳压电源正常工作时的工作电流 $I_O < I_{Omax}$。为了防止 $I_O > I_{Omax}$ 时或输出与地短路时损坏稳压电源,稳压电源应设有过流保护电路。

2) 输出电压

稳压电源正常工作时的输出电压值,用 V_O 表示。

输出电压和输出电流是稳压电源最主要的参数,它们可以采用图 3.1-4 所示的测试电路来测量。测试方法是:先将滑线变阻器 R_L 设为最大值,电压表测得的电压值即为 V_O。逐渐减小 R_L,直到 V_O 的值下降 5%,此时电流表测得的电流即为 I_{Omax}。注意,测得 I_{Omax} 值后,应迅速增大 R_L,以免稳压电源功耗过大。

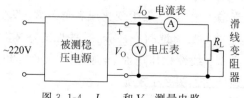

图 3.1-4　I_{Omax} 和 V_O 测量电路

3) 纹波电压

纹波电压指叠加在 V_O 上的交流分量,其峰峰值 ΔV_{Opp} 一般为 mV 级。通常采用示波器(采用交流耦合方式)观测纹波电压峰峰值,也可用交流电压表测量其有效值。

4)电压调整率、负载调整率

理想的稳压电源输出电压应是恒定不变的,但实际稳压电源的输出电压受交流电网电压波动、负载的变化、温度的变化等因数影响而发生改变。通常用电压调整率和负载调整率两个参数来表示稳压电源输出电压受输入电压、负载的影响程度。

电压调整率是指在负载和温度恒定的条件下,输入电压变化时,引起输出电压的相对变化,即

$$S_{\mathrm{V}} = \frac{\Delta V_{\mathrm{O}}/V_{\mathrm{O}}}{\Delta V_{\mathrm{I}}} \times 100\% \tag{3.1-1}$$

S_{V} 表示 V_{I} 变化时能够维持 V_{O} 基本不变的能力,直接反映了稳压电源的稳压特性,是一个非常重要的技术指标。有时也以输出电压和输入电压的相对变化之比来表征稳压性能,称为稳压系数,其定义可写为

$$\lambda = \frac{\Delta V_{\mathrm{O}}/V_{\mathrm{O}}}{\Delta V_{\mathrm{I}}/V_{\mathrm{I}}} \times 100\% \tag{3.1-2}$$

负载调整率是指负载电流从零变到最大时,输出电压的相对变化,即

$$S_{1} = \frac{\Delta V_{\mathrm{O}}}{V_{\mathrm{O}}} \times 100\% \tag{3.1-3}$$

5)输出电阻

在输入电压不变的情况下,输出电流的变化 ΔI_{O} 引起输出电压的变化 ΔV_{O},其表达式为

$$R_{\mathrm{O}} = \frac{\Delta V_{\mathrm{O}}}{\Delta I_{\mathrm{O}}} \tag{3.1-4}$$

R_{O} 的大小表示稳压电路带负载能力的强弱。R_{O} 越小带负载能力越强。

3.2 线性直流稳压电源设计

1. 固定式线性稳压电源设计

线性直流稳压电源是指将频率为 50Hz、有效值为 220V 的单相交流电压转化为电压不高但十分稳定的直流电源,其特点是:输出电压比输入电压低,纹波电压较小,工作产生的噪声低;但发热量大、效率较低、体积大。在电子系统设计中,线性直流稳压电源主要用于模拟电路的供电。以下通过一个实例介绍线性直流稳压电源的电路组成、主要元件参数计算。

例 3.2-1 设计一线性直流稳压电源,要求输出 ±5V 的直流电压,输出电流 I_{O} 为 1A。假设交流输入电压为 220V、50Hz,电压波动范围为 +10% ～ −10%。

解:线性直流稳压电源原理图如图 3.2-1 所示。TR 为电源变压器,次级线圈带中间抽头。B1 为四只二极管组成的桥式整流电路。C_1、C_4、C_5、C_8 为滤波电容,C_2、C_3、C_6、C_7 用于旁路高频干扰脉冲及改善纹波。稳压电路采用三端固定式集成稳压器,F1 和 F2

为熔断丝,起到过流保护作用,实际电路中可选用 PTC 自恢复保险丝。LED1、LED2 为电源指示二极管。

本设计的主要任务是根据性能指标要求正确地选定集成稳压器、变压器、整流二极管及滤波电容。

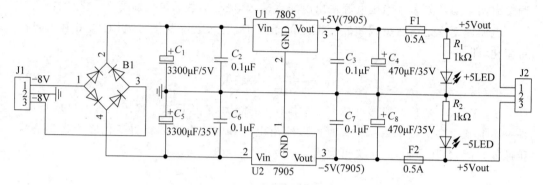

图 3.2-1　±5V 的直流稳压电源的原理图

1) 集成稳压器的选择

线性稳压电路最常用的是三端固定式集成稳压器。三端集成稳压器只有输入端、输出端和公共端三个引脚,从而使设计和应用都得到了极大简化。

三端固定式集成稳压器最常用的产品为 78XX 系列和 79XX 系列。78XX 系列为正电压输出,79XX 为负电压输出。型号中最末两位数字表示它们输出电压值,如 7805 表示输出电压为+5V,7912 表示输出电压为-12V。78XX 系列和 79XX 系列的输出电压有 5V、6V、8V、9V、10V、12V、15V、18V、24V 等 9 种不同的挡位,输出电压精度为±2%~±4%。78XX 系列和 79XX 系列的输出电流也有不同的挡位。经常使用的有输出电流为 100mA 的 78LXX/79LXX、输出电流为 500mA 的 78MXX/79MXX、输出电流为 1A 的 78XX/79XX 和输出电流为 1.5A 的 78HXX/79HXX 四个系列。

根据本设计直流稳压电源输出电压和输出电流的指标,三端集成稳压器的型号应选用 7805 和 7905。7805 和 7905 输出电压分别为+5V 和-5V,输出电流为 1.0A,满足设计要求。

在使用 7805 和 7905 时要注意以下几点:

① 引脚不能接错。图 3.2-2 所示为 7805/7905 和 78L05/79L05 引脚排列和外形图。

② 要注意稳压器的散热。从图 3.1-3(a)所示的线性稳压电路原理框图可知,调整管 T 的功耗等于输入输出电压差和输出电流的乘积。T 的功耗几乎全部变成热量,使稳压器温度升高。若发热量比较少时,可以依靠稳压器的封装自行散热。当稳压器输出电流增大,则发热量增大,必须加适当的散热片。

③ 稳压器的输入电压 V_I 应处在一定的范围。稳压器的输入电压 V_I 可由下式确定:

$$V_{Imin} \leqslant V_I \leqslant V_{Imax} \tag{3.2-1}$$

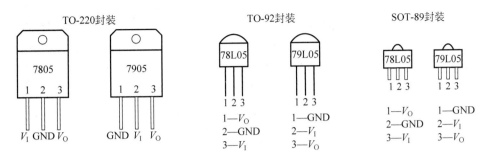

图 3.2-2 7805/7905 和 78L05/79L05 引脚排列和外形图

式中,V_{Imin} 为稳压器的最小输入电压;V_{Imax} 为稳压器的最大输入电压。

V_{Imax} 和 V_{Imin} 由集成稳压器的数据手册提供,以 LM7805 为例,其 V_{Imax} 和 V_{Imin} 的值分别为 35V 和 7.2V。因此,稳压器的输入电压应大于 7.2V 小于 35V。

2)电源变压器的选择

通常根据变压器副边输出的功率 P_2 来选择变压器。副边输出的功率 P_2 取决于输出电压和输出电流。对于容性负载,变压器副边的输出电压有效值 V_2 与稳压器输入电压 V_1 的关系为

$$V_2 = V_I/(1.1 \sim 1.2) \tag{3.2-2}$$

由于 V_1 越大,集成稳压器的压差越大,功耗也就越大。V_1 在满足式(3.2-1)的前提下不宜取太大,考虑交流电压的波动,V_1 取 9V 比较适宜。根据式(3.2-2),变压器副边电压 V_2 取 8V。注意该副边电压 V_2 是指图 3.2-1 中变压器副边中间抽头与两边接线端之间电压,加到二极管整流桥上的电压应为 $2 \times 8V = 16V$。

变压器副边侧的输出电流 $I_2 \geqslant I_{Omax} = 1A$,变压器副边输出功率 $P_2 = I_2 V_2 = 16W$。由表 3.2-1 可得变压器效率 $\eta = 0.7$,则原边输入功率 $P_1 \geqslant P_2/\eta = 16/0.7 = 22.85(W)$,可选功率为 25W 的变压器。

表 3.2-1 小型变压器效率

副边功率 P_2/W	<10	10~30	30~80	80~200
效率 η	0.6	0.7	0.8	0.85

3)滤波电容选取

电容的参数包括耐压值和电容值两项。耐压值比较容易确定,对于稳压器输入侧的电容,其耐压值只要大于 $\sqrt{2} V_2$ 即可;对于稳压器输出侧的滤波电容,其耐压值大于 V_O 即可。对于电容值的选取,可以遵循以下原则:

① C_2、C_3、C_6、C_7 的作用是减少纹波、消振、抑制高频脉冲干扰,可采用 $0.1 \sim 0.47\mu F$ 的陶瓷电容;

② C_4、C_8 为稳压器输出测滤波电容,起到减少纹波的作用,根据经验,一般电容值选

取 $47\sim470\mu F$；

③ C_1、C_5 为稳压器输入侧的滤波电容，其作用是将整流桥输出的直流脉动电压转换成纹波较小的直流电压。C_1、C_5 滤波电容在工作中由充电和放电两部分组成。为了取得比较好的滤波效果，要求电容的放电时间常数大于充电周期的 $3\sim5$ 倍。对于桥式整流电路，电容的充电周期为交流电源的半周期(10ms)，而放电时间常数为 $R_L C$，因此，C_1、C_5 滤波电容值可以采用以下公式估算：

$$C \geqslant (3 \sim 5)\frac{T}{2R_L} \tag{3.2-3}$$

式中，T 为交流电源的周期；R_L 为等效直流电阻。稳压器的输入电压 V_I 约为 9V，最大输入电流为 1A，等效直流电阻 R_L 为

$$R_L = \frac{9\text{V}}{1\text{A}} = 9\Omega$$

取电容的放电时间常数等于充电周期的 3 倍，根据式(3.2-3)得

$$C = 3 \times \frac{0.02\text{s}}{2 \times 9\Omega} \approx 3300\mu F$$

从上述估算中也可以看到，滤波电容的取值与稳压电源的输出电流直接相关，输出电流越大，滤波电容的容量也越大。有时直接根据输出电流大小选取滤波电容，其经验数据为 I_O 在 1A 左右，C 选用 $4000\mu F$ 左右电容，I_O 在 100mA 以下时，C 选用 $200\sim500\mu F$ 电容。

4) 整流二极管选取

整流电路是由四只完全相同的二极管组成的。为了缩小体积，通常选用将四只二极管封装在一起的整流桥堆来构成整流电路。整流桥堆的引脚排列和内部电路如图 3.2-3 所示。整流二极管 D1～D4 的反向击穿电压 V_{RM} 应满足 $V_{RM}>2\sqrt{2}V_2$，额定工作电流应满足 $I_F>I_{Omax}$。

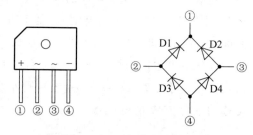

图 3.2-3 二极管整流桥堆

5) 自恢复保险丝选取

为了防止稳压电源输出短路或过载，输出级一般应加过流保护装置。常用的过流保护器件有自恢复保险丝(PTC)。PTC 由经过特殊处理的聚合树脂及分布在里面的导电粒子组成。PTC 元件串接在电路中，正常情况下呈低阻状态，保证电路正常工作，当电路发生短路或电流超过允许值时，元件的自热使其阻抗增加，把电流限制到足够小，起到过电流保护作用。当产生过流过热的故障得到排除，PTC 自动复原到低阻状态。在选择 PTC 元件时，主要考虑两个参数：一是 PTC 元件所能承受的最大电压；二是在正常工作状态下，通过 PTC 元件的电流值。

6) 电源过流时的报警电路

虽然图 3.2-1 所示电路中采用了自恢复保险丝，在电源过流或者短路时能起到保护

作用,但如果能增加报警电路以提醒使用者及时排除故障将具有重要意义。图 3.2-4 为报警电路原理图。

在由运放构成的电压比较器上,+5V(7805)、−5V(7905)是集成稳压器输出端的电压,即自恢复保险丝之前的电压,+5Vout、−5Vout 为自恢复保险丝之后的电压,即稳压电源的输出电压。当电路发生过流或短路时,相应指示二极管 LED1 或 LED2 熄灭,自恢复保险丝温度升高,电阻增大,使输出电压下降,由运放构成的比较器输出低电平,驱动蜂鸣器发出报警声。

许多高性能的模拟集成电路成本比较高,通常在电源输入端都接有保护二极管,如图 3.2-5 所示。当电源接反时,保护二极管导通,产生过流,电源报警电路就会产生报警声,以便及时排除故障从而有效保护模拟集成器件。

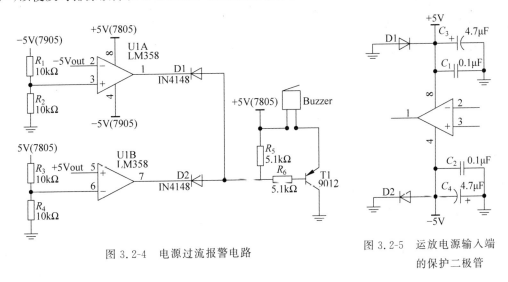

图 3.2-4 电源过流报警电路　　　　图 3.2-5 运放电源输入端
　　　　　　　　　　　　　　　　　　　　　的保护二极管

2. 可调式直流稳压电源设计

为了使稳压电源的输出电压可调,可采用可调式三端线性集成稳压器,如 LM317、LM337 等。可调式集成稳压器只需要外接两只电阻即可在相当大的范围内调节输出电压。LM317 稳压器输出连续可调的正电压,LM337 稳压器输出连续可调的负电压,可调范围为 $1.2\sim37\text{V}$,最大输出电流 I_{Omax} 为 1.5A。LM317 与 LM337 内部含有过流、过热保护电路,具有安全可靠、性能优良、不易损坏、使用方便等优点。LM317 与 LM337 的电压调整率和负载调整率均优于固定集成稳压器构成的可调电压稳压电源。LM317 和 LM337 的引脚排列和使用方法相同,其引脚排列和典型的连接图如图 3.2-6 所示。

在忽略调整脚电流 I_{adj}(一般为 $0.05\sim0.1\text{mA}$)的情况下,可写出输出电压 V_{O} 的表达式为

$$V_{\text{O}} = 1.25\text{V} \times \left(1 + \frac{\text{RP}_1}{R_1}\right) \tag{3.2-4}$$

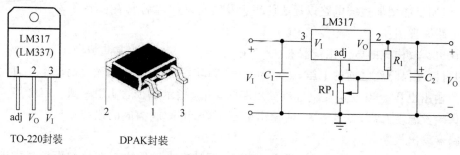

图 3.2-6　LM317 的引脚排列和典型连接图

式中,1.25V 是集成稳压块输出端和调整端之间的固有参考电压 V_{REF},此电压加于给定电阻 R_1 两端,将产生一个恒定电流通过输出电压调节器 RP_1。电阻 R_1 常取值 120～240Ω,RP_1 一般使用精密电位器。

例 3.2-2　试设计一可调式集成稳压电源,其性能指标为:$V_O = +3\text{V} \sim +9\text{V}$,$I_{\text{Omax}} = 800\text{mA}$。

解:1)确定电路形式

可调稳压电源的电路如图 3.2-7 所示。

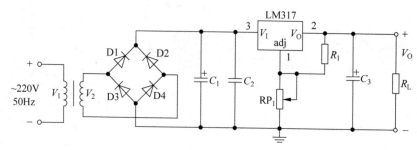

图 3.2-7　例 3.2-2 设计原理图

2)选集成稳压器

选用可调式三端稳压器 LM317,其特性参数:V_O 为 1.2～37V,I_{Omax} 为 1.5A,最小输入输出压差 $(V_I - V_O)_{\text{min}}$ 为 3V,最大输入输出压差 $(V_I - V_O)_{\text{max}}$ 为 40V。

3)选电源变压器

通常根据变压器的副边输出功率 P_2 选购变压器。由式(3.2-1)可得 LM317 的输入电压 V_I 的范围为

$$V_{\text{Omax}} + (V_I - V_O)_{\text{min}} \leqslant V_I \leqslant V_{\text{Omin}} + (V_I - V_O)_{\text{max}}$$

则

$$9\text{V} + 3\text{V} \leqslant V_I \leqslant 3\text{V} + 40\text{V}$$
$$12\text{V} \leqslant V_I \leqslant 43\text{V}$$

由式(3.2-2)得

$$V_2 \geqslant V_{\text{Imin}}/1.1 = 12/1.1\text{V} = 11\text{V}$$

$I_2 \geqslant I_{\text{Omax}} = 0.8\text{A}$,取 $I_2 = 1\text{A}$,变压器副边输出功率 $P_2 \geqslant I_1 V_2 = 11\text{W}$。

由表 3.2-1 可得变压器效率 $\eta=0.7$，则原边输入功率 $P_1 \geqslant P_2/\eta = 15.7\text{W}$。为留有余量，一般选功率为 20W 的变压器。

4）选整流二极管

整流二极管承受的反向电压 V_{RM} 应大于 $\sqrt{2}V_2 = 15.6\text{V}$，二极管的最大整流电流 I_F 应大于电源最大输出电流 $I_{Omax}=0.8\text{A}$。整流二极管 D1～D4 选 1N4001，其极限参数为 $V_{RM} \geqslant 50\text{V}$，$I_F = 1\text{A}$，满足要求。

5）选滤波电容

稳压器的输入电压 V_I 最小值为 12V，工作电流为 800mA，等效直流电阻为

$$R_L = \frac{12\text{V}}{0.8\text{A}} = 15\Omega$$

根据式（3.2-3）得

$$C_1 = 5 \times \frac{0.02\text{s}}{2 \times 15\Omega} \approx 3300\mu\text{F}$$

电容 C_1 的耐压应大于 $\sqrt{2}V_2 = 15.6\text{V}$。

3.3　开关直流稳压电源设计

DC/DC 变换器就是直流/直流变换器，是开关型稳压电源的核心组成部分。在电源设计中，DC/DC 变换是一种非常有用的技术，其主要优点是：①便于电源的标准化，有利于简化电源设备。一个电子系统可能需要多种电源，在制作电源时，可以只制作一路电源，然后采用 DC/DC 技术得到电子系统中的多路电源。②实现浮地供电。当有些场合需要浮地供电时，就用变压器隔离的 DC/DC 变换器实现浮地供电。

DC/DC 变换器的基本类型有降压型（Buck 变换器）、升压型（Boost 变换器）、极性反转型（Buck-Boost 变换器）。

3.3.1　降压型 DC/DC 变换电路设计

降压型 DC/DC 变换器原理图如图 3.3-1 所示。该电路由两部分组成，第一部分是由功率开关管 VT 组成的逆变器，在脉冲信号 v_{GS} 的控制下，将输入直流电压 V_I 变成脉冲信号。第二部分是由 L、C 组成的低通滤波器。

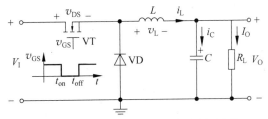

图 3.3-1　降压型 DC/DC 变换器原理电路

当 v_{GS} 为高电平时,VT 饱和导通,二极管 VD 承受反向电压而截止,等效电路如图 3.3-2(a)所示。输入电压 V_I 通过电感 L、负载电阻 R_L 和滤波电容 C 产生电流 i_L。由于流过电感的电流不能突变,在电感未饱和之前,电感两端产生左正右负的电动势 v_L,电流 i_L 线性增加,电感 L 储存能量。在电流上升初期,负载电流 I_O 由电流 i_L 和电容 C 的放电电流 i_C 共同形成,输出电压 $V_O = R_L I_O$。当电流 i_L 上升到大于 I_O 时,i_L 提供负载电流 I_O 并对电容 C 充电。

当 v_{GS} 为低电平时,VT 由导通变为截止,等效电路如图 3.3-2(b)所示。滤波电感为了维持电流不变,产生左负右正的电动势 v_L,使二极管 VD 导通(图中用 V_D 表示二极管导通时的压降),于是电感中储存的能量通过 VD 向负载 R_L 释放,使负载 R_L 继续有电流流过,因而,VD 也常称为续流二极管。随着电感内部磁能释放,电流 i_L 逐渐减小。当电流 i_L 减小到小于 I_O 时,电容 C 开始放电以维持负载电流 I_O 基本不变。

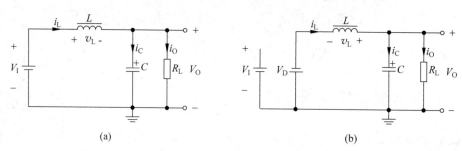

图 3.3-2 降压型 DC/DC 变换器等效电路

(a) VT 管导通时;(b) VT 管截止时

假设 t_{on} 是 VT 的导通时间,t_{off} 是 VT 的截止时间。在 t_{on} 时间段内,电感电流增加,电感储能;而在 t_{off} 时间段内,电感电流减小,电感释能。一个周期内电感电流平均增量为零。不难分析得到,在忽略滤波电感 L 直流压降的情况下,输出电压的平均值为

$$V_O = \frac{t_{on}}{t_{on} + t_{off}} \times V_I = D \times V_I \tag{3.3-1}$$

式中,D 为 v_{GS} 的占空比,由式可见,对于一定的 V_I 值,在开关转换周期不变的情况下,通过调节占空比即可调节输出电压 V_O。由于 $D \leqslant 1$,因此,$V_O \leqslant V_I$,图 3.3-1 所示电路称为降压型 DC/DC 变换电路。虽然 VT 处于开关工作状态,但由于二极管 VD 的续流作用和 L、C 的滤波作用,输出电压是比较平稳的。

图 3.3-3 所示为降压型 DC/DC 电路。该电路采用降压型 DC/DC 芯片 TPS5430,输入电压范围为 5.5~36V,输出电压可低至 1.22V,输出电流可达 3A。输出电压通过 R_1 和 R_2 调节,如式(3.3-2)所示。

$$V_O = \left(1 + \frac{R_1}{R_2}\right) \times V_{REF} \tag{3.3-2}$$

式中,V_{REF} 为参考电压,根据数据手册,其电压值为 1.221V。假设要求输出电压 V_O 为 3.3V,R_1 取 10kΩ,则由式(3.3-2)可计算得到 R_2 的值为 5.87kΩ,在图 3.3-3 中由 2kΩ 和 3.9kΩ 两只电阻串联得到。

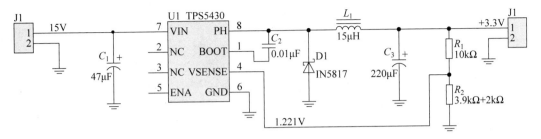

图 3.3-3　降压型 DC/DC 电路的原理图

3.3.2 升压型 DC/DC 变换电路设计

升压型 DC/DC 变换器原理图如图 3.3-4 所示,与图 3.3-1 所示的降压型电路所用元件相同,但拓扑结构不同。

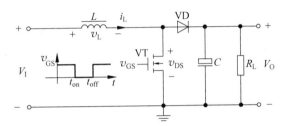

图 3.3-4　升压型 DC/DC 变换器原理电路

当 v_{GS} 为高电平时,VT 饱和导通,其等效电路如图 3.3-5(a)所示。输入电压 V_1 直接加到电感 L 两端,电感 L 产生左正右负的感应电势,i_L 线性增加,L 储存能量。二极管 VD 反向截止,此时,电容 C 向负载提供电流,并维持 V_O 不变。当 v_{GS} 为低电平时,VT 截止,其等效电路如图 3.3-5(b)所示。由于 i_L 不能突变,电感产生左负右正感应电势,此时,v_L 与 V_1 相加。当 $V_1+v_L>V_O$ 时,VD 导通,V_1+v_L 给负载提供电流,同时又向 C 充电。由于输出电压 $V_O>V_1$,图 3.3-4 所示电路称升压型开关稳压电路,输入侧的电感常称升压电感。

VT 管饱和导通时,储能电感 L 中增加的电流数值为

$$\Delta i_{L1} = \frac{V_I}{L} \times t_{on}$$

VT 管截止时,储能电感 L 中减少的电流数值为

$$\Delta i_{L2} = \frac{V_I - V_O - V_D}{L} \times t_{off}$$

只有储能电感 L 中增加的电流数值等于减少的电流数值,电路才能达到动态平衡,才能符合稳压电源正常工作最基本的条件,才能给负载电阻 R_L 提供一个稳定的输出电压。因此就有

$$\frac{V_{\mathrm{I}}}{L} \times t_{\mathrm{on}} = \frac{V_{\mathrm{I}} - V_{\mathrm{O}} - V_{\mathrm{D}}}{L} \times t_{\mathrm{off}}$$

忽略二极管 VD 的压降可得

$$V_{\mathrm{O}} = \frac{t_{\mathrm{on}}}{t_{\mathrm{off}}} \times V_{\mathrm{I}} = \frac{D}{1-D} \times V_{\mathrm{I}} \tag{3.3-3}$$

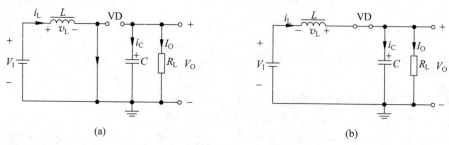

图 3.3-5 升压型 DC/DC 变换器等效电路

（a）VT 管饱和导通时；（b）VT 管截止时

图 3.3-6 所示为升压型 DC/DC 电路的原理图。该电路采用升压型 DC/DC 芯片 TPS61040,输入电压范围为 $1.8 \sim 6\mathrm{V}$,输出电流最大可以达到 $400\mathrm{mA}$。输出电压通过 R_1 和 R_2 调节,如式(3.3-4)所示。

$$V_{\mathrm{O}} = \left(1 + \frac{R_1}{R_2}\right) \times V_{\mathrm{REF}} \tag{3.3-4}$$

式中,V_{ERF} 为参考电压,根据数据手册,其电压值为 $1.233\mathrm{V}$。假设要求输出电压 V_{out} 为 $15\mathrm{V}$,R_1 取 $1.2\mathrm{M}\Omega$,则 R_2 的值可由式(3.3-4)计算得到 $107.4\mathrm{k}\Omega$,在图 3.3-6 中由 $100\mathrm{k}\Omega$ 和 $6.8\mathrm{k}\Omega$ 两只电阻串联得到。

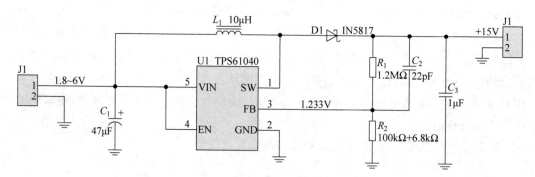

图 3.3-6 升压型 DC/DC 电路的原理图

3.3.3 极性反转型 DC/DC 变换电路设计

极性反转型 DC/DC 变换器原理图如图 3.3-7 所示。当 v_{GS} 为高电平时,开关管 VT 导通,V_{I} 加在线圈 L 两端,L 两端感应的电压 v_{L} 上正下负,VD 截止,L 开始储能,i_{L} 线

性增大。当 v_{GS} 为低电平时，VT 截止，L 两端的反电动势 v_L 为上负下正，二极管 VD 导通，负载 R_L 上得到经过电容 C 滤波、与反电动势 v_L 极性相同的直流输出电压 V_O。由于反电动势 v_L 与输入电压 V_I 极性相反，因此输出电压 V_O 与与 V_I 的极性相反，故称为极性反转型变换器。

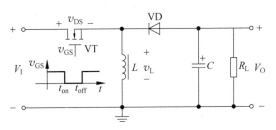

图 3.3-7　极性反转型 DC/DC 变换器原理电路

极性反转 DC/DC($-5\,\mathrm{V}$,$200\,\mathrm{mA}$)电路的原理图如图 3.3-8 所示。

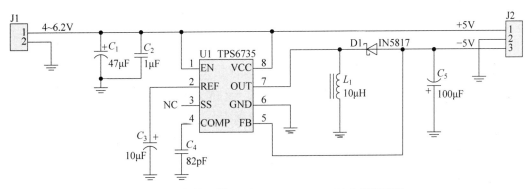

图 3.3-8　极性反转 DC/DC($-5\,\mathrm{V}$,$200\,\mathrm{mA}$)电路原理图

思考题

1. 线性稳压电源中,电解电容的参数如何确定?
2. 简述开关电源和线性稳压电源的区别和特点。
3. 什么是低压差线性稳压器?
4. 什么是基准电压源? 其主要的参数是什么?
5. 在降压式 DC/DC 稳压电源中,电感的参数如何选取?
6. 在电感型 DC/DC 稳压器中,在开关频率不变的情况下,(增大,减小)电感值可以减小输出电流波动;在电感值不变的情况下,(提高,降低)开关频率可以减小输出电流波动。
7. 在电感型 DC/DC 稳压器中,在开关频率不变的情况下,(增大,减小)电容值可以减小输出电压波动;在电容值不变的情况下,(提高,降低)开关频率可以减小输出电压波动。

8. LM2662 为典型电荷泵 DC/DC 电路,通过查阅数据手册,画出 LM2662 实现 $+5V\rightarrow-5V$ 的电路原理图。

设计训练题

设计题一 可调直流稳压电源设计

在输入直流电压 15V(可由实验室直流稳压电源提供)条件下,制作输出电压可调稳压电源,要求:

(1) 输出电压可调范围$+9\sim+12V$;

(2) 最大输出电流:1.0A;

(3) 电压调整率$\leq0.2\%$(输入电压变化范围为 $15\sim18V$ 条件下,满载);

(4) 负载调整率$\leq1\%$(输入电压为 15V,空载到满载);

(5) 纹波电压(峰峰值)$\leq10mV$;

(6) 效率$\geq40\%$;

(7) 其他功能,如过流保护、过热保护。

(以上电源制作不能采用集成稳压芯片。)

设计题二 24V→±5V 直流稳压电源设计

从 24V 转变成$+5V$,再得到$-5V$电源。选择合适芯片,画出原理图。要考虑效率。(从 24V 到 5V 有两种方案,一种方案是直接通过 DC/DC 到 5V,一种是先通过 DC/DC 到 8V,再通过 7805 三端稳压集成电路到$+5V$)。

第 4 章

FPGA/CPLD应用基础

4.1 FPGA/CPLD 的结构和原理

4.1.1 概述

随着微电子设计技术和工艺的发展,数字集成电路从中小规模集成电路、大规模集成电路逐步发展到专用集成电路(Application Specific Integrated Circuit,ASIC)。ASIC 是为特定用户或特定电子系统制作的集成电路。ASIC 采用了优化设计,元件数减少,布线缩短,缩小了设计的物理尺寸,提高了系统可靠性,降低了产品的生产成本。但是,ASIC 设计周期长,改版投资大,灵活性差,只适合应用在大批量生产的成熟产品中。本章将要介绍的可编程逻辑器件(Programmable Logic Device,PLD)弥补了 ASIC 的不足,使设计人员可根据需要在实验室设计、实现大规模数字逻辑,而且在设计阶段可以不断修改,直到满意为止。

PLD 将逻辑门、触发器、存储器等一些数字电路标准模块都放在一个集成芯片上,用户可以根据不同的应用自行配置内部电路。经过近 20 年的发展和创新,PLD 的产品从早期的只能完成简单逻辑功能的可编程只读存储器(PROM)、能完成中大规模数字逻辑功能的可编程阵列逻辑(PAL)和通用阵列逻辑(GAL),发展到可完成超大规模数字逻辑功能的复杂可编程逻辑器件(Complex Programmable Logic Device,CPLD)和现场可编程门阵列(Field Programmable Gate Array,FPGA)。随着工艺技术的发展和市场需要,新一代的 FPGA 甚至集成了嵌入式处理器内核,在一片 FPGA 上进行软硬件协同设计,为实现可编程片上系统(System On Programmable Chip, SOPC)提供了强大的硬件支持。

目前常用的 PLD 主要有 CPLD 和 FPGA 两大类。一般地说,把基于乘积项技术、E^2PROM 工艺的可编程逻辑器件称为 CPLD;把基于查找表技术、SRAM 工艺,要外挂配置用 FlashROM 的可编程逻辑器件称为 FPGA。随着技术的发展,一些厂家推出了一些新的 PLD 产品,模糊了 CPLD 和 FPGA 的区别。例如 Altera 推出的 MAX Ⅱ系列 CPLD 就是一种基于查找表(Look-UP Table,LUT)结构,在本质上它就是一种在内部集成了配置芯片的 FPGA,但由于配置时间极短,上电就可以工作,所以对用户来说,感觉不到与传统 CPLD 的差异,加上容量及应用场合与传统 CPLD 类似,所以 Altera 仍然它称作 CPLD。

FPGA 比 CPLD 有更高的集成度,具有更复杂的布线结构和逻辑实现,可以实现更复杂的设计。CPLD 比 FPGA 有较高的速度和较大的时间可预测性。CPLD 的编程工艺采用 E^2PROM 或 FlashROM 技术,无需外部存储器芯片,使用简单,保密性好。FPGA 的编程信息需存放在外部存储器上,使用方法较为复杂,保密性差。尽管 FPGA 与 CPLD 在硬件结构上有一定差异,但对用户而言,它们的设计流程是相似的,使用 EDA 软件的设计方法也没有太大的区别。

FPGA/CPLD 的主要生产厂商有 Intel、Xilinx、Lattice 等。2015 年,Intel 公司收购

Altera 公司后,Altera 公司的 FPGA/CPLD 产品全部更名为 Intel 公司的产品。Intel 公司的 FPGA/CPLD 产品品种多、性价比高,具有功能强大的 EDA 软件和丰富的 IP 核支持的特点,是当今 FPGA/CPLD 应用领域的主流产品,也是国内高校 EDA 教学领域应用最广的产品之一。本章将以 Intel 公司的 Cyclone Ⅳ 系列 FPGA 和 MAX Ⅱ 系列 CPLD 为例介绍 FPGA 和 CPLD 的基本结构、原理和应用。

正因为具有独特的优点,FPGA/CPLD 已经被广泛地应用于各行各业。无论是家用电器、数码产品,还是通信行业、工业自动化、汽车电子、医疗器械等领域,FPGA/CPLD 无处不在。在电子系统设计中,尽管单片机的内部资源和性能逐步提高,FPGA/CPLD 仍具有不可替代的作用。单片机适合用于人机接口,系统功能选择,低速计数,简单浮点运算,低速 A/D 和 D/A 控制,外围数据交换等;FPGA/CPLD 适合用于高速计数,高速 A/D 和 D/A 控制,数据缓存,控制状态机实现,I/O 扩展,数字信号处理等。将单片机和 FPGA/CPLD 相结合,可充分发挥两者的优点,也是本书将要介绍综合电子系统的主要特色。

4.1.2   FPGA 基本结构和原理

Intel 公司的 FPGA 产品分为 Stratix、Arria、Cyclone 等几大系列。其中 Cyclone 系列 FPGA 具有最低的成本和功耗,其性能水平使得该系列器件成为大批量应用的理想选择。Cyclone 系列 FPGA 已经发展到第五代,具体说明如下。

Cyclone:2003 年推出,0.13μm 工艺,1.5V 内核供电。

Cyclone Ⅱ:2005 年开始推出,90nm 工艺,1.2V 内核供电,增加了硬件乘法器单元。

Cyclone Ⅲ:2007 年推出,采用 65nm 低功耗工艺技术制造,比前一代产品每逻辑单元成本降低 20%。

Cyclone Ⅳ:2009 年推出,60nm 工艺,面向对成本敏感的大批量应用。Cyclone Ⅳ 系列又分为两种不同的系列:适用于多种通用逻辑应用的 Cyclone Ⅳ E 系列;具有 8 个集成 3.125Gb/s 收发器的 Cyclone Ⅳ GX 系列。

Cyclone Ⅴ:2011 年推出,28nm 工艺,实现了业界最低的系统成本和功耗,与前几代产品相比,它具有高效的逻辑集成功能,提供集成收发器,总功耗降低了 40%,静态功耗降低了 30%。

本书选用的器件就是 Cyclone Ⅳ E 系列 FPGA,型号为 EP4CE6E22C8,其命名包含工艺、型号、LE 数量、封装、管脚数目、温度范围、器件速度等信息,如图 4.1-1 所示。

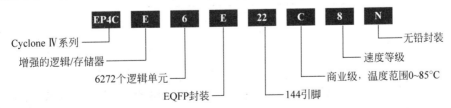

图 4.1-1   Cyclone Ⅳ E 系列 FPGA 芯片命名规则

Cyclone Ⅳ E 系列 FPGA 包括多种型号,每种型号的内部资源如表 4.1-1 所示。

表 4.1-1　Cyclone Ⅳ E 系列芯片资源

资　　源	EP4CE6	EP4CE10	EP4CE16	EP4CE22	EP4CE30	EP4CE40	EP4CE55	EP4CE75	EP4CE115
逻辑单元(LE)	6272	10320	15408	22320	28848	39600	55856	75408	114480
嵌入式存储器/Kb	270	414	504	594	594	1134	2340	2745	3888
嵌入式 18 × 18 乘法器	15	23	56	66	66	116	154	200	266
通用 PLL	2	2	4	4	4	4	4	4	4
全局时钟网络	10	10	20	20	20	20	20	20	20
用户 I/O 块	8	8	8	8	8	8	8	8	8
最大用户 I/O	179	179	343	153	532	532	374	426	528

Cyclone Ⅳ E 系列 FPGA 的通用结构如图 4.1-2 所示。它包含了 5 类主要资源:逻辑阵列块(Logic Array Block,LAB)、可编程互连(Interconnects)、可编程输入/输出单元(I/O Element)、嵌入式存储器(Embedded memory)、底层嵌入功能单元(如锁相环、乘法器等)。逻辑阵列排列成二维结构。可编程互连为逻辑阵列提供行与列之间的水平布线路径和垂直布线路径。这些布线路径包含了互连线和可编程开关,使得逻辑阵列可以使用多种方式互相连接。

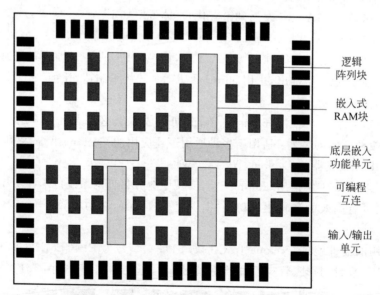

图 4.1-2　Cyclone Ⅳ E 系列 FPGA 通用结构

逻辑阵列块
嵌入式 RAM块
底层嵌入功能单元
可编程互连
输入/输出单元

1. 逻辑阵列块

逻辑阵列块是 FPGA 的主体,每个逻辑阵列块由 16 个逻辑单元(Logic Element,LE)组成。LE 是 FPGA 实现有效逻辑功能的最小单元,用于实现组合逻辑电路和时序逻辑电路。从表 4.1-1 可知,FPGA 器件的规模通常用 LE 的数量来表示,而不是用等效门的数量来表示。LE 由查找表(LUT)和 D 触发器(也称为寄存器)构成,LE 的简化示意图如图 4.1-3 所示。LUT 用于实现组合电路,其原理是将组合电路的函数真值表存入LUT 来实现逻辑功能。D 触发器用于实现时序逻辑电路。LUT 的输出和 D 触发器的输出送 2 选 1 数据选择器。当 LE 只是用来实现组合逻辑电路时,就可以通过选通信号将触发器旁路。

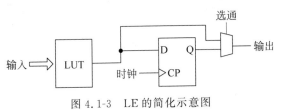

图 4.1-3　LE 的简化示意图

　　LUT 本质上是一个小规模的 SRAM,它包含了存储单元和地址译码器。LUT 可以具有不同的规模,其规模由输入的数量来定义。Cyclone Ⅳ E 系列 FPGA 芯片采用 4 输入 LUT,如图 4.1-4 所示。4 输入 LUT 具有 16 个存储单元,可存放一个 4 变量逻辑函数的真值表。只要改变存储单元中的数据,就可以改变所要实现逻辑函数的功能,因此,4 输入 LUT 可实现任何 4 变量的组合逻辑电路。由于 LUT 由 SRAM 实现,掉电以后数据丢失,所以,FPGA 芯片每次上电后需要重新配置。

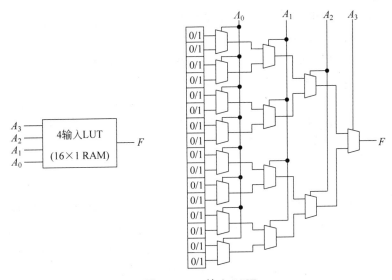

图 4.1-4　4 输入 LUT

　　实际 LE 要比图 4.1-3 所示的简化 LE 复杂得多。图 4.1-5 所示为 Cyclone Ⅳ E 系列 FPGA 在正常模式(Normal Mode)下的 LE 逻辑图。从图中可以看到,LUT 输入除了来自互连阵列,也来自触发器的输出。触发器的输出反馈到 LUT 的输入端,用于构成计数器、状态机等时序电路。LUT 的输出可以直接送到互连阵列,也可以送触发器的输入端;触发器的输入既可以来自 LUT 的输出,也可以来自触发器链输入。这种电路结构使 LUT 和触发器可以独立工作,这意味着一个 LE 可以同时实现组合电路和时序电路,从而大大提高了 LE 的灵活性和利用率。

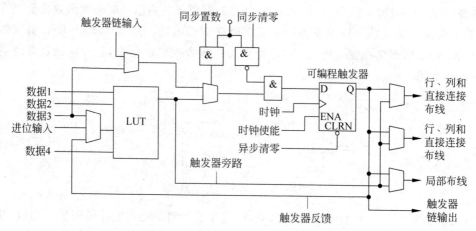

图 4.1-5　Cyclone Ⅳ E 系列 FPGA 在正常模式下 LE 逻辑图

LE 中的可编程 D 触发器可以配置成 T、T′、JK 或 SR 等各种功能的触发器。触发器上有数据、时钟、时钟使能和清零输入。触发器的时钟信号和异步清零信号可由全局时钟网络、通用 I/O 引脚、内部逻辑驱动;触发器的时钟使能信号可由通用 I/O 引脚或内部逻辑驱动。

当用户设计的逻辑电路需要多个 LE 来实现时,EDA 软件会自动地将用户电路转换成适用于 FPGA 结构的形式。

例 4.1-1　如果要实现一个 3 线-8 线译码器,FPGA 内部需要多少个 LE?

解:3 线-8 线译码器有 3 个输入和 8 个输出,含有 8 个逻辑表达式。每个逻辑函数表达式需要一个 LUT,因此,实现一个 3 线-8 线译码器需要 8 个 LUT,即需要 8 个 LE。如果用中小规模的门电路来实现,3 线-8 线译码器只需要 8 个与非门和 3 个反相器,可见,用 FPGA 来实现 3 线-8 线译码器代价是很高的。

2. 可编程互连

可编程互连是指 FPGA 内部丰富的连线资源,用于连通 FPGA 内部所有单元。布线资源根据工艺、长度、宽度和分布位置的不同划分为不同等级。一类是全局性的布线资源,如 FPGA 内部的全局时钟、全局复位/置位的布线;一类是长线资源,用于完成逻辑阵列块之间的布线;一类是短线资源,用于完成逻辑单元之间的布线。

3. 可编程 I/O 单元

可编程 I/O 单元(IOE)是 FPGA 芯片和外部电路的接口部分,完成不同电气特性下对输入/输出信号的驱动和匹配。IOE 位于"行互连"和"列互连"的末端,其简化原理图如图 4.1-6 所示。IOE 可以配置成输入/输出和双向口。IOE 从结构上包含一个双向 I/O 缓冲器和三个寄存器:输入寄存器、输出寄存器、输出允许寄存器。由于寄存器的存在,输入和输出数据可以存储在 IOE 内部。当需要直接输入和输出时,可以将寄存器旁路。I/O 引脚上还设置了可编程的内部上拉电阻。当上拉电阻允许时,上拉电阻就会被连接到 I/O 引脚上。当 I/O 引脚设置成输入引脚时,内部上拉电阻可以避免输入引脚悬空时电平状态不定的问题。在一些应用场合,例如在第 6 章图 6.3-1 所示的键盘接口中,内部上拉电阻可以代替外部上拉电阻,从而简化硬件电路。

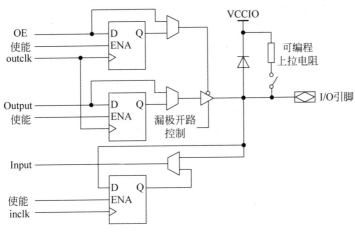

图 4.1-6　IOE 简化原理图

4. 嵌入式存储器

大多数 FPGA 都有嵌入式存储器,大大拓展了 FPGA 的应用范围和使用灵活性。Cyclone Ⅳ E 系列 FPGA 的嵌入式存储器由 M9K 存储器块组成。M9K 存储器块是除逻辑单元之外使用率最高的内部资源。每个 M9K 存储器块包含 8192 个存储位。M9K 存储器块可构成不同类型的存储器,包括单口 RAM、简单双口 RAM、真正双口 RAM、ROM 和 FIFO。

单口 RAM 只有一个读写口,同一时间只能做读操作或写操作。

简单双口 RAM 有两个端口,但是其中一个端口只能读,另一个端口只能写。在第 10 章的 DDS 信号发生器中将介绍简单双口 RAM 的应用。

真正双口 RAM 的两个端口都能读写,没有任何限制。

FPGA 内部实际上没有专用的 ROM 硬件资源,实现 ROM 的方法是对 RAM 赋初值,并保持该初值。4.3 节将介绍 ROM 的应用。

FIFO 是一种先入先出的存储器,即最先写入的数据,最先读。FIFO 与普通存储器的区别就是没有地址线,使用起来非常简单。在第 11 章的高速数据采集系统中将介绍 FIFO 的应用。

M9K 存储器块根据需要可配置成 8192×1、4096×2、2048×4、1024×8、1024×9、512×16、512×18、256×32、256×36 等多种尺寸。

下面通过对简单双口 RAM 的结构与工作原理介绍,让读者了解嵌入式存储器结构上的特点以及使用方法。

简单双口 RAM 含有独立的读端口和写端口,其符号如图 4.1-7 所示。图中左边端口为写端口,其中 wraddress[]为写地址,data[]口用于数据写入,wren 为写使能信号。图中右边端口为读端口,其中 rdaddress[]为读地址,q[]为读数据输出端口,rden 为读使能信号。简单双口 RAM 读端口和写端口都有独立的地址输入口,允许同

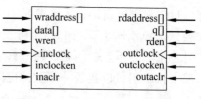

图 4.1-7 简单双口 RAM 符号

时读和写操作,但读写端口是单向的,即读端口只能读,不能写,而写端口只能写,不能读,这是它与真正的双口 RAM 的最大区别。

简单双口 RAM 的原理图如图 4.1-8 所示。简单双口 RAM 属于同步存储器,与常用的异步存储器相比,在结构和工作原理上有较大的差别。简单双口 RAM 的输入端口都通过寄存器输入,而数据输出端口可以通过寄存器输出(同步输出),也可直接输出(异步输出)。

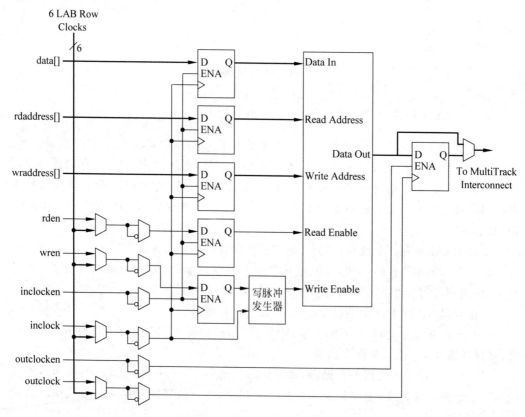

图 4.1-8 简单双口 RAM 原理图

寄存器的同步时钟可以利用 Quartus Ⅱ软件中的 MegaWizar Plug-In Manager 工具配置成单时钟、输入输出时钟或读写时钟。

单时钟同步输出模式和单时钟异步输出模式分别如图 4.1-9(a)和图 4.1-9(b)所示。

在该模式中,所有输入输出寄存器都由同一时钟控制。

读写时钟模式如图 4.1-9(c)所示。在该模式中,写时钟 wrclock 控制数据输入、写地址和写使能寄存器,读时钟 rdclock 控制数据输出、读地址和读使能寄存器。处于读写时钟模式时,如果对同一存储单元同时进行读写,读出的数据是未知的。

输入输出时钟模式如图 4.1-9(d)所示。在该模式中,输入时钟 inclock 控制存储器块的所有输入(包括数据、地址、读使能、写使能)寄存器;输出时钟 outclock 控制数据输出寄存器。

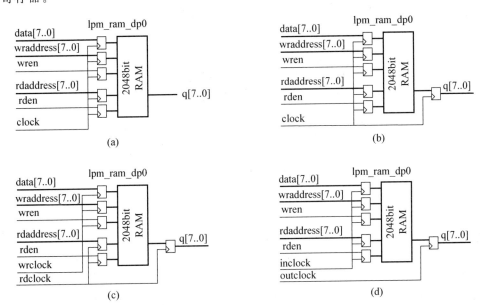

图 4.1-9 4 种寄存器同步时钟选择

(a) 单时钟(异步输出);(b) 单时钟(同步输出);(c) 读写时钟;(d) 输入输出时钟

简单双口 RAM 的写操作时序如图 4.1-10 所示。当 wren 为高电平时,处于写操作,data 端口的数据写入 wraddress 端口指示的存储单元中。在写操作的过程中,必须使用同步时钟 clock,将写使能、数据、地址等信息送入寄存器。

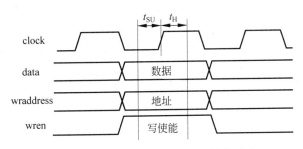

图 4.1-10 简单双口 RAM 的写操作时序

简单双口 RAM 的读操作时序如图 4.1-11 所示。当双口 RAM 工作在异步输出模式时,输出端口没有寄存器,其时序图如图 4.1-11(a)所示,数据在地址有效后第一个上升沿送出。当双口 RAM 工作在同步输出模式时,输出端口有寄存器,其时序图如图 4.1-11(b)所示,这时,数据在地址有效后的第二个时钟上升沿送出。

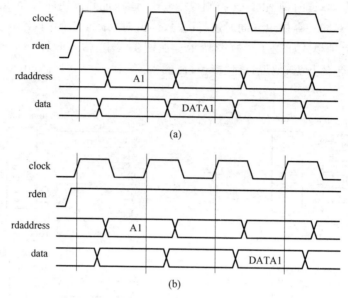

图 4.1-11　简单双口 RAM 的读操作时序

(a)异步输出;(b)同步输出

5. 锁相环

Cyclone Ⅳ 系列 FPGA 根据不同型号内部含有 2～4 个锁相环(PLL)。PLL 提供了很强的定时管理能力,如频率合成、可编程相移、可编程占空比等功能。每个 PLL 具有一个外部时钟输出,可以向系统中的其他器件提供时钟。

PLL 的原理框图如图 4.1-12 所示。CLK0 为 PLL 的外部时钟,其频率不能低于 5MHz,一般由外部晶体振荡器提供。CLK0 必须从 FPGA 的专用时钟输入引脚输入,内部产生时钟无法驱动 PLL。频率为 f_{IN} 的 CLK0 经过预分频计数器 n 分频后得到频率为 $f_{REF}=f_{IN}/n$ 的参考输入时钟,压控振荡器 VCO 的输出时钟信号经过反馈环路中的分频计数器 m 分频后得到频率为 $f_{FB}=f_{VCO}/m$ 的反馈时钟。相位频率检测器(Phase-Frequency Detector,PFD)首先比较参考输入时钟和反馈时钟的相位和频率,然后通过电荷泵和环路滤波器产生控制电压,使 VCO 输出的时钟信号频率降低或提高,最终达到参考输入时钟和反馈时钟的相位和频率一致,此时,VCO 的输出频率为

$$f_{VCO}=f_{IN}\frac{m}{n} \tag{4.1-1}$$

VCO 输出的时钟信号送到 5 个后分频计数器。经过后分频计数器 $c_0\sim c_4$ 分频后可以在 PLL 中产生 5 种不同频率的时钟信号。各频率之间的关系如式(4.1-2)所示。

$$f_{C0}=\frac{f_{VCO}}{c_0}=f_{IN}\frac{m}{nc_0} \quad f_{C1}=\frac{f_{VCO}}{c_1}=f_{IN}\frac{m}{nc_1} \quad f_{C2}=\frac{f_{VCO}}{c_2}=f_{IN}\frac{m}{nc_2}$$

$$f_{C3} = \frac{f_{VCO}}{c_3} = f_{IN}\frac{m}{nc_3} \quad f_{C4} = \frac{f_{VCO}}{c_4} = f_{IN}\frac{m}{nc_4} \quad\quad (4.1\text{-}2)$$

根据式(4.1-2),通过改变 n、m、$c_0 \sim c_4$ 的取值,就可以得到不同频率的时钟信号。n、m、$c_0 \sim c_4$ 的取值范围为 1～512。

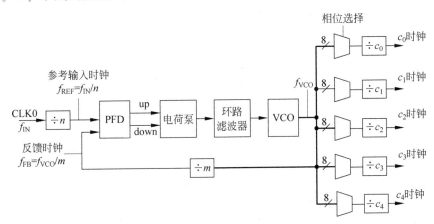

图 4.1-12　PLL 原理框图

FPGA 内部 PLL 的使用是通过调用 Quartus Ⅱ软件中的宏功能模块 altpll 实现的,具体操作见 4.3.4 节相关内容。

4.1.3　CPLD 基本结构和原理

传统的 CPLD 在工艺和结构上与 FPGA 有比较大的区别。FPGA 一般都是 SRAM 工艺的,其基本结构是基于查找表加寄存器的结构,而 CPLD 一般是基于 E^2PROM 或者 FlashROM 工艺,其基本结构是基于乘积项加寄存器的结构。Intel 公司早期的 CPLD 产品如 MAX3000 系列,采用了 CPLD 的传统的工艺和结构。

图 4.1-13 所示为 MAX3000A 系列 CPLD 的基本结构。它主要由逻辑阵列块(Logic Array Block,LAB)、可编程内连阵列(Programmable Interconnect Array,PIA)和 I/O 单元等几部分构成。每个 LAB 包含 16 个宏单元(Macrocell)。需要指出的是,不同型号的 CPLD 含有不同数量的 LAB,每个 LAB 中宏单元的数量也不一定相同。宏单元是 CPLD 的最小逻辑单元,类似简单可编程逻辑器件 PAL,能单独地组成组合逻辑电路和时序逻辑电路。可编程内连阵列 PIA 将不同的 LAB 相互连接,构成所需逻辑。CPLD 的全局输入、I/O 引脚和宏单元输出都连接到 PIA,而 PIA 把这些信号送到器件内的各个地方。PIA 具有固定延时,从而消除了信号之间的延迟偏移,使时间性能更容易预测。

图 4.1-14 所示是一个简化了的宏单元和 I/O 单元原理图。宏单元由与门阵列、或门、异或门以及一个可编程触发器组成。与门阵列产生乘积项,这些乘积项分配到或门实现组合逻辑函数。异或门的输出可送到宏单元内的触发器,也可以通过选择开关 MUX3 送到 I/O 单元。当 MUX3 开关置于上方位置,触发器被旁路,宏单元实现组合逻

辑电路;当 MUX3 开关置于下方位置,宏单元实现时序逻辑电路。宏单元中的触发器为可编程触发器,其时钟和清零信号可来自全局信号,也可来自乘积项输出。采用全局信号有利于改善性能,例如,当时钟信号来自全局时钟时,触发器输出和时钟之间的延迟最小。在图 4.1-14 所示的宏单元中,除了在与阵列中含有可编程单元(用"×"表示)之外,在异或门和选择开关中也包含了可编程单元(用"M"表示)。由于可编程单元通常采用 E^2PROM 存储单元,掉电以后,编程信息不会丢失。

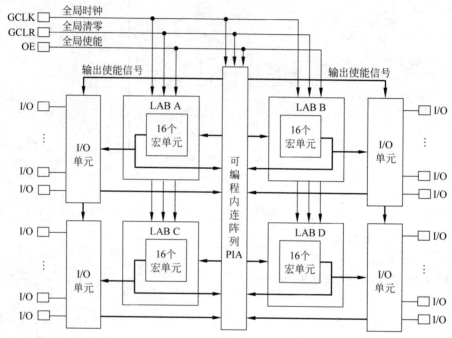

图 4.1-13 CPLD 基本结构图

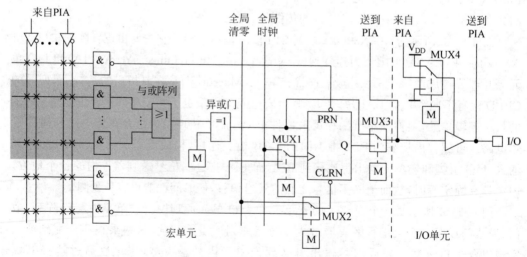

图 4.1-14 宏单元和 IO 单元原理图

宏单元的输出一方面送到可编程连线阵列 PIA 供其他宏单元使用,以构成更复杂的逻辑电路,另一方面送到 I/O 单元。I/O 单元含有一个三态缓冲器。通过三态缓冲器,可以将 I/O 引脚配置为输入、输出和双向工作方式。当使能端置低电平时,三态缓冲器输出高阻态,对应的 I/O 引脚被设置成输入引脚;当使能端置高电平时,三态缓冲器输出有效,对应的 I/O 引脚被设置成输出引脚;当使能端由来自 PIA 的使能信号控制时,对应的 I/O 引脚被设置为输入输出引脚。每个 I/O 引脚都有一个漏极开路(Open-Drain)输出配置选项,因而可以实现漏极开路输出。

Intel 公司 2004 年推出的 MAX Ⅱ 系列 CPLD 采用了全新的架构,采用了 4 输入 LUT 和寄存器的结构,最小逻辑单元也是 LE,其本质就是内部集成了配置 FlashROM 的小规模 FPGA。由于 MAX Ⅱ 系列 CPLD 的使用方法和应用场合与传统 CPLD 相同,因此,其名称上仍然沿用传统 CPLD 的叫法。MAX Ⅱ 系列 CPLD 采用 $0.18\mu m$ 工艺,6 层金属走线,其内部资源如表 4.1-2 所示。

表 4.1-2 MAX Ⅱ 系列 CPLD 内部资源

特 性	EPM240	EPM570	EPM1270	EPM2210
逻辑单元 LE	240	570	1270	2210
典型的等效宏单元	192	440	980	1700
最大用户 I/O	80	160	212	272
用户可用的 Flash 比特数/bit	8192	8192	8192	8192
最快 tpd(引脚到引脚性能)/ns	4.5	5.5	6.0	6.5

MAX Ⅱ 系列 CPLD 的结构框图如图 4.1-15 所示。

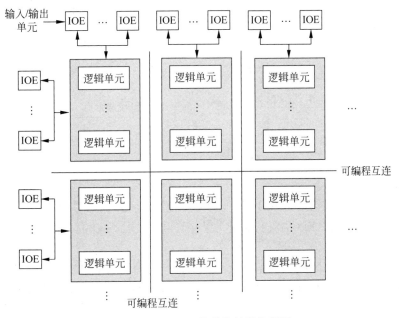

图 4.1-15 MAX Ⅱ 器件的结构框图

MAX Ⅱ系列CPLD由逻辑阵列块LAB、I/O单元、布线资源等组成。LAB结构和Cyclone Ⅳ FPGA基本相同,每个LAB包含10个LE,LAB的排列采用行列结构。MAX Ⅱ系列CPLD的配置文件是写到内部的配置FlashROM中,器件上电后,由该配置FlashROM给芯片进行配置。MAX Ⅱ系列CPLD内部还有8Kb的用户Flash以及内部振荡器。

本书的6.3节将介绍MAX Ⅱ系列CPLD在单片机最小系统设计中的应用。

4.2 FPGA最小系统设计

FPGA最小系统是指只包括FPGA芯片、串行配置芯片、电源电路、时钟电路、在电路配置接口和I/O扩展口的FPGA系统。FPGA最小系统是构成综合电子系统的必备模块。虽然在市场上可以买到各种各样的FPGA开发板,但自己动手设计一块FPGA最小系统板对熟悉硬件系统设计流程、深入理解FPGA的电气特性是十分重要的。本节内容从方案设计、器件选择、硬件电路设计制作、硬件电路测试等方面简要介绍FPGA最小系统的设计流程。

4.2.1 设计方案

FPGA最小系统的设计方案如图4.2-1所示。最小系统由FPGA芯片、串行配置芯片、有源晶振、配置电路、电源电路、I/O扩展口组成。

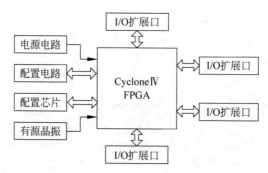

图4.2-1　FPGA最小系统设计方案

从表4.1-1可知,Cyclone Ⅳ E系列FPGA包括6种不同型号的芯片,每种型号又有多种封装。综合考虑FPGA内部资源、市场供应、性价比等因素,FPGA器件选用EP4CE6E22C8。

根据EP4CE6E22C8配置数据的大小,串行配置芯片选用EPCS4。外部时钟源采用25MHz有源晶振。通过FPGA的内部锁相环PLL,可以将外部时钟转换成不同频率的时钟信号。

FPGA最小系统将所有I/O引脚连接到4个I/O扩展口,以扩展外围电路,如7段

LED 数码管、高速 ADC、高速 DAC 等。

FPGA 由于采用 SRAM 存储编程数据,掉电后将丢失所存储的信息。因此,在接通电源后,首先必须对 FPGA 中的 SRAM 装入编程数据,使 FPGA 具有相应的逻辑功能,这个过程称为配置(Reconfigurability)。FPGA 配置电路原理图如图 4.2-2 所示。

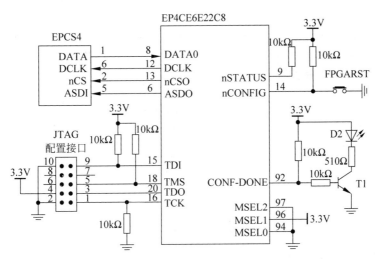

图 4.2-2　FPGA 配置电路原理图

FPGA 有多种配置模式,由配置模式选择引脚 MSEL0~MESL2 选择。FPGA 常用配置模式有 JTAG 配置模式和主动串行(Active Serial,AS)配置模式。

1. JTAG 配置模式

JTAG 配置模式不受 MSEL0~MSEL2 引脚电平影响。JTAG 配置模式由 PC 通过下载电缆将 QuartusⅡ软件编译后产生的.sof 文件直接下载到 FPGA 内部的 SRAM 中。JTAG 配置模式配置速度快,但掉电后需要重新下载数据,适用于调试阶段。

2. AS 配置模式

通过将 MSEL0~MESL2 引脚接成 010 表示选择标准 AS 配置模式。AS 配置是指每次上电或手动复位时,FPGA 将串行配置器件 EPCS4 的数据读入 FPGA 内部 SRAM 中。AS 配置时,FPGA 相当于一个主器件,EPCS4 相当于一个从器件,因此,AS 配置也称主动配置。当 FPGA 内部电路调试成功后,FPGA 最小系统需要脱机运行时,采用 AS 配置模式。

采用 AS 配置的前提是,应预先将编程数据写入串行配置器件 EPCS4。将编程数据写入 EPCS4 通常有两种方法:一种是采用专门的 AS 配置接口直接将编程数据写入 EPCS4;另一种是利用 JTAG 配置接口通过间接的方法将编程数据写入 EPCS4。后一种方法省略了 AS 配置接口,可以简化硬件电路。在 FPGA 最小系统中就是采用 JTAG 间接配置的方法,具体操作方法参考 4.3.6 节。

为了便于了解 FPGA 配置是否成功,图 4.2-2 所示电路中还包括了配置指示电路。

D2 为配置指示二极管。在配置过程中,信号 CONF-DONE 置为低电平,D2 熄灭,配置成功后 CONF-DONE 恢复为高电平,D2 点亮。

4.2.2 硬件电路设计

硬件电路设计由原理图设计和印制电路图设计两部分组成。FPGA 最小系统原理图如图 4.2-3 所示。由于 FPGA 芯片引脚很多,为了使原理图清晰明了,采用命名连线的方式实现连接,相同命名的信号线或引脚表示是连在一起的。

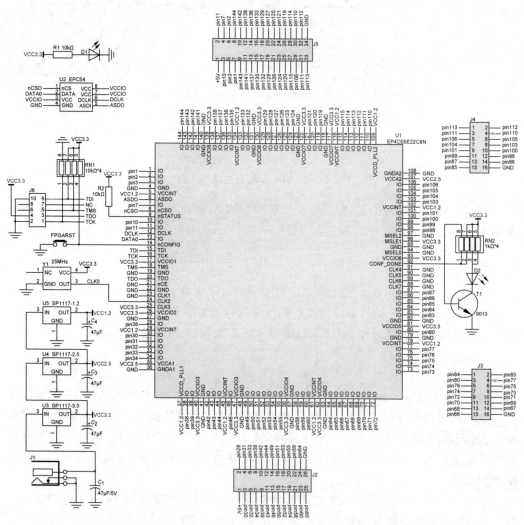

图 4.2-3　FPGA 最小系统原理图

EP4CE6E22C8 共有 144 个引脚,这些引脚可分为以下几种类型:

(1) I/O 引脚。连接到 J2~J5 四个通用 I/O 扩展接口。J2~J5 在功能上有所区分,J5 主要用于 7 段 LED 数码管显示电路的扩展,J3 和 J4 主要用于高速 ADC 或 DAC 的扩展,J2 主要用于与单片机的并行总线相连,以构成单片机＋FPGA 综合电子系统。

(2) 编程配置引脚。这些引脚与 JTAG 下载接口(J6)、串行配置芯片 EPCS4(U2)、配置指示电路连接。

(3) 全局时钟输入引脚。EP4CE6E22 共有 CLK0~CLK7 八个专用时钟输入引脚,其中 CLK2 与外部 25MHz 有源晶振相连,其余引脚未用。

(4) 电源引脚。EP4CE6E22C8 有以下几种电源输入引脚:

① VCCINT:FPGA 内核电源,额定电压为 1.2V。

② VCCA:PLL 模拟电源,额定电压为 2.5V。需要注意的是即使 FPGA 设计中未使用 PLL 仍要为 VCCA 提供电源。

③ VCCD_PLL:PLL 数字电源,额定电压为 1.2V。

④ VCCIO:I/O 电源,电压值根据与 I/O 连接的外设而定,一般选 3.3V。

可见,EP4CE6E22C8 需要 3.3V、2.5V、1.2V 三种电源,由三片低压差稳压芯片 SP1117-3.3V、SP1117-2.5V 和 SP1117-1.2V 提供。

(5) 接地引脚 GND。直接与电源地连接即可。

FPGA 最小系统的 PCB 板设计原则是,先布局后布线。布局从主芯片开始,按照连线最短的原则安排其他元件的位置,去耦电容可布置在电路板的背面。布线时应注意线尽量短、尽量直,尽量减少过孔,连线不要有 90°转角,注意线的粗细,一般信号线采用 12mil(1mil＝0.0254mm),电源线采用 30~50mil,地线采用大面积覆铜。

焊接元件时注意顺序,先焊接贴片元件,再焊接直插元件。由于 EP4CE6E22C8 采用 TQFP 封装,其引脚比较细密,焊接时应注意用力适度,避免碰弯芯片引脚,要仔细观察芯片引脚之间有没焊锡粘连。用万用表电阻挡测试电源线和地线之间有没短路。EP4CE6E22C8 底部有一金属焊盘,应用焊锡与地相连。FPGA 最小系统实物图如图 4.2-4 所示。从实物图可以看到,I/O 引脚与扩展口之间串接了 100Ω×4 的排阻,起到限流保护的作用。

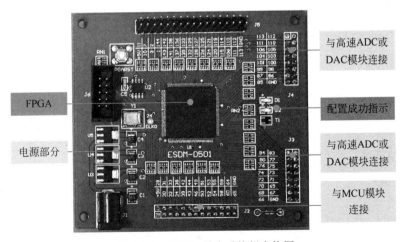

图 4.2-4　FPGA 最小系统板实物图

4.2.3 硬件电路测试

FPGA 最小系统使用之前,可按以下步骤测试:

(1)电源系统测试。在 FPGA 最小系统加上 5V 电源,万用表直流电压挡测量稳压器件 U3、U4、U5 的输出电压,正常时电压分别为 3.3V、2.5V、1.2V。观察芯片有无发烫现象,钽电容极性有没有焊反。

(2)设计测试电路。在 PFGA 内部设计一个简单的测试电路使 FPGA 的每个 I/O 引脚产生不同频率的方波信号,测试电路的原理框图如图 4.2-5 所示。外部晶体振荡器产生的 25MHz 时钟经锁相环分频后得到频率较低的时钟信号,驱动 5 位二进制计数器。将 5 位二进制计数器的输出依次送到 FPGA 的 I/O 引脚上。

(3)下载功能测试。将测试电路通过 Quartus Ⅱ 软件完成输入、编译、引脚锁定、下载等步骤(Quartus Ⅱ 软件具体操作步骤可以参考 4.3.4 节有关内容)。下载过程中,D2 熄灭,下载成功后,D2 点亮。

(4)用示波器测试输出信号。先测试有源晶振的输出信号 CLK0,正常时输出频率为 25MHz 的方波信号。再测试 I/O 引脚,正常工作时,相邻的 5 个 I/O 引脚应观测到 5 种不同频率的方波信号。

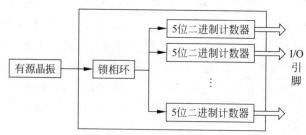

图 4.2-5 测试电路原理框图

(5)异常测试波形分析。图 4.2-6 为实测得到的两种典型异常波形。图 4.2-6(a)波形为两个相邻 I/O 引脚发生短路时的波形。很可能是两只相邻引脚焊锡粘连。去除多余焊锡即可排除故障。图 4.2-6(b)波形看似正常,但仔细观察信号的高电平幅值小于 2V。如果没有硬件上的问题,该 I/O 引脚很可能在使用中损坏了。如果出现 I/O 引脚损坏,要么换 FPGA 芯片,要么使用中避开这个损坏的 I/O 引脚。

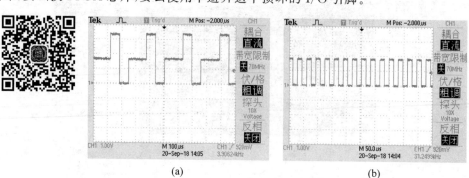

(a) (b)

图 4.2-6 实测的异常波形

4.3 数字系统设计实例——信号发生器设计

4.3.1 设计题目

信号发生器示意图如图 4.3-1 所示。该信号发生器数字部分由 FPGA 实现,外围电路包括按键 KEY0、拨动开关 SW0 和 SW1、7 段 LED 数码管、高速 DAC。

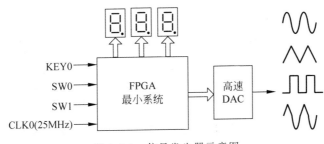

图 4.3-1 信号发生器示意图

设计要求:

(1) 可产生正弦波、三角波、方波、任意波(半周期三角波、半周期正弦波)4 种波形。波形类型由拨动开关 SW0 和 SW1 选择。

(2) 通过按键 KEY0 实现输出信号频率从 10kHz、20kHz、30kHz、…、100kHz 循环变化。

(3) 输出频率采用三位 LED 数码管显示。

(4) 具有按键消抖功能。

4.3.2 方案设计

信号发生器又称为信号源或振荡器,是一种能产生多种函数信号甚至任意信号的电路或电子系统。信号发生器的设计方案通常有以下几种:基于 RC 振荡器或者 LC 振荡器的设计方案,这种方案采用模拟电路实现,缺点是频率精度低,频率调节范围窄。基于振荡器+锁相环的设计方案,如果采用晶体振荡器,则具有频率精度高、频谱干净的优点,但信号频率无法连续调节。基于数字电路+DAC 的设计方案,这种设计方案具有频率精度高、可产生任意波形的优点,特别是采用直接数字频率合成(Direct Digital Synthesize,DDS)技术后,可以实现输出信号频率的连续调节。根据设计要求,本节将要介绍的信号发生器就采用了最后一种方案。

为了便于理解,在讨论信号发生器设计方案时,将从简单的信号发生器设计入手,以问题为导向,逐步改进,最后得到满足题目要求的信号发生器设计方案。具体地讲,以下内容将依次介绍固定频率正弦信号发生器、频率可变正弦信号发生器、频率连续可调正弦信号发生器、频率连续可调多种波形信号发生器的设计方案。

固定频率正弦信号发生器原理框图如图 4.3-2 所示。波形数据表采用只读存储器

ROM,预先存放了正弦波形数据。计数器在时钟 CLK 的作用下产生 ROM 的地址。存放在 ROM 中的数据依次送 DAC,从而在 DAC 的输出端产生正弦信号。计数器输出就是 ROM 的地址,实际上就是正弦信号的相位。

固定频率正弦信号发生器产生的正弦信号频率精度取决于时钟 CLK 的频率精度。当 CLK 用晶体振荡器产生时,其频率精度可以达到 10^{-6},即百万分之一的精度。频率精度高是用数字方法产生周期性模拟信号的主要优点。

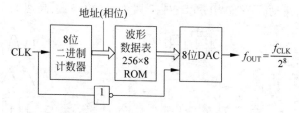

图 4.3-2　固定频率正弦信号发生器原理框图

图 4.3-2 所示的信号发生器只能产生固定频率的正弦信号。如何改变输出信号的频率? 通过将图 4.3-2 所示信号发生器中的计数器进行改进,得到如图 4.3-3 所示的频率可变正弦信号发生器原理框图。M 为正整数,当 M 等于 1 时,CLK 每来一个脉冲,8 位寄存器中的内容加 1,虚框内的电路与图 4.3-2 中的计数器功能完全一致,输出正弦信号的频率也与图 4.3-2 所示正弦信号发生器输出的频率相同。当 M 等于 2 时,CLK 每来一个脉冲,8 位寄存器中的内容加 2,ROM 地址的变化快一倍,输出正弦信号的频率也增加 1 倍。显然,M 越大,输出正弦信号的频率也越高,因此,把 M 称为频率控制字。虚框内的电路实际上是一变步长计数器。由于其输出值为正弦信号的相位,因此通常称为相位累加器。

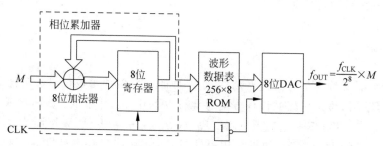

图 4.3-3　频率可变正弦信号发生器原理框图

频率可变正弦信号发生器虽然实现了频率可变,但是,技术指标达不到设计题目的要求。假设 CLK 的频率为 1MHz,当 $M=1$ 时,输出信号的最低频率为

$$f_{\text{omin}} = \frac{f_{\text{CLK}}}{2^8} \times 1 = \frac{10^6}{2^8} \times 1 \approx 3.9(\text{kHz})$$

因为频率控制字 M 为正整数,输出信号的频率最小步进值为

$$\Delta f = \frac{f_{\text{CLK}}}{2^8} \times 1 = \frac{10^6}{2^8} \approx 3.9(\text{kHz})$$

假设每个周期的采样点数必须大于 16,则信号发生器输出信号的最高频率为

$$f_{omax} = \frac{f_{CLK}}{16} = 62.5(kHz)$$

从上述分析可知,由于输出信号的频率最小步进值太大,无论 M 取什么值,图 4.3-3 所示信号发生器无法输出 10kHz、20kHz、…、100kHz 等频率的信号。而且,随着输出信号频率的增加,一个周期中的采样点减少,波形失真严重。

解决上述问题的方法是增加相位累加器的位数,同时提高参考时钟 CLK 的频率。将相位累加器的位数取 32,CLK 的频率设为 20MHz,得到图 4.3-4 所示频率连续可调正弦信号发生器原理框图。需要指出的是,图中相位累加器输出的 32 位地址并没有全部送给 ROM,而只是将高 8 位作为 ROM 的地址,因此 ROM 的容量为 256×8。

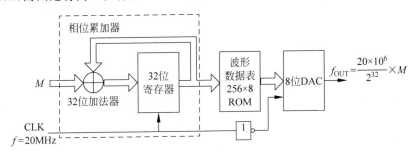

图 4.3-4 频率连续可调正弦信号发生器原理框图

根据图 4.3-4 所示参数,重新计算信号发生器的指标:

输出信号的最低频率为

$$f_{omin} = \frac{f_{CLK}}{2^N} \times 1 = \frac{20 \times 10^6}{2^{32}} \times 1 \approx 0.00466(Hz)$$

输出信号的频率最小步进值为

$$\Delta f = \frac{f_{CLK}}{2^N} \times 1 = \frac{20 \times 10^6}{2^{32}} = 0.00466(Hz)$$

从输出信号的频率最小步进值可知,输出信号的频率几乎可以连续调节。由于 CLK 的频率足够高,当输出 100kHz 的正弦信号时,每个周期中含有 200 个采样点,即使不用低通滤波器,正弦信号也可以达到很高的质量。

频率连续可调正弦信号发生器采用了这样一种技术:先构建一个 N 位的相位累加器,在每一个时钟周期内,将相位累加器中的值与频率控制字相加,得到当前相位值。将当前相位值作为 ROM 的地址,读出 ROM 中的正弦波数据,再通过 D/A 转换成模拟信号。频率控制字越大,相位累加器的输出变化越快,ROM 的地址变化也越快,输出的正弦信号频率越高。这种技术就是前面已经提到的 DDS 技术,相关的信号发生器也称为 DDS 信号发生器。

假设输出信号的频率用 f_{OUT} 表示,f_{OUT} 则与 M 的关系由下式表示。

$$f_{OUT} = \frac{f_{CLK}}{2^N} \times M \tag{4.3-1}$$

式中,f_{CLK} 为参考时钟的频率,通常由外部的晶体振荡器或者 FPGA 内部锁相环产生,分母中的 N 表示相位累加器的位数。

DDS 信号发生器在相对带宽、频率转换时间、相位连续性、正交输出、高分辨率以及集成化等一系列性能指标方面远远超过了传统频率合成技术所能达到的水平。主要体现在以下几方面：

(1) 输出频率变换时间小。由于 DDS 是一个开环系统，无任何反馈环节，因此转换速度快。

(2) 输出分辨率高。由 $\Delta f = f_{CLK}/2^N$ 可知，只要增加相位累加器的位数 N 即可获得任意小的频率步进。

(3) 相位变化连续。改变 DDS 的输出频率，实际上是改变每一个时钟周期的相位增量。一旦相位增量发生了改变，输出信号的频率瞬间发生改变，从而保持了信号相位的连续性。

(4) 输出波形的任意性。只要改变波形数据表中的数据，就可以改变输出信号的波形。

DDS 信号发生器原理虽然不是十分复杂，但对数字电路的要求很高。例如，当参考时钟频率为 20MHz 时，图 4.3-4 中的 32 位加法器需要在 50ns 完成一次加法运算，这需要依赖复杂的高速数字器件。DDS 技术出现在 20 世纪 70 年代，但直到 FPGA、硬件描述语言和 EDA 软件的出现，该技术才得到广泛应用，成为信号产生领域使用最普遍的技术。这里引用一句古诗来形容，就是"旧时王谢堂前燕，飞入寻常百姓家"。

为了达到满足设计题目要求的信号发生器，还需要解决以下技术问题：

(1) 如何产生 10 种不同频率的信号？可以通过下式计算得到 10 个不同的 M 值，如表 4.3-1 所示。

$$M = \frac{2^N}{f_{CLK}} \times f_{OUT} = \frac{2^{32}}{20 \times 10^6} \times f_{OUT} = 214.7484 \times f_{OUT} \tag{4.3-2}$$

表 4.3-1　10 种频率对应的 M 值

f_{OUT}/kHz	M 值(十进制)	M 值(十六进制)	f_{OUT}/kHz	M 值(十进制)	M 值(十六进制)
10	2147484	0020C49C	60	12884904	00C49BA8
20	4294968	00418938	70	15032388	00E56044
30	6442452	00624D0C	80	17179872	010624E0
40	8589936	00831270	90	19327356	0126197C
50	10737420	00A3D70C	100	21474840	0147AE18

(2) 如何通过 KEY0 按键输入 10 个 32 位的频率控制字？实现这一功能需要引入软件设计中查表法的思路，即用 KEY0 控制一个十进制计数器，计数器的输出作为表格的输入，表格的输出为 32 位的频率控制字。这里的表格实际上就是一个 4 输入 32 输出的组合逻辑电路，可称为查表电路。

(3) 如何显示频率？同样可以采用查表电路实现，输入为十进制计数器的输出，输出为 21 位的显示段码(三只 7 段 LED 数码管对应的段码)。

(4) 如何产生 4 种不同的输出信号？方法是将 ROM 的容量扩大 4 倍，即设计一个 $2^{10} \times 8$ 的 ROM，然后放入包含 4 种波形数据的文件，将 ROM 的低 8 位地址与相位累加器相连,高 2 位由外部的拨动开关 SW0 和 SW1 控制。

(5) 如何消除按键的抖动? 采用消抖电路,其原理和实现方法将在 4.3.3 节详细介绍。

(6) 如何产生相位累加器的时钟和消抖电路的时钟? 通过 FPGA 内部锁相环产生两路时钟 CLK1 和 CLK2。CLK1 用于控制电路中的按键消抖,频率为 62.5kHz。CLK2 用于相位累加器和高速 DAC 的参考时钟,频率为 20MHz。

根据上述思路得到如图 4.3-5 所示能满足题目要求的频率连续可调多种波形信号发生器原理框图。

每按一次 KEY0 键,经过消抖以后送十进制计数器,十进制计数器的输出送查表电路,查表电路送出 7 段显示段和相位累加器的频率控制字,LED 数码管显示相应的频率值,DAC 输出相应频率的波形。SW0 和 SW1 作为 ROM 的高位地址,用于选择输出波形。

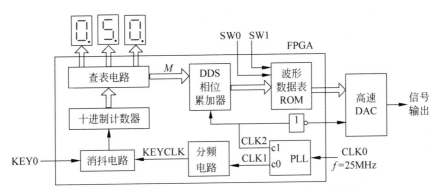

图 4.3-5 频率连续可调多种波形信号发生器原理框图

4.3.3 单元电路设计

图 4.3-5 所示的原理框图中,包含了 7 种不同功能的单元电路。其中锁相环和波形数据表 ROM 由 QuartusⅡ软件定制产生,具体定制方法在 4.3.4 节介绍。其余的 5 种模块采用 Verilog HDL 语言描述。

1. 消抖电路

当按键刚闭合时,会产生机械抖动。图 4.3-6 所示 KIN 就是按键闭合过程中的输出波形。从波形图中可以看到,按键闭合之初,KIN 出现了一些毛刺,键稳定闭合后,KIN 输出稳定的低电平。由于毛刺的持续时间一般小于 10ms,因此只要检测到 KIN 低电平持续时间大于 10ms,就可认为按键已稳定闭合。只有按键稳定闭合后才认为键值有效,从而消除抖动。

按键消抖电路有多种设计方案,可以采用专用集成电路(如 MAX16054),可以采用移位寄存器电路,也可以采用施密特触发器等。这里参考软件消抖的思路,采用一个具

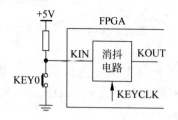
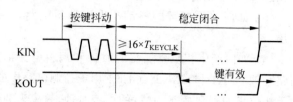

图 4.3-6　消抖电路输入输出波形

有异步清零和保持功能的 5 位二进制计数器来实现按键消抖。基本原理是：将键检测信号 KIN 作为计数器的清零信号,当没有键按下时,KIN 为高电平,计数器一直处于清零状态;当按键闭合时,KIN 变为低电平,计数器在时钟信号 KEYCLK 的作用下计数。假设 KEYCLK 周期 T_{KEYCLK} 为 1ms,则只有按键闭合时间超过 16ms 时,计数值才能由 0 计到 16 并保持。将计数器的最高位反相后作为 KOUT 输出。当按键松开后,KIN 恢复成高电平,计数值回到 0,KOUT 恢复成高电平,一次按键消抖过程结束。消抖电路 DEBOUNCER 的 Verilog HDL 代码如下:

```
module   DEBOUNCER(CLK,KIN,KOUT);
input   CLK,KIN;
output KOUT;
reg [4:0] Q;
always@(posedge CLK)
begin
  if(KIN == 1)
      begin   Q <= 5'b00000; end
  else if(Q == 16)
      begin   Q <= 5'b10000; end
  else
      begin   Q <= Q + 1'b1;   end
end
assign KOUT = ～Q[4];
endmodule
```

2. 分频电路

消抖电路需要频率约为 1kHz 的时钟信号,而锁相环无法直接产生低至 1kHz 的时钟信号,因此需要分频电路将锁相环输出的时钟信号频率降至 1kHz 左右。在图 4.3-5 中,锁相环产生的时钟信号 c_0 频率为 62.5kHz,为了得到 1kHz 左右的时钟信号,需要 64 分频的分频电路,对应的 Verilog HDL 代码如下:

```
module FREDIV64(CLK,CO);
input CLK;
output CO;
reg [5:0] Q;
wire CO;
```

```
always@(posedge CLK)
    begin
        Q <= Q + 6'b1;
    end
    assign CO = Q[5];
endmodule
```

3. 十进制计数器

十进制计数器的 Verilog HDL 代码如下：

```
module CNT10(CLK,Q);
input CLK;
output [3:0]Q;
reg [3:0]Q;
always@(posedge CLK)
begin
  if(Q == 9)
     Q <= 4'b0000;
  else
     Q <= Q + 1'b1;
end
endmodule
```

4. 查表电路

查表电路是一个 4 输入,53 输出的组合逻辑电路。输出信号包括 32 位相位控制字（在表 4.3-1 中已预先算好）,21 位 7 段显示码（采用共阴数码管）。译码电路 Verilog HDL 代码如下：

```
module TABLE(A,M,LEDA,LEDB,LEDC);
input [3:0] A;
output [31:0] M;
output [6:0] LEDA,LEDB,LEDC;
reg [31:0] M;
reg [6:0] LEDA,LEDB,LEDC;
always@(A)
begin
  case(A)
  4'b0000:begin M <= 'h0020C49C;LEDC <= 7'b0111111;LEDB <= 7'b0000110;LEDA <= 7'b0111111;end
  4'b0001:begin M <= 'h00418938;LEDC <= 7'b0111111;LEDB <= 7'b1011011;LEDA <= 7'b0111111;end
  4'b0010:begin M <= 'h00624D0C;LEDC <= 7'b0111111;LEDB <= 7'b1001111;LEDA <= 7'b0111111;end
  4'b0011:begin M <= 'h00831270;LEDC <= 7'b0111111;LEDB <= 7'b1100110;LEDA <= 7'b0111111;end
  4'b0100:begin M <= 'h00A3D70C;LEDC <= 7'b0111111;LEDB <= 7'b1101101;LEDA <= 7'b0111111;end
  4'b0101:begin M <= 'h00C49BA8;LEDC <= 7'b0111111;LEDB <= 7'b1111101;LEDA <= 7'b0111111;end
  4'b0110:begin M <= 'h00E56044;LEDC <= 7'b0111111;LEDB <= 7'b0000111;LEDA <= 7'b0111111;end
  4'b0111:begin M <= 'h010624E0;LEDC <= 7'b0111111;LEDB <= 7'b1111111;LEDA <= 7'b0111111;end
  4'b1000:begin M <= 'h0126197C;LEDC <= 7'b0111111;LEDB <= 7'b1101111;LEDA <= 7'b0111111;end
```

```
    default:begin M < = 'h0147AE18;LEDC < = 7'b0000110;LEDB < = 7'b0111111;LEDA < = 7'b0111111;end
    endcase
end
endmodule
```

5. 相位累加器

相位累加器由32位加法器与32位累加寄存器级联构成,对频率控制字进行累加运算,相位累加器输出的高8位作为波形存储器的地址。相位累加器的设计可以直接采用LPM宏单元库中的LPM_ADD_SUB宏单元,也可以用HDL语言自行设计。以下就是采用Verilog HDL语言实现的相位累加器源代码:

```
module PHASE_ACC(CLK,FREQIN,ROMADDR);
input CLK;
input [31:0] FREQIN;
output [7:0] ROMADDR;
wire [7:0] ROMADDR;
reg [31:0] ACC;
always@(posedge CLK)
begin
   ACC < = ACC + FREQIN;
end
assign ROMADDR = ACC[31:24];
endmodule
```

语句 ACC<=ACC+FREQIN 实现频率字累加功能,并且因为要在下一时钟到来时才能进行下一次累加,所以也同时实现了累加寄存器功能。最后语句 ROMADDR=ACC[31:24]实现相位截断的功能,截取了32位相位地址码的高8位。

4.3.4　QuartusⅡ13.0的操作流程

信号发生器的设计流程中采用"自顶向下"的设计方法,即先根据题目要求设计顶层原理图,然后设计底层模块。QuartusⅡ操作流程刚好反过来,需要先建立底层模块,再完成顶层原理图。因为先要将底层模块的 Verilog HDL 代码通过编译生成对应的逻辑符号,才能为顶层原理图所调用。信号发生器的 QuartusⅡ软件操作流程可分解为以下步骤:

(1) 建立设计项目;

(2) 底层模块输入(文本输入);

(3) 底层模块的编译和符号生成;

(4) 底层模块仿真;

(5) 顶层设计的输入(原理图输入);

(6) 顶层设计的编译;

(7) 引脚锁定和编程下载;

（8）硬件电路测试。

信号发生器设计工程包含多个底层模块,其结构框图如图 4.3-7 所示。从图 4.3-7 可知,信号发生器的顶层设计采用原理图描述,底层设计采用 HDL 语言描述,这是数字系统采用"自顶向下"设计方法时最常用的描述方法。

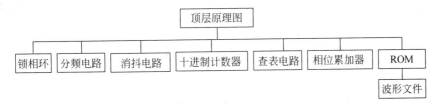

图 4.3-7　信号发生器结构框图

每个模块的文件说明如表 4.3-2 所示。

表 **4.3-2**　**信号发生器每个模块文件说明表**

模　块　名	文　件　名	生　成　方　法
波形数据表	ROM. v	用 Quartus Ⅱ 中的 MegaWizard Plug-In Manager 工具创建
锁相环	PLL. v	
分频电路	FREDIV64. v	采用 Quartus Ⅱ 文本输入法
消抖电路	DEBOUNCER. v	
十进制计数器	CNT10. v	
查表电路	TABLE. v	
相位累加器	PHASE_ACC. v	
波形数据文件	afgdata. hex	采用相关软件自行生成
顶层原理图	Signal. bdf	采用 Quartus Ⅱ 图形输入法

Quartus Ⅱ软件的详细操作步骤介绍如下。

1）建立设计工程

Quartus Ⅱ软件对任何一个设计都视作一项工程（Project）。在设计输入之前,必须为工程建立一个文件夹,此文件夹将被 Quartus Ⅱ 软件默认为工作库（Work Library）。文件夹不能用中文字符命名,也不要有空格,只能用英文字母和数字命名,长度最好控制在 8 个字符之内。针对信号发生器的工程,文件夹建好以后,将预先生成的波形数据文件"afgdata. hex"存入该文件夹。波形数据文件通常采用.hex 格式,可以用单片机编译器产生,也可以用专门的软件工具产生。

打开 Quartus Ⅱ软件,选择 File→New Project Wizard 命令,在出现的对话框中单击 Next 按钮,进入如图 4.3-8 所示的新建工程对话框。图中第一栏指示工程文件夹名,输入路径为 E:/VerilogHDL/ESDM1B/signal。第二栏为工程名称,一般用顶层设计名作为工程名;第三栏为顶层设计的实体名。将工程名和顶层设计实体均命名为 signal。

图 4.3-8 所示的对话框设置完成后,单击 Next 按钮,出现一个将设计文件加入项目的对话框,由于还没有输入设计文件,直接单击 Next 按钮,出现如图 4.3-9 所示的选择目

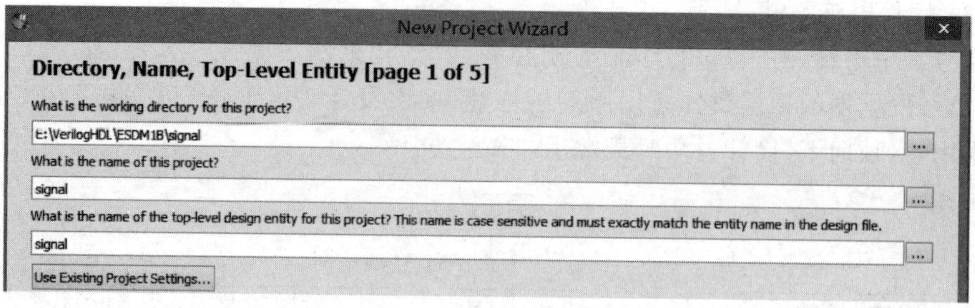

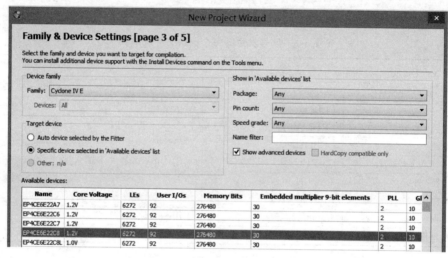

图 4.3-8　创建工程

标芯片对话框。首先在 Family 栏中选择 Cyclone Ⅳ E,然后在 Available devices 栏中选择 EP4CE6E22C8(注:目标芯片根据 FPGA 最小系统上 FPGA 芯片的型号来选取)。

图 4.3-9　选择 FPGA 芯片型号

选定目标器件后,单击 Next 按钮,出现用于选择仿真器和综合器类型的对话框。由于 Quartus Ⅱ 自带仿真器和综合器,不需要选择,直接单击 Finish 按钮完成该工程的设置。

2) 使用内部锁相环 PLL

选择 Tools→MegaWizard Plug-In Manager 命令,在弹出的窗口中选择 Create a new custom megafunction variation,打开如图 4.3-10 所示的对话框。选择左栏 I/O 项中的 ALTPLL,输入文件名 PLL.v。注意,由于在前面建立工程的时候,已经建立了工作文件夹和选择了器件,因此,在这一步操作中,工作文件夹和器件选择可省略。

单击 Next 按钮,进入如图 4.3-11 所示的设置锁相环输入时钟频率对话框。锁相环的输入时钟来自 FPGA 最小系统上的有源晶振,其频率为 25MHz,因此,设置输入参考时钟频率为 25MHz。

连续单击 Next 按钮,出现如图 4.3-12 所示用于设置 c_0 时钟的对话框。在信号发生器中,c_0 经过分频电路后作为按键消抖电路的时钟。将 c_0 的频率尽量设置得低一些,可

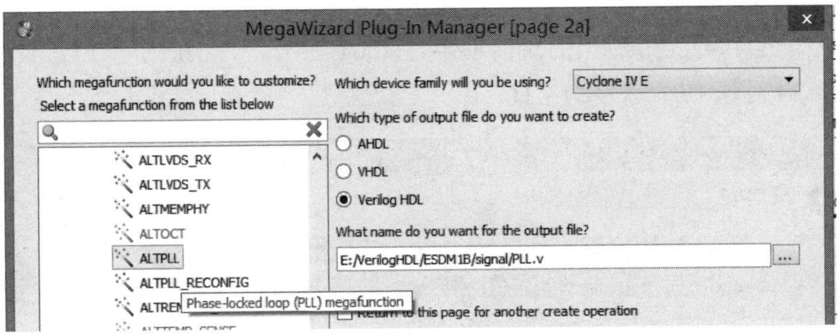

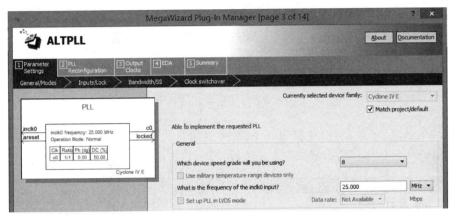

图 4.3-10　建立锁相环功能模块

图 4.3-11　设置锁相环输入时钟频率

以减少分频计数器的位数。在图 4.3-12 所示的对话框中,分频因子设为 400(最大值为512),倍频因子设为 1,时钟相移和时钟占空比采用默认值,得到输出时钟 c_0 的频率为62.5kHz。

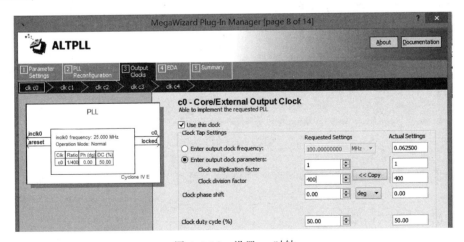

图 4.3-12　设置 c_0 时钟

单击 Next 按钮,出现如图 4.3-13 所示用于设置 c_1 时钟的对话框。c_1 是 DDS 系统的参考时钟。在图 4.3-13 所示的对话框中,选择 Use this Clock,分频因子设为 5,倍频因子设为 4,得到 c_1 的频率为 20MHz。

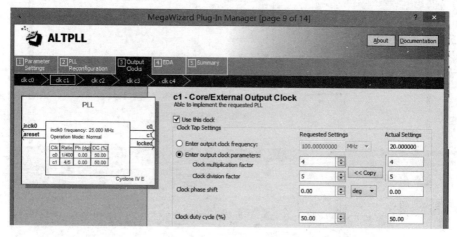

图 4.3-13　设置 c_1 时钟

连续单击 Next 按钮,出现如图 4.3-14 所示的对话框,对需要生成的文件打√。其中,PLL1.bsf 为锁相环的符号文件。完成设置后,单击 Finish 按钮即可。

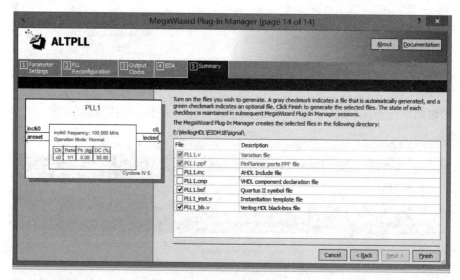

图 4.3-14　选择需要生成的文件

至此,PLL 的定制已经完成,工程文件夹中就可以找到 PLL 的符号了,如图 4.3-15 所示。

3) 使用嵌入式存储器

信号发生器需要使用 ROM 作为波形数据表,存放 1024 字节的波形数据(正弦波、三角波、方波、任意波各占 256 字节)。ROM 可以通过 FPGA 内部的嵌入式存储器定制,具

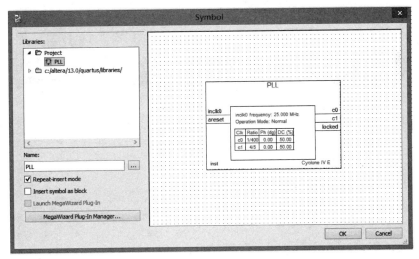

图 4.3-15   PLL 符号

体操作步骤说明如下。

选择 Tools→MegaWizard Plug-In Manager 命令,在出现的对话框中选择 Create a new custom megafunction variation,打开如图 4.3-16 所示的窗口。在左栏 Memory Compiler 项中选择 ROM:1-PORT,输入文件名 ROM. v。

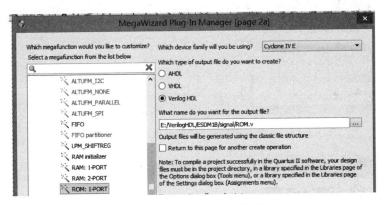

图 4.3-16   建立 ROM 功能模块

单击 Next 按钮,出现如图 4.3-17 所示的对话框,选择 ROM 的数据位宽和字数。

单击 Next 按钮,进入如图 4.3-18 所示的对话框,选择 ROM 数据输出端口是否需要寄存器,即同步输出还是异步输出(参考图 4.1-9(a)和(b))。对信号发生器来说,同步输出和异步输出均可,这里选择同步输出。

单击 Next 按钮,进入如图 4.3-19 所示的对话框。在图 4.3-19 所示的对话框中调入 ROM 初始化文件 afgdata. hex。

连续单击 Next 按钮,进入图 4.3-20 所示的对话框。在该对话框中,选择要生成的文件,单击 Finish 按钮,就定制成功单口 ROM 的元件了,如图 4.3-21 所示。

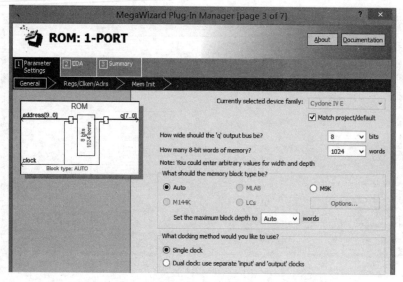

图 4.3-17　选择 ROM 模块的数据位宽和数据个数

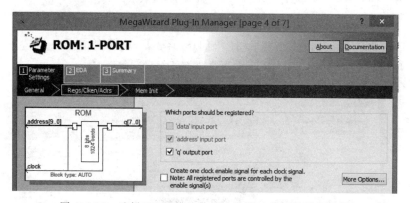

图 4.3-18　选择 ROM 模块数据输出端口是否需要寄存器

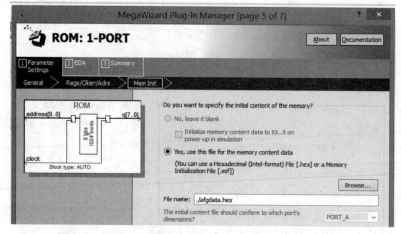

图 4.3-19　调入 ROM 初始化数据文件

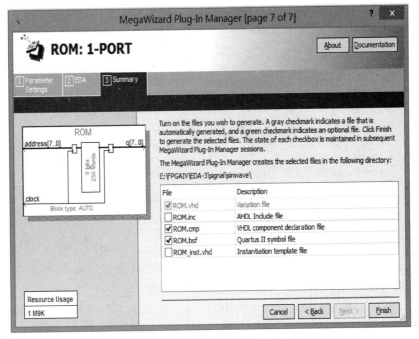

图 4.3-20 选择要生成的文件

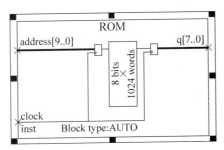

图 4.3-21 ROM 的符号

4）底层模块的 Verilog HDL 代码输入、编译、仿真、创建符号

除了锁相环和 ROM 模块之外，信号发生器的其他底层模块都采用 Verilog HDL 语言描述，需要通过 Quartus Ⅱ 的文本输入法输入，并经过编译、仿真、创建符号等步骤，最后才能被顶层原理图调用。由于各模块的操作方法完全相同，这里以分频电路为例介绍操作步骤。

选择 File→New→Design Files→Verilog HDL File 命令，在文本编辑窗中输入 FREDIV64 模块的 Verilog HDL 程序，如图 4.3-22 所示。选择 File→Save as 命令，将输入的文件保存到工作文件夹中，存盘文件名必须与 Verilog HDL 程序中的模块名一致，即 frediv64.v。

选择 Project→Set as top_Level_Entity 命令，将 frediv64.v 置为顶层文件，以便编译操作。

启动编译操作有两种方法，一种方法是通过选择 Processing→Start Compilation 命令；另一种方法是单击工具栏上的快捷方式按钮 ▶ 。编译过程中窗口会显示相关信

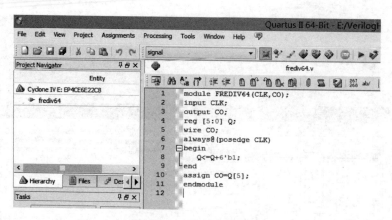

图 4.3-22　设计文件输入

息,如警告信息和错误信息,并以不同颜色显示。警告不影响编译通过,但是错误将阻止编译通过,必须排查源代码中的错误并进行修改。通过双击错误信息条文,会在弹出的 Verilog HDL 文件中,光标指到出现错误的语句。需要指出的是,有时光标指示的语句本身没有错误,而是其他语句出现了错误。修改错误以后再进行编译,直至所有错误都排除。

　　工程编译通过以后,只能说明 frediv64.vhd 没有语法错误。还需要对其功能进行仿真,从仿真结果判断电路是否符合设计要求。选择 File→New→University Program VWF 命令,打开波形编辑器,如图 4.3-23 所示。

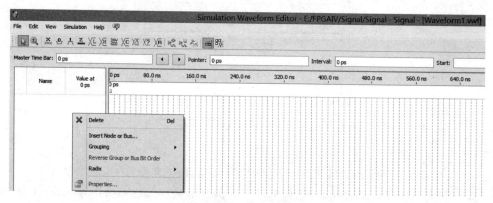

图 4.3-23　波形编辑器

　　在波形编辑器中加入信号节点。在图 4.3-23 所示界面左边的空白处右击,选择 Insert Node or Bus,再单击 Node Finder...,弹出如图 4.3-24 所示的对话框。在图 4.3-24 所示的对话框中,单击 List 按钮,在 Nodes Found 窗口中列出了分频电路的所有输入输出信号节点。通过图中"≫"按钮将所有信号节点送到右侧的窗口。单击 OK 按钮后进入如图 4.3-25 所示的波形编辑器窗口。

　　输入信号赋值。输入信号的赋值应根据仿真电路的逻辑功能,其原则是能将仿真对象的所有功能体现出来。输入信号的赋值方法是:对非周期的单信号赋值时,可用鼠标拖动选定区域,利用置 0 和置 1 等按钮工具将所选区域置成低电平或高电平;对总线信号

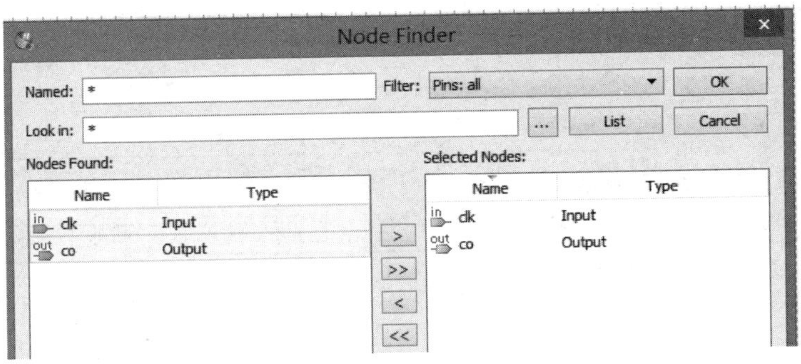

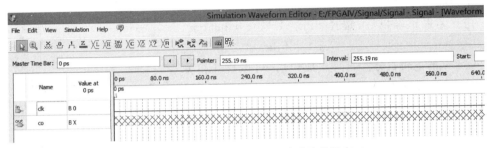

图 4.3-24　选择信号节点对话框

图 4.3-25　加入信号节点后的波形编辑器窗口

赋值,可利用专用的总线赋值按钮来完成;对周期性的信号,应选择专门的时钟设置按钮。

对于分频电路,输入只有一个时钟信号,单击图 4.3-25 中 Name 下面的信号名 clk,使之变成蓝色条。单击左侧工具栏上的功能按钮 XC,在打开的窗口中,直接单击 OK 按钮即可。如图 4.3-26 所示为完成 clk 信号赋值后得到的界面。

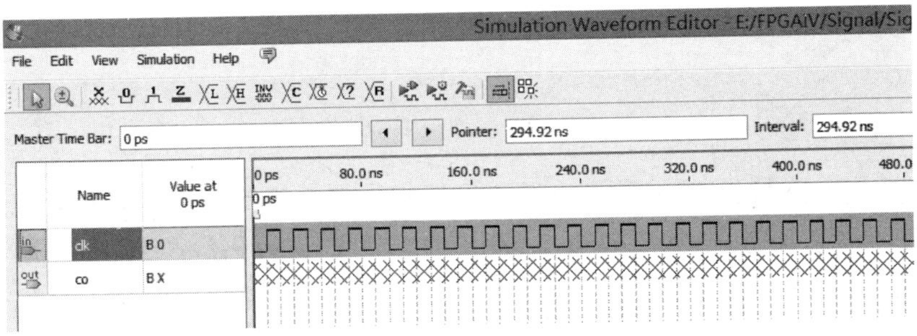

图 4.3-26　输入信号完成赋值后的界面

波形文件存盘。选择 File→Save 命令,以 frediv64.vwf 为文件名将波形文件存入工作文件夹中。

通过 Simulation→Options 选择仿真工具。有两种选择,一种是选择 Modelsim,一种是选择 Quartus Ⅱ simulator,这里选择后者。选择 Simulation→Run Functional Simulation 命令,或者直接单击工具栏上的快捷方式功能仿真按钮 。仿真结果如图 4.3-27 所示。从仿真结果可以看到,分频电路的功能与设计要求一致。

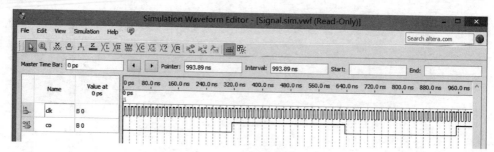

图 4.3-27　分频电路仿真结果

如果仿真结果不符合要求,就需要检查 frediv64.v,排除错误后再重复步骤 4)。

仿真结果正确以后,选择 File→Create/Update→Create Symbol Files for Curent File 命令,生成 frediv64.v 的逻辑符号。符号生成以后,可以打开相关符号文件(后缀为.bsf),如图 4.3-28 所示。在输入顶层设计原理图时,可以直接调用底层模块逻辑符号。

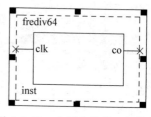

图 4.3-28　分频电路的逻辑符号

5) 顶层原理图的输入、编译

选择 File→New→Design Files→Block Diagram/Schematic File 命令,打开空白的原理图编辑器,如图 4.3-29 所示。

图 4.3-29　原理图编辑器界面

单击菜单栏 ⅅ 按钮,或者通过鼠标双击原理图编辑界面的空白处打开元件库。在弹出的元器件选择页面中,列出了 Quartus Ⅱ 的自建元件库(Project)和自带元件库(c:/altera/13.1/quartus/libraries),如图 4.3-30 所示。自建元件库包括前面操作过程生成的各底层模块元件,自带元件库包含基本元件库(primitives)、宏功能库(megafunctions)和其他元件库(others)。

参照图 4.3-5 所示的信号发生器原理框图,从自建元件库 Project 中可以找到底层模块元件的符号,从自带元件库中的 primitives→pin 中可以找到输入和输出引脚符号。选中相应元件,单击对话框中的 OK 按钮,元件就出现在原理图编辑器窗口。将全部电路元件调入原理图编辑器窗口。通过移动(用鼠标选中元件,按住鼠标左键拖动即可)和旋转(用鼠标选中元件,按住鼠标右键,执行相应命令即可)将元件排列整齐。信号的流向遵循从左到右或从下到上的原则。给输入和输出引脚命名,方法是双击引脚的命名区,

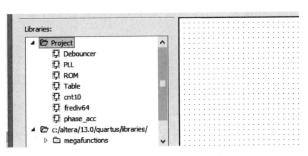

图 4.3-30　QuartusⅡ元件库

变成黑色后输入引脚名即可。各元件之间添加连线：方法一是将鼠标移到元件引脚附近,等鼠标光标由箭头变为十字图标,按住鼠标左键拖动即可画出连线。方法二是先在需要连接的引脚画一段线,然后对这段线命名(直接通过键盘输入名称即可)。如果两段线的名称相同,则表示这两段线连在一起。完成连线以后的信号发生器原理图如图 4.3-31 所示。在图 4.3-31 中,SW0 和 SW1 引脚上的连线分别命名为 ROMA[8]和 ROMA[9],波形数据存储器 ROM 地址线命名为 ROMA[9..0],表示 SW0 和 SW1 分别与 ROM 地址线的高两位连接。

　　ROM 的地址输入和数据输出都要经过寄存器输入和输出,所以工作时需要一个同步时钟。在图 4.3-31 所示的原理图中,CLK2 作为 ROM 的同步时钟,所以,ROM 的数据输出与 CLK2 同步。DAC 在时钟信号的上升沿接收数据,为了满足建立时间和保持时间,CLK2 反相后作为 DAC 的时钟信号。

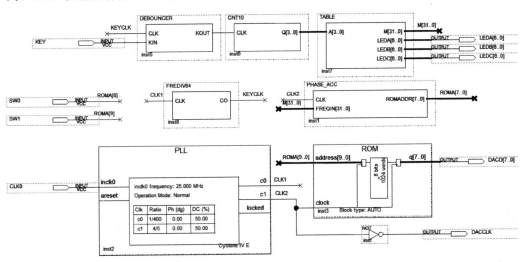

图 4.3-31　顶层原理图

　　6）引脚锁定及下载

　　所谓引脚锁定,就是将信号发生器的输入输出信号依次锁定到 FPGA 的 I/O 引脚。引脚锁定时,需要根据 FPGA 与外围元件的硬件连接图来确定引脚号。

　　选择 Assignments→Pin 命令,打开引脚锁定窗口,如图 4.3-32 所示。用鼠标双击

Location 栏中的空白处,在出现的下拉栏中输入引脚号,并按回车键。引脚锁定完成后,需要对设计重新编译一次。

Node Name	Direction	Location	I/O Bank	VREF Group	Fitter Location	I/O Standard	Reserved
DACCLK	Output	PIN_86	5	B5_N0	PIN_86	2.5 V (default)	
DACD[7]	Output	PIN_85	5	B5_N0	PIN_85	2.5 V (default)	
DACD[6]	Output	PIN_84	5	B5_N0	PIN_84	2.5 V (default)	
DACD[5]	Output	PIN_83	5	B5_N0	PIN_83	2.5 V (default)	
DACD[4]	Output	PIN_80	5	B5_N0	PIN_80	2.5 V (default)	
DACD[3]	Output	PIN_77	5	B5_N0	PIN_77	2.5 V (default)	
DACD[2]	Output	PIN_76	5	B5_N0	PIN_76	2.5 V (default)	
DACD[1]	Output	PIN_75	5	B5_N0	PIN_75	2.5 V (default)	
DACD[0]	Output	PIN_74	5	B5_N0	PIN_74	2.5 V (default)	

图 4.3-32　引脚锁定窗口

用 USB-blaste 下载电缆将计算机与 FPGA 最小系统板 JTAG 口连接,选择 Tool→Programmer 命令或直接单击工具栏上的快捷按钮 ⬙,进入如图 4.3-33 所示的下载和编程窗口。

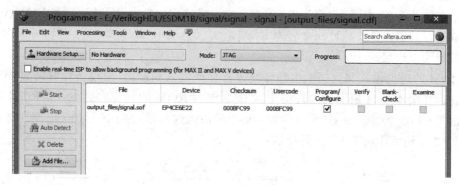

图 4.3-33　下载和编程窗口

在图 4.3-33 所示的编程窗口中单击左上方的 Hardware Setup 按钮,在打开的窗口中选择 USB-Blaster。在编程模式 Mode 中选择 JTAG,并用鼠标选中 Program/Configure 下方的小方框。如果文件没有出现,单击左侧的 Add File 按钮,找到要下载的文件 Signal.sof。单击 Start 按钮,即开始下载操作,当 Progress 显示 100% 时,下载结束。

用示波器观察 DAC 的输出波形,实测波形如图 4.3-34 所示。

4.3.5　SignalTap Ⅱ 调试工具的使用

图 4.3-34 所示的信号是用示波器观察得到的。如果手头没有示波器或者要观察的信号数量很多(如总线信号),超过了示波器的通道数,可以使用 Quartus Ⅱ 自带的 SignlTap Ⅱ 工具。先用下载电缆将计算机与 FPGA 的 JTAG 口连接,然后按以下步骤操作。

1) 创建 STP 文件

选择 Tools→SignalTap Ⅱ Analyzer 命令,进入图 4.3-35 所示的 SignalTap Ⅱ 编辑窗口。单击上排的 Instance 栏内的 aut0_signaltap_0(默认文件名),将名称改为自己定义的名字 SIGNALTEST。

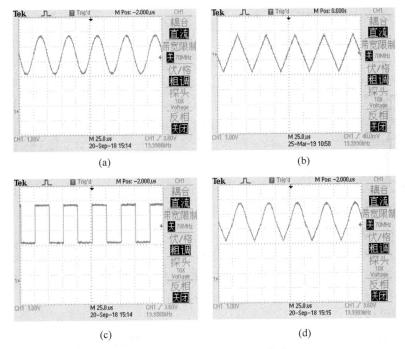

图 4.3-34　信号发生器实测波形

（a）正弦波；（b）三角波；（c）方波；（d）任意波

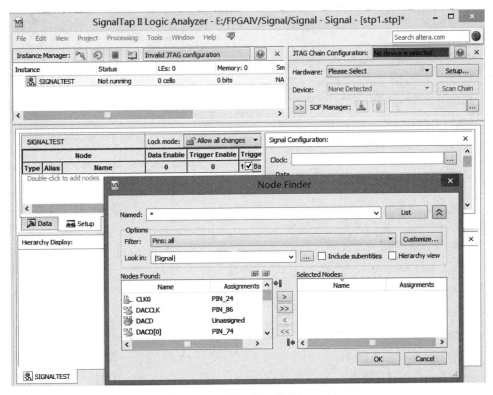

图 4.3-35　SignalTap Ⅱ 编辑窗口

2）在 Instance 中添加观测节点（node）

为了输入待测信号名，在 SINALTEST 栏下的空白处双击，即弹出 Node Finder 窗口，在 Filter 栏选择 Pins：all，单击 List 按钮，即出现与此工程相关的所有信号。假设需要观察 ROM 的输出信号，则选择 DACD[7..0]，单击 OK 按钮后即可将这些信号调入 SignalTap II 信号观察窗口，如图 4.3-35 所示。注意，不要将工程的 DACCLK 调入观察窗口，因为在本项设计中，打算使用 DACCLK 兼作逻辑分析仪的采样时钟，而采样时钟信号是不允许进入此窗口的。

如果有总线信号，只需调入总线信号名即可。调入信号的数量应根据实际需要来决定，不可随意调入没有意义的信号，否则，会导致 SignalTap II 占用过多的 FPGA 内部 RAM 资源。

3）SignalTap II 参数设置

首先输入逻辑分析仪的工作时钟信号 Clock。单击 Clock 栏右侧的…按钮，即出现 Node Finder 窗口，这里选择项目中的 DACCLK 作为逻辑分析仪的采样时钟。接着在 Data 框的 Sample Depth 栏选择采样深度为 4K 位。如图 4.3-36 所示。

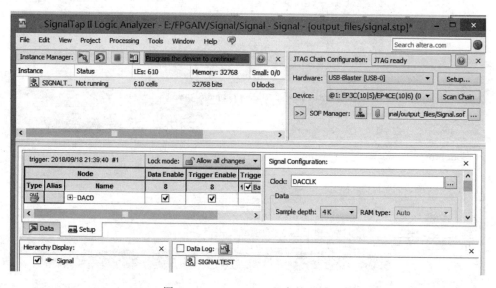

图 4.3-36　SignalTap II 参数设置

4）文件存盘与相关设置

选择 File→Save as 命令，输入 SignalTap II 文件名为 signal. stp。单击"保存"按钮后，将出现提示："Do you want to enable SignalTap II"，单击"是"按钮，表示再次编译时，将此 SignalTap II 文件与工程 signal 一起综合。

5）编程下载

选择 Processing→Start Compilation 命令，启动全程编译。单击图 4.3-37 所示 (Program Device)图标下载。下载完成后，就处于等待采集数据的状态。

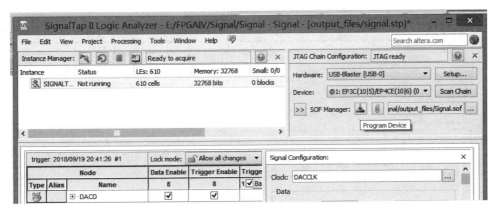

图 4.3-37　下载编译后的文件

6）启动 SignalTapⅡ进行采样分析

在图 4.3-37 所示的界面中，单击 Instance 名 SIGNALTEST，再选择 Processing 菜单中的 Autorun Analysis 菜单，启动 SignalTapⅡ的连续采样，如图 4.3-38 所示。

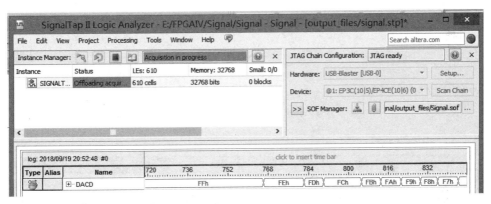

图 4.3-38　ROM 输出的数据

如果希望能观察到类似模拟波形的数字信号波形，可以右击所要观察的总线名 DACD，在弹出的菜单中选择总线显示模式 Bus Display Format 为 Unsigned Line Chart，即可获得如图 4.3-39 所示的模拟信号波形。

当利用 SignalTapⅡ将芯片中的信号全部测试结束后，不要忘记将 SignalTapⅡ的部分从设计中去除。方法是在如图 4.3-40 所示的对话框中取消 Enable SignalTap Ⅱ Logic Analyzer 复选框，再编译下载一次就可以了。

4.3.6　JTAG 间接模式编程配置器件

在 4.2.1 节中提到，FPGA 调试成功需要脱机运行时，可以通过 JTAG 间接配置模式将编程数据写入 EPCS4。具体操作步骤如下。

将 SOF 文件转化为 JTAG 间接配置文件。

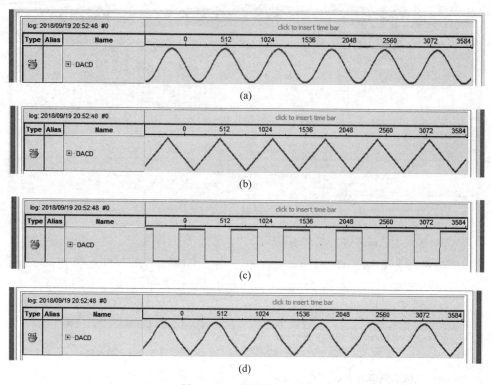

图 4.3-39　模拟信号波形

（a）正弦波；（b）三角波；（c）方波；（d）任意波

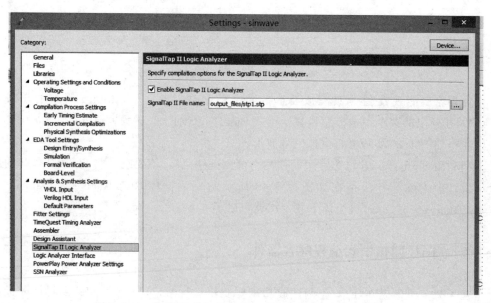

图 4.3-40　取消 Enable SignalTap Ⅱ Logic Analyzer 复选框

选择 File→Convert Programing Files 命令,出现如图 4.3-41 所示的对话框。

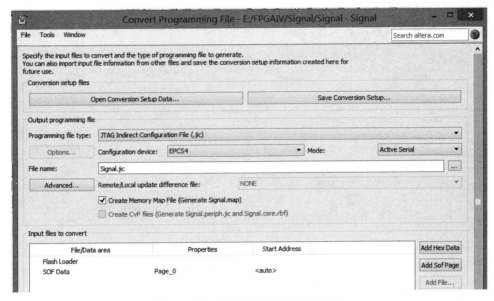

图 4.3-41　设定 JTAG 间接编程文件

首先在 Programing file type 下拉列表框中选择输出文件类型为 JTAG 间接配置文件类型: JTAG Indirect Configuration File(. jic),然后在 Configuration device 下拉列表中选择配置器件型号: EPCS4,再在 File name 文本框中输入输出文件名: Signal. jic。

选择 Input file to convert 栏中的 Flash Loader,再单击此栏右侧的 Add Device 按钮,在如图 4.3-42 所示的弹出的 Select Devices 器件选择窗的左栏中选定目标器件的系列: Cyclone Ⅳ E,再在右栏中选择具体器件: EP4CE6。

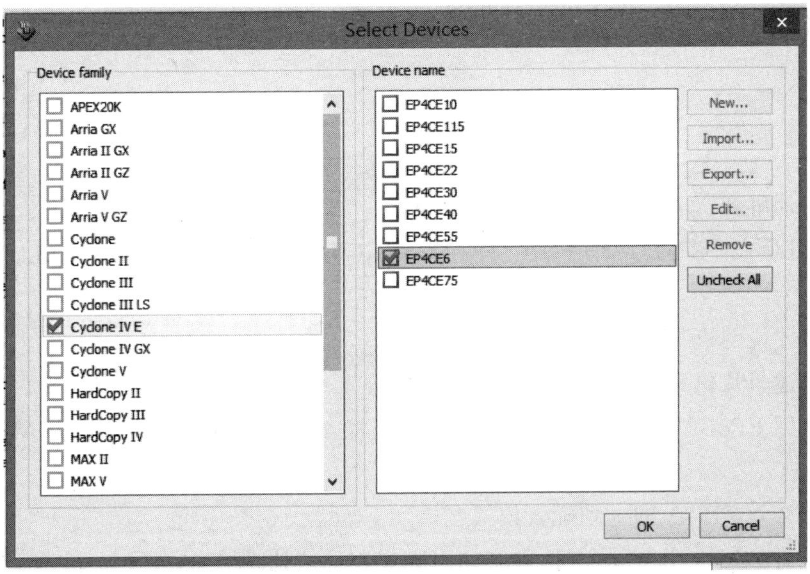

图 4.3-42　选择目标器件 EP4CE6

选中 Input files to convert 栏中的 SOF Data 项,然后单击此栏右侧的 Add File 按钮,选择 SOF 文件 Signal. sof,如图 4.3-43 所示。单击对话框下方的 Generate 按钮,即生成所需要的间接编程配置文件。

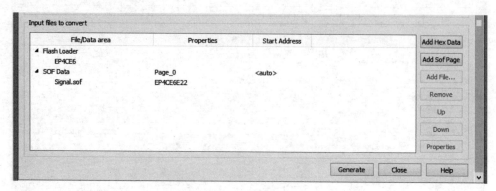

图 4.3-43　选择 SOF 文件

下载 JTAG 间接配置文件。选择 Tool→Programmer 命令,选择 JTAG 模式,加入 JTAG 间接配置文件 Signal. jic,如图 4.3-44 所示。单击 Start 按钮后进行编程下载。JTAG 间接配置需要花费几秒的时间。

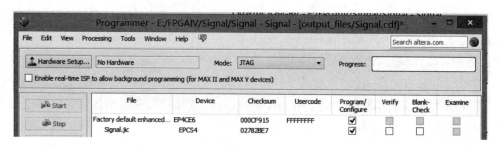

图 4.3-44　用 JTAG 模式对配置器件 EPCS4 进行间接编程

思考题

1. 名词解释

(1) PLD (2) CPLD (3) FPGA (4) LE (5) LUT (6) M9K (7) EAB (8) PLL (9) JTAG (10) HDL

2. 简要说明查找表的结构和原理。

3. 简述单片机和 FPGA 在电子系统中的分工。

4. 利用 EP4CE6E22 内部的锁相环,能否将 200kHz 的方波倍频到 1MHz? 说明理由。

5. 什么是 FPGA 的主动配置模式?

6. 在对 FPGA 引脚锁定时,多余的引脚应该如何处理?

7. 参考图 4.3-5,如果只需要通过按键 KEY0 产生频率从 10kHz、20kHz、30kHz、…、100kHz 循环变化的方波信号,原理框图应如何修改?

8. 某正弦信号发生器的原理框图如图 T4-1 所示,请写出每个功能框的名称。

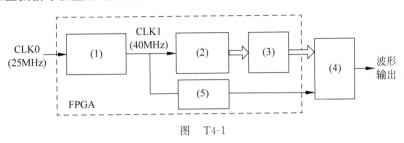

图 T4-1

设计训练题

设计题一　时钟信号产生电路

时钟信号产生电路设计,如图 P4-1 所示。假设 FPGA 外部输入的参考时钟为 25MHz,利用内部 PLL 和分频电路产生 2MHz 和 50kHz 的时钟信号,要求时钟信号的占空比为 50%,并从 I/O 引脚输出。

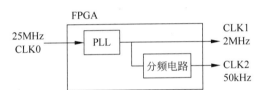

图 P4-1　时钟信号产生电路原理框图

设计题二　倍频电路设计

倍频电路设计如图 P4-2 所示。先将 V_{PP} 为 $0.1 \sim 5V$、f_{IN} 为 $150 \sim 200kHz$ 正弦信号转化为同频率的方波信号,再通过锁相环 74HC4046 倍频 128 倍。用示波器观察 VCOO 输出波形,能否稳定显示。

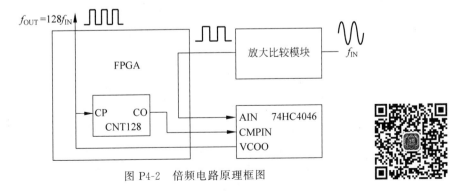

图 P4-2　倍频电路原理框图

设计题三　*m* 序列发生器

m 序列发生器的反馈特征多项式(本原多项式)为 $f(x)=x^8+x^4+x^3+x^2+x^1$,其序列输出信号及外输入 CLK 信号均为 TTL 电平。示意图如图 P4-3 所示。

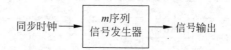

图 P4-3　*m* 序列信号发生器示意图

第5章

STM32F407单片机的基本原理

5.1 概述

STM32F4 系列单片机是 ST(STMicroelectronics,意法半导体)公司于 2011 年推出的基于 ARM 内核 Cortex-M4 的 32 位微控制器。Cortex-M4 内核是为低功耗和价格敏感的应用而专门设计的,具有突出的性价比和处理速度。STM32F4 系列单片机又分为STM32F40x、STM32F41x、STM32F42x 和 STM32F40x 等几个系列,数十个产品型号。不同型号单片机在软件和引脚方面具有良好的兼容性。本书选用的单片机型号为STM32F40x 系列的 STM32F407VET6(以下简称 STM32F407 单片机),TQFP100 封装。STM32F407 单片机的简化框图如图 5.1-1 所示,其主要片内资源及特点有:

(1) 采用先进的 Cortex-M4 内核。带 32 位单精度硬件 FPU(Floating Point Uint)。支持浮点指令集,支持 DSP 指令,可实现高效的信号处理和复杂的算法。

(2) 内含自适应实时存储器加速器(ART 加速器)。ART 加速器通过预取指令和分支缓存,在运行频率达到 168MHz 时,CPU 无须等待闪存,提高了系统的总体速度和能效。

(3) 丰富的资源。片内含有 192KB SRAM、512KB FlashROM、带摄像头接口(DCMI)、全速 USB OTG、真随机数发生器 RNG,3 个 12 位 ADC(2.4MSPS)、2 个 12 位DAC、12 个 16 位定时器、2 个 32 位定时器、DMA、3 个 I^2C、4 个 UART、3 个 SPI、2 个CAN、SDIO 接口、10/100M Ethernet MAC 等。

(4) 并行总线接口 FSMC。

(5) 时钟系统。包括 4～26MHz 外部晶体、16MHz 内部 RC 振荡器(1% 精度)、32kHz 内部低频振荡器、32kHz 外部晶体振荡器。

(6) 更低的功耗。功耗为 $238\mu A/MHz$。

从图 5.1-1 所示的框图可知,STM32F407 单片机内部有多条总线,不同的外设是挂在不同的总线上。在使用片内外设时,需要了解该外设与什么总线相连、总线的带宽等信息。单片机内部的几条主要总线说明如下:

(1) AHB1(Advanced High performance Bus)总线,频率可达 168MHz。主要用于连接 GPIO 端口以及两个 AHB/APB 桥。其中两个 AHB/APB 桥与两个 DMA 控制器单独开辟了用于 DMA 传输的总线,从而大大减少了 AHB1 总线的负担。

(2) AHB2 总线。主要用于连接随机数生成器 RNG、摄像头接口和全速 USB-OTG单元。因为在图像应用中摄像头接口数据量太大,单独开辟总线避免和其他设备争总线造成系统反应缓慢。

(3) AHB3 总线。只连接了 FSMC 单元,FSMC 单元用于外扩存储器(包括 ROM、SRAM 和 SDRAM 等),FSMC 单元使用独立总线可获得快速的存取响应。

(4) APB1(Advanced Peripheral Bus)总线。最高时钟频率为 42MHz,用于连接I^2C、SPI2、DAC、定时器 2～7、定时器 12～14 等片内外设。

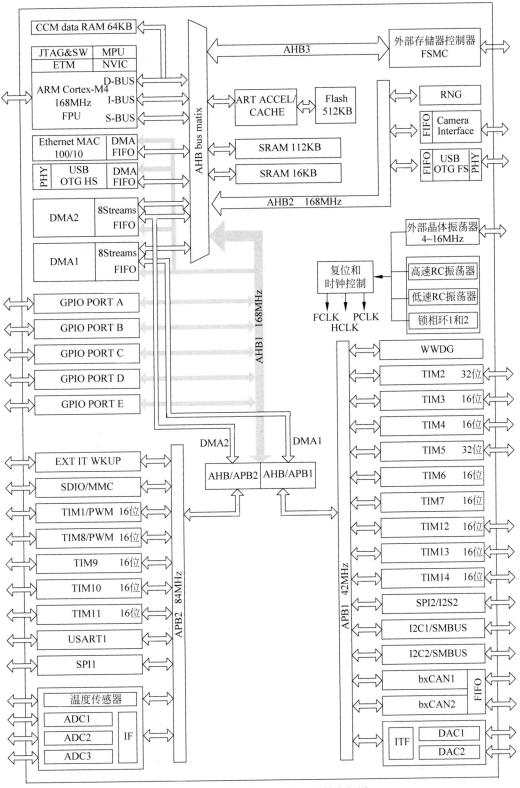

图 5.1-1　STM32F407 单片机的简化框图

（5）APB2（Advanced Peripheral Bus）总线。最高时钟频率为 84MHz，用于连接 SPI1、USART、ADC、定时器 1、定时器 8～11 等片内外设。

以下为了叙述方便，将单片机内部除 Cortex-M4 内核外的部件均称为片内外设，通过单片机并行总线和串行总线扩展的外部器件称为片外外设。

5.2 时钟系统

STM32F407 单片机为了实现低功耗，设计了一个功能完善却非常复杂的时钟系统，其内部时钟树和时钟源如图 5.2-1 所示。

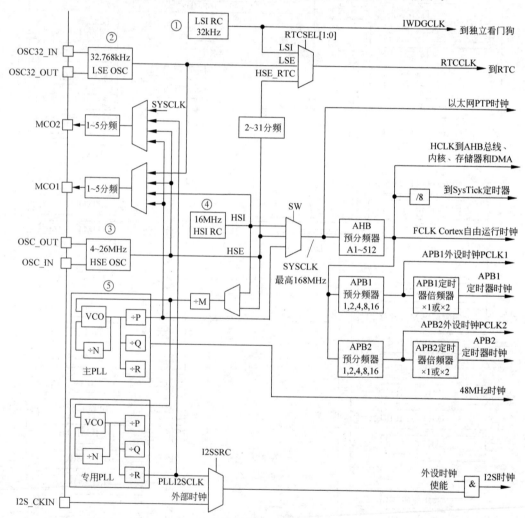

图 5.2-1　STM32F407 单片机的时钟树和时钟源

在 STM32F407 单片机中，有以下 5 个时钟源：

（1）低速内部时钟 LSI，频率为 32kHz 左右，由 RC 振荡器产生，用于独立看门狗和自动唤醒单元的时钟源。

（2）低速外部时钟 LSE，频率为 32.768kHz，由石英晶体振荡器产生，主要用于 RTC 的时钟源。

（3）高速外部时钟 HSE，频率范围为 4～26MHz。通常由石英晶体振荡器产生，或者直接由外部时钟源提供。可以直接作为系统时钟或者作为 PLL 输入。

（4）高速内部时钟 HSI，频率为 16MHz，由 RC 振荡器产生。经过工厂校准，RC 振荡器的频率精度可以在整个温度范围内达到 1%，可以直接作为系统时钟或者作为 PLL 输入。

（5）锁相环 PLL。STM32F407 单片机有主 PLL 和专用 PLL 两个锁相环。主 PLL 由 HSE 或 HSI 提供时钟信号，并具有两个不同的时钟输出。第一个输出 PLLP 用于生成频率高达 168MHz 的系统时钟；第二个输出 PLLQ 用于生成频率为 48MHz 的 USB OTG 时钟、随机数发生器时钟和 SDIO 时钟。专用 PLL 为 I2S 接口提供精确时钟，以实现高品质音频性能。

AHB、APB2 和 APB1 的总线时钟由系统时钟 SYSCLK 分频得到。因此，SYSCLK 是单片机内部最重要的时钟。从图 5.2-1 可以看到，SYSCLK 来自 3 个时钟源之一：HSI、HSE 和 PLLP。因为 HSI、HSE 的频率比较低，因此在实际应用中，通常采用 PLLP 作为 SYSCLK 的时钟源，以使 STM32F407 单片机获得较高的时钟频率。

从图 5.2-1 可以看到，主 PLL 的时钟源（HSE 或 HSI）要经过一个分频系数为 M 的分频器，然后经过倍频系数为 N 的倍频器，再经过一个分频系数为 P 的分频器，才产生最终的 PLLP 时钟。

假设单片机选择 12MHz 的 HSE 为 PLL 的时钟源，同时设置分频系数 M 为 12，倍频系数 N 为 336，分频系数 P 为 2，那么主 PLL 输出的 PLLP 的频率为

$$\text{PLLP 的频率} = 12\text{MHz} \times N/(M \times P) = 12 \times 336/(12 \times 2) = 168(\text{MHz}) \quad (5.2\text{-}1)$$

将外部晶体振荡器、锁相环、分频电路合在一起，STM32F407 单片机的时钟系统原理图如图 5.2-2 所示。

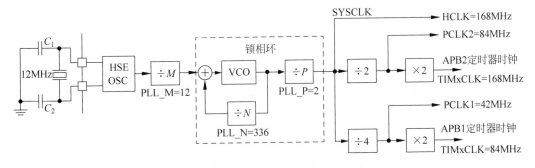

图 5.2-2　STM32F407 单片机时钟系统原理图

图 5.2-2 中有两个 ×2 的倍频器，其输出是专门给定时器提供时钟的。这两个倍频器只有当前面预分频器分频系数不为 1 时才起作用。设置这个倍频器的目的，在其他外设使用较低时钟频率时，定时器仍能得到较高的时钟频率。从图中可知，AHB 总线时钟

HCLK 频率为 168MHz；APB1 总线时钟 PCLK1 频率为 42MHz；APB2 总线时钟 PCLK2 频率为 84MHz；APB1 定时器时钟频率为 84MHz；APB2 定时器时钟频率为 168MHz。STM32F407 单片机的重要特点是所有的片内外设都需要工作时钟,因此,了解片内外设使用什么时钟以及时钟的频率是正确使用片内外设的首要任务。

需要指出的是,STM32F407 单片机允许的最高系统时钟频率为 168MHz,如果与单片机连接的片外外设速度较慢,则需要降低系统时钟频率。根据式(5.2-1),可以修改分频系数或者倍频系数来降低系统时钟频率,如可以通过减小倍频系数 N 的值来降低系统时钟频率。

STM32F407 单片机的时钟系统初始化是在 system_stm32f4××.c 中的 SystemInit() 函数中完成的。SystemInit() 函数的主要功能是启动 HSI 时钟、选择 HSI 作为系统时钟、调用 SetSysClock() 函数来完成系统时钟关键寄存器的设置。相关代码如下：

```
void SystemInit(void)
{
  …
  RCC -> CR |= (uint32_t)0x00000001;        //HSION 位置 1
  RCC -> CFGR = 0x00000000;                 //复位 CFGR 寄存器
  RCC -> CR &= (uint32_t)0xFEF6FFFF;        //复位 HSEON、CSSON 和 PLLON 位
  RCC -> PLLCFGR = 0x24003010;              //复位 PLLCFGR 寄存器
  RCC -> CR &= (uint32_t)0xFFFBFFFF;        //复位 HSEBYP 位
  RCC -> CIR = 0x00000000;                  //禁止所有中断
  …
  SetSysClock();                            //调用 SetSysClock()函数
  …
}
```

SetSysClock() 函数主要功能是使能外部时钟 HSE,等待 HSE 就绪,配置 AHB、APB1、APB2 时钟相关的分频因子,打开主 PLL 时钟,然后设置主 PLL 作为系统时钟 SYSCLK 时钟源。如果 HSE 不能达到就绪状态(例如外部晶振不能稳定或者没有外部晶振),那么依然将 HSI 作为系统时钟。SetSysClock() 函数相关代码如下：

```
static void SetSysClock(void)
{
  __IO uint32_t StartUpCounter = 0, HSEStatus = 0;
  RCC -> CR |= ((uint32_t)RCC_CR_HSEON);    //使能 HSE
  do                                        //等待 HSE 工作稳定,如超时则退出
  {
    HSEStatus = RCC -> CR & RCC_CR_HSERDY;
    StartUpCounter++;
  } while((HSEStatus == 0) && (StartUpCounter != HSE_STARTUP_TIMEOUT));
  if ((RCC -> CR & RCC_CR_HSERDY) != RESET)
  {
    HSEStatus = (uint32_t)0x01;
  }
  else
```

```
    {
      HSEStatus = (uint32_t)0x00;
    }
    if (HSEStatus == (uint32_t)0x01)
    {
      RCC->APB1ENR |= RCC_APB1ENR_PWREN;
      PWR->CR |= PWR_CR_VOS;
      RCC->CFGR |= RCC_CFGR_HPRE_DIV1;              //HCLK = SYSCLK / 1
      RCC->CFGR |= RCC_CFGR_PPRE2_DIV2;             //PCLK2 = HCLK / 2
      RCC->CFGR |= RCC_CFGR_PPRE1_DIV4;             //PCLK1 = HCLK / 4
      RCC->PLLCFGR = PLL_M | (PLL_N << 6) | (((PLL_P >> 1) - 1) << 16) |
          (RCC_PLLCFGR_PLLSRC_HSE) | (PLL_Q << 24);
      RCC->CR |= RCC_CR_PLLON;                      //使能主 PLL
      while((RCC->CR & RCC_CR_PLLRDY) == 0)         //等待主 PLL 工作稳定
      …
    }
  }
```

上述代码中用于设置主 PLL 时钟的频率的分频系数和倍频系数在 system_stm32f4 ××.c 文件开头的地方设置,如图 5.2-3 所示。

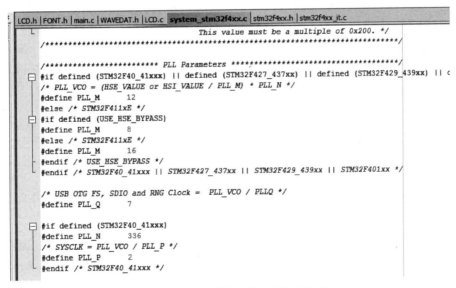

图 5.2-3 分频系数和倍频系数的设置

从图 5.2-3 所示的代码段可知: PLL_M=12,PLL_Q=7,PLL_N=336,PLL_P=2。如有必要,这些系数可以直接在 system_stm32f4××.c 源代码中修改。

除了上述分频和倍频系数之外,还要在 stm32f4××.h 中设置外部晶体振荡器的频率,如图 5.2-4 所示。这个频率按照所采用的晶体振荡器实际频率设置。这里设成 12MHz,是因为在第 6 章将要介绍的 STM32F407 单片机最小系统采用的晶体振荡器频率为 12MHz(参考原理图 6.2-2)。

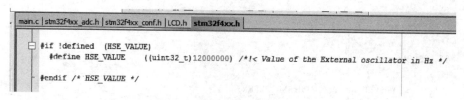

图 5.2-4　设置外部晶体振荡器频率

从上述时钟系统的初始化程序可知,由于 HSI 为 RC 振荡器,起振较快,所以在单片机刚上电的时候,默认使用 HSI。HSE 通常采用晶体振荡器,具有很高的精度和稳定性,单片机通过软件切换到 HSE。HSE 再经过 PLL 得到频率比较高的系统时钟。

5.3　通用输入/输出端口

1. GPIO 的基本结构

STM32F407 单片机有 A、B、C、D、E 总共 5 个 16 位通用 I/O 端口 (General-Purpose I/O port,GPIO)。I/O 端口的基本结构如图 5.3-1 所示。每个 I/O 端口含有两只保护二极管以及可选择上拉电阻和下拉电阻。图 5.3-1 的上半部分为输入通道,当 I/O 引脚用作数字输入引脚时,数字信号经过施密特触发器后存储在输入数据寄存器,施密特触发器用于输入信号的整形和抗干扰。当 I/O 引脚用作 ADC 的模拟输入引脚时,上拉电阻和下拉电阻断开,施密特触发器关闭,模拟信号直接送到 ADC。

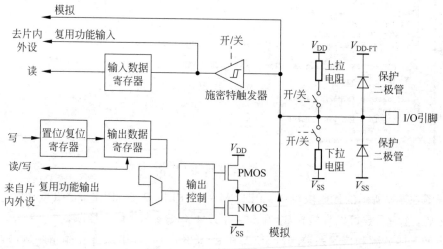

图 5.3-1　I/O 端口基本结构

图 5.3-1 的下半部分为输出通道。输出通道中包含了由 NMOS 管和 PMOS 构成的单元电路。通过输出控制,可以将单元电路设置成推拉输出、漏极开路(OD)输出和高阻

输出。当处于推拉式输出模式时,两只管子轮流导通。当处于漏极开路输出模式时, PMOS 管始终处于截止状态。当处于高阻输出时,两只管子都截止。在输出通道中,有两只寄存器:置位/复位寄存器、输出数据寄存器。使用置位/复位寄存器可以方便快速地实现对端口某些特定位的操作,而不影响其他位的状态。

2. GPIO 寄存器

STM32F407 单片机的 GPIO 有 4 个配置寄存器、两个数据寄存器、一个位控制寄存器、两个复用功能寄存器。分别说明如下。

1) GPIO 模式控制寄存器(GPIOx_MODER)(x=A..E)

复位值:端口 A 0xA800 0000;端口 B 0x0000 0280;其他端口 0x0000 0000

31	30	29	28	27	26	25	24	23	22	21	20	19	18	17	16
MODER15[1:0]		MODER14[1:0]		MODER13[1:0]		MODER12[1:0]		MODER11[1:0]		MODER10[1:0]		MODER9[1:0]		MODER8[1:0]	
rw	rw	rw	rw	rw	rw	rw	rw	rw	rw	rw	rw	rw	rw	rw	rw
15	14	13	12	11	10	9	8	7	6	5	4	3	2	1	0
MODER7[1:0]		MODER6[1:0]		MODER5[1:0]		MODER4[1:0]		MODER3[1:0]		MODER2[1:0]		MODER1[1:0]		MODER0[1:0]	
rw	rw	rw	rw	rw	rw	rw	rw	rw	rw	rw	rw	rw	rw	rw	rw

MODEy[1:0]:端口 x 配置位(y=0..15)

00:输入模式(复位状态)

01:输出模式

10:复用模式

11:模拟模式

2) GPIO 输出类型控制寄存器(GPIOx_OTYPER)(x=A..E)

复位值:0x0000 0000

31	30	29	28	27	26	25	24	23	22	21	20	19	18	17	16
Reserved															
15	14	13	12	11	10	9	8	7	6	5	4	3	2	1	0
OT15	OT14	OT13	OT12	OT11	OT10	OT9	OT8	OT7	OT6	OT5	OT4	OT3	OT2	OT1	OT0
rw	rw	rw	rw	rw	rw	rw	rw	rw	rw	rw	rw	rw	rw	rw	rw

位 31:16 保留,必须保持复位值

位 15:0 OTy

0:推拉式输出(复位状态)

1:开漏输出

该寄存器仅用于输出模式,在输入模式(MODER[1:0]=00/11 时)下不起作用。该寄存器低 16 位有效,每一个位控制一个 I/O 端口。

3) GPIO 输出速度控制寄存器(GPIOx_OSPEEDR)(x=A..E)

复位值:端口 B 0x0000 00C0;其他端口 0x0000 0000

31	30	29	28	27	26	25	24	23	22	21	20	19	18	17	16
OSPEEDR15[1:0]		OSPEEDR14[1:0]		OSPEEDR13[1:0]		OSPEEDR12[1:0]		OSPEEDR11[1:0]		OSPEEDR10[1:0]		OSPEEDR9[1:0]		OSPEEDR8[1:0]	
rw	rw	rw	rw	rw	rw	rw	rw	rw	rw	rw	rw	rw	rw	rw	rw
15	14	13	12	11	10	9	8	7	6	5	4	3	2	1	0
OSPEEDR7[1:0]		OSPEEDR6[1:0]		OSPEEDR5[1:0]		OSPEEDR4[1:0]		OSPEEDR3[1:0]		OSPEEDR2[1:0]		OSPEEDR1[1:0]		OSPEEDR0[1:0]	
rw	rw	rw	rw	rw	rw	rw	rw	rw	rw	rw	rw	rw	rw	rw	rw

OSPEEDRy[1:0]用于控制 I/O 输出速度。

00：2MHz 低速

01：25MHz 中速

10：50MHz 快速

11：100MHz 高速

该寄存器也仅用于输出模式,在输入模式(MODER[1:0]＝00/11 时)下不起作用。该寄存器每 2 个位控制一个 I/O 端口。

4) GPIO 上拉/下拉控制寄存器(GPIOx_PUPDR)(x＝A..E)

复位值：端口 A　0x6400 0000；端口 B　0x0000 0100；其他端口 0x0000 0000

31	30	29	28	27	26	25	24	23	22	21	20	19	18	17	16
PUPDR15[1:0]		PUPDR14[1:0]		PUPDR13[1:0]		PUPDR12[1:0]		PUPDR11[1:0]		PUPDR10[1:0]		PUPDR9[1:0]		PUPDR8[1:0]	
rw	rw	rw	rw	rw	rw	rw	rw	rw	rw	rw	rw	rw	rw	rw	rw
15	14	13	12	11	10	9	8	7	6	5	4	3	2	1	0
PUPDR7[1:0]		PUPDR6[1:0]		PUPDR5[1:0]		PUPDR4[1:0]		PUPDR3[1:0]		PUPDR2[1:0]		PUPDR1[1:0]		PUPDR0[1:0]	
rw	rw	rw	rw	rw	rw	rw	rw	rw	rw	rw	rw	rw	rw	rw	rw

PUPDRy[1:0]:端口 x 配置位(y＝0..15)

00：无上拉,无下拉

01：上拉

10：下拉

11：保留

通过以上几个特殊功能寄存器,STM32F407 单片机的 I/O 端口可以由软件配置成如下 8 种模式中的任何一种：输入浮空、输入上拉、输入下拉、模拟输入、开漏输出、推挽输出、推挽式复用功能、开漏式复用功能。

5) 端口输入寄存器(GPIOx_IDR)(x＝A..E)

复位值　0x0000 xxxx；

31	30	29	28	27	26	25	24	23	22	21	20	19	18	17	16
Reserved															
15	14	13	12	11	10	9	8	7	6	5	4	3	2	1	0
IDR15	IDR14	IDR13	IDR12	IDR11	IDR10	IDR9	IDR8	IDR7	IDR6	IDR5	IDR4	IDR3	IDR2	IDR1	IDR0
r	r	r	r	r	r	r	r	r	r	r	r	r	r	r	r

位 31：16 保留,始终读为 0

位 15：0 IDRy[15:0]：端口输入数据,这些位为只读并只能以字(16 位)的形式读出。读出的值为对应 I/O 端口的状态。

6) 端口输出寄存器(GPIOx_ODR)(x=A..E)

复位值 0x00000000;

31	30	29	28	27	26	25	24	23	22	21	20	19	18	17	16
							Reserved								
15	14	13	12	11	10	9	8	7	6	5	4	3	2	1	0
ODR15	ODR14	ODR13	ODR12	ODR11	ODR10	ODR9	ODR8	ODR7	ODR6	ODR5	ODR4	ODR3	ODR2	ODR1	ODR0
rw	rw	rw	rw	rw	rw	rw	rw	rw	rw	rw	rw	rw	rw	rw	rw

位 31：16 保留，始终读为 0

位 15：0 IDRy[15：0]：端口输出数据，这些位可以用软件读和写。

通过下面介绍的 GPIOx_BSRR 寄存器也可以对 ODR 中的每一位进行置位和复位。

7) 端口位设置/清除寄存器(GPIOx_BSRR)(x=A..E)

复位值 0x00000000;

31	30	29	28	27	26	25	24	23	22	21	20	19	18	17	16
BR15	BR14	BR13	BR12	BR11	BR10	BR9	BR8	BR7	BR6	BR5	BR4	BR3	BR2	BR1	BR0
w	w	w	w	w	w	w	w	w	w	w	w	w	w	w	w
15	14	13	12	11	10	9	8	7	6	5	4	3	2	1	0
BS15	BS14	BS13	BS12	BS11	BS10	BS9	BS8	BS7	BS6	BS5	BS4	BS3	BS2	BS1	BS0
w	w	w	w	w	w	w	w	w	w	w	w	w	w	w	w

位 31：16 BRy：清除端口 x 的位 y。这些位只能写入并只能以字(16 位)的形式操作。

0：对对应的 ODRy 位不产生影响

1：清除对应的 ODRy 位为 0

位 15：0 BSy：设置端口 x 的位 y。这些位只能写入并只能以字(16 位)的形式操作。

0：对对应的 ODRy 位不产生影响

1：设置对应的 ODRy 位为 1

如果同时设置了 BSy 和 BRy 的对应位，BSy 起作用。

8) 端口复用功能低寄存器(GPIOx_AFRL)(x=A..E)

复位值 0x00000000;

31	30	29	28	27	26	25	24	23	22	21	20	19	18	17	16
	AFRL7[3:0]				AFRL6[3:0]				AFRL5[3:0]				AFRL4[3:0]		
rw	rw	rw	rw	rw	rw	rw	rw	rw	rw	rw	rw	rw	rw	rw	rw
15	14	13	12	11	10	9	8	7	6	5	4	3	2	1	0
	AFRL3[3:0]				AFRL2[3:0]				AFRL1[3:0]				AFRL0[3:0]		
rw	rw	rw	rw	rw	rw	rw	rw	rw	rw	rw	rw	rw	rw	rw	rw

位 31：0 AFRLy：对 x 端口 y 位(y=0..7)的复用功能选择。每 4 位对应 1 个 I/O 引脚。0000 时，选择 AF0；0001 时，选择 AF1；…；1111 选择 AF15。

9) 端口复用功能高寄存器(GPIOx_AFRH)(x=A..E)

复位值 0x00000000;

31	30	29	28	27	26	25	24	23	22	21	20	19	18	17	16
AFRH15[3:0]				AFRH14[3:0]				AFRH13[3:0]				AFRH12[3:0]			
rw	rw	rw	rw	rw	rw	rw	rw	rw	rw	rw	rw	rw	rw	rw	rw

15	14	13	12	11	10	9	8	7	6	5	4	3	2	1	0
AFRH11[3:0]				AFRH10[3:0]				AFRH9[3:0]				AFRH8[3:0]			
rw	rw	rw	rw	rw	rw	rw	rw	rw	rw	rw	rw	rw	rw	rw	rw

位 31:0   AFRHy:对 x 端口 y 位(y=8..15)的复用功能选择。每 4 位对应 1 个 I/O 引脚。0000 时,选择 AF0；0001 时,选择 AF1；…；1111 选择 AF15。

STM32F407 单片机有很多片内外设,这些外设的外部引脚都是与 GPIO 复用的。当这个 GPIO 给片内外设使用时,就叫做复用。STM32F407 的每一个 I/O 引脚通过一个复用器连接到片内外设。该复用器为 16 选 1 数据选择器,任何时刻只允许一个外设连接到对应的 I/O 引脚,以确保共用同一个 I/O 引脚的外设之间不会发生冲突。通过 GPIOx_AFRL(针对引脚 0~7)和 GPIOx_AFRH(针对引脚 8~15)寄存器的配置,选择其中一个外设连接到对应的 I/O 引脚,复用器的示意图如图 5.3-2 所示。

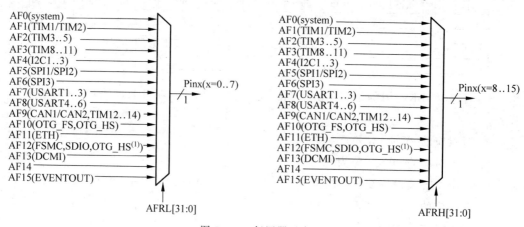

图 5.3-2　复用器示意图

图 5.3-2 所示的复用器示意图容易理解为每一个 I/O 引脚都与所有的外设相连,其实这样的理解是错误的。例如,PA8 引脚只与 MCO1、USART1、I2C3、OTG、EVENTOUT 等外设相连。某一 I/O 引脚究竟与哪些外设相连应查阅 STM32F407 单片机的数据手册。

3. GPIO 的初始化

GPIO 初始化结构体为

```
typedef struct
{
  uint32_t   GPIO_Pin;
  GPIOMode_TypeDef   GPIO_Mode;
  GPIOSpeed_TypeDef   GPIO_Speed;
```

```
    GPIOOType_TypeDef   GPIO_OType;
    GPIOPuPd_TypeDef    GPIO_PuPd;
}GPIO_InitTypeDef;
```

GPIO 初始化结构体中各参数的含义如表 5.3-1 所示。

表 5.3-1　GPIO 初始化结构体中各参数含义

控制寄存器	参　　数	说　　明
GPIO_Mode	GPIO_Mode_IN	输入模式
	GPIO_Mode_OUT	输出模式
	GPIO_Mode_AF	复用模式
	GPIO_Mode_AN	模拟模式
GPIO_OType	GPIO_OType_PP	推拉式输出
	GPIO_OType_OD	OD 输出
GPIO_PuPd	GPIO_PuPd_NOPULL	无上拉下拉
	GPIO_PuPd_UP	上拉
	GPIO_PuPd_DOWN	下拉
GPIO_Speed	GPIO_Speed_2MHz	低速
	GPIO_Speed_25MHz	中速
	GPIO_Speed_50MHz	快速
	GPIO_Speed_100MHz	高速

　　GPIO 的工作模式根据实际应用来选择。例如,I/O 引脚用于按键输入或者外部中断输入,则应设成输入模式。如果 I/O 引脚用于 ADC 的输入,则应设成模拟输入。

　　GPIO 的引脚速度也要与应用相匹配。速度配置越高,噪声越大,功耗越大。使用合适的驱动器可以降低功耗和噪声。例如 USART 串口,若最大波特率只需 115.2kbps,那用 2MHz 的速度就够了;对于 I2C 接口,若使用 400kHz 的时钟,可以选用 25MHz 速度;对于 SPI 接口,若使用 10MHz 以上的时钟速率,需要选用 50MHz 速度。

　　例 5.3-1　利用 SysTick 定时器在 PE0 口产生如图 5.3-3 所示的方波信号。

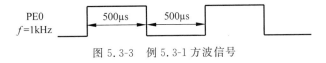

图 5.3-3　例 5.3-1 方波信号

　　解:STM32F407 单片机的内核中有一个 24 位的 SysTick 定时器。该定时器属于减计数器,具有自动重载和溢出中断功能。SysTick 可以作为简单的延时或产生周期性的中断。根据题目要求,SysTick 定时器需要每 500μs 产生一次中断,然后在中断服务程序中将 PE0 取反。

　　1)主程序

```
int main(void)
{
    u8 posbit = 0x00;                              //定义一个 8 位无符号变量 posbit
```

```
    …
    GPIO_Configuration();                                    //I/O 端口初始化
    SysClk_Init(10500);                                      //SysTick 定时器初始化程序
    …
}
```

2) PE0 初始化程序

```
void GPIO_Configuration(void)
  {
    GPIO_InitTypeDef GPIO_InitStructure;
    RCC_AHB1PeriphClockCmd(RCC_AHB1Periph_GPIOE, ENABLE);    //使能 GPIOE 时钟
    GPIO_InitStructure.GPIO_Mode = GPIO_Mode_OUT;            //输出模式
    GPIO_InitStructure.GPIO_OType = GPIO_OType_PP;           //推拉输出
    GPIO_InitStructure.GPIO_PuPd = GPIO_PuPd_NOPULL ;        //无上拉下拉
    GPIO_InitStructure.GPIO_Speed = GPIO_Speed_50MHz;
    GPIO_InitStructure.GPIO_Pin = GPIO_Pin_0;                //指定 PE0
    GPIO_Init(GPIOE, &GPIO_InitStructure);
  }
```

3) SysTick 定时器初始化程序

```
void SysClk_Init(u32 clock)
{
  SysTick_Config(clock);                                              //在 core_cm4.h 中
  SysTick_CLKSourceConfig(SysTick_CLKSource_HCLK_Div8);    //系统时钟 8 分频,在 misc.c 中
}
```

该函数的第 1 行用于初始化 SysTick 定时器,包括设置时间常数、打开 SysTick、允许中断并设置优先级;第 2 行设置 SysTick 定时器的时钟频率,即 SysTick 以 HCLK/8 作为运行时钟。假设 HCLK 的时钟频率为 168MHz,则 HCLK/8 的时钟频率为 21MHz,通过调用 SysClk_Init(10500)再对该时钟 10500 分频,最后得到的时钟频率为 2kHz,即每 500μs 产生一次 SysTick 中断。

4) SysTick 中断服务程序

```
void SysTick_Handler(void)
{
  PE0Tog();                                                //PE0 取反函数
}
```

5) PE0 取反程序

```
void PE0Tog(void)
{
    posbit = ~posbit;              //posbit 为自定义的 8 位无符号变量,在 0x00 和 0xFF 之间切换
    if (posbit == 0xFF)
    {
      GPIO_SetBits(GPIOE, GPIO_Pin_0);                     //PE0 置高电平
    }
```

```
    else
    {
      GPIO_ResetBits(GPIOE, GPIO_Pin_0);              //PE0 置低电平
    }
}
```

例 5.3-2　如何将系统时钟从 I/O 引脚输出？

从图 5.2-1 可知,单片机内部时钟信号可以通过 MCO 引脚输出,以便为电子系统中的其他芯片提供时钟信号。根据 STM32F407 单片机的数据手册,MCO1 从单片机的 PA8 引脚输出。相关的程序代码如下。

1) 初始化 PA8

```
void GPIO_Configuration(void)
    {
      GPIO_PinAFConfig(GPIOA,GPIO_PinSource8,GPIO_AF_MCO);
      GPIO_InitStructure.GPIO_Mode = GPIO_Mode_AF;
      GPIO_InitStructure.GPIO_OType = GPIO_OType_PP;
      GPIO_InitStructure.GPIO_PuPd = GPIO_PuPd_NOPULL;         //无上拉下拉
      GPIO_InitStructure.GPIO_Speed = GPIO_Speed_50MHz;
      GPIO_InitStructure.GPIO_Pin = GPIO_Pin_8;
      GPIO_Init(GPIOA, &GPIO_InitStructure);
    }
```

2) 选择 MCO 时钟源

```
RCC_MCO1Config(RCC_MCO1Source_HSE,RCC_MCO1Div_4);
```

该函数表示 MCO1 选择高速外部时钟 HSE,并对 HSE 进行 4 分频。假设高速外部时钟采用 12MHz 晶振,则 PA8 输出 3MHz 时钟信号。RCC_MCO1Config 函数在 stm32f4××_rcc.h 中定义。

在 PA8 的初始化程序中,调用了函数 GPIO_PinAFConfig,该函数入口第 1、第 2 个参数用于确定是哪一个 I/O 端口,对于第 3 个参数选择哪一个复用外设。单片机的复用外设在函数 stm32f4××_gpio.h 中非常详细地列出来了,如图 5.3-4 所示。

例 5.3-3　独立式键盘如图 5.3-5 所示。设计键盘输入程序。

解：独立式键盘的按键识别通过软件实现。按键识别需要经过判断是否有键按下、消抖处理、串键保护等过程。所谓串键保护,就是当两个或两个以上的键同时按下时,认为按键无效,直到只剩下一个键闭合时,键才有效。由于按键闭合时机械抖动产生的脉冲宽度一般小于 10ms,单片机采用定时器中断每隔 10ms 读取一次键值即可消除抖动。如果当前读取的键值与上次的键值相同,则认为当前键值无效,从而实现不管按键闭合时间多长键值只有效一次。按键的检测和消抖可以用图 5.3-6 所示的时序图进一步说明。单片机每隔 10ms 读一次按键引脚电平,假设第 1 次读得高电平,第 2 次读得低电平,则表明检测到有效的按键输入。第 3 次和第 2 次读得的电平相同,因此第 3 次按键输入是无效的。同样,第 4~n 次按键的输入也是无效的。第 n+1 次读得的电平虽然与第 n 次不同,但由于读得的是高电平,因此按键输入仍然是无效的。简而言之,单片机以

```
main.c | stm32f4xx_adc.h | stm32f4xx_conf.h | LCD.h | stm32f4xx_gpio.h

#if defined (STM32F40_41xxx)
  #define IS_GPIO_AF(AF)      (((AF) == GPIO_AF_RTC_50Hz)  || ((AF) == GPIO_AF_TIM14)   || \
                                ((AF) == GPIO_AF_MCO)       || ((AF) == GPIO_AF_TAMPER)  || \
                                ((AF) == GPIO_AF_SWJ)       || ((AF) == GPIO_AF_TRACE)   || \
                                ((AF) == GPIO_AF_TIM1)      || ((AF) == GPIO_AF_TIM2)    || \
                                ((AF) == GPIO_AF_TIM3)      || ((AF) == GPIO_AF_TIM4)    || \
                                ((AF) == GPIO_AF_TIM5)      || ((AF) == GPIO_AF_TIM8)    || \
                                ((AF) == GPIO_AF_I2C1)      || ((AF) == GPIO_AF_I2C2)    || \
                                ((AF) == GPIO_AF_I2C3)      || ((AF) == GPIO_AF_SPI1)    || \
                                ((AF) == GPIO_AF_SPI2)      || ((AF) == GPIO_AF_TIM13)   || \
                                ((AF) == GPIO_AF_SPI3)      || ((AF) == GPIO_AF_TIM14)   || \
                                ((AF) == GPIO_AF_USART1)    || ((AF) == GPIO_AF_USART2)  || \
                                ((AF) == GPIO_AF_USART3)    || ((AF) == GPIO_AF_UART4)   || \
                                ((AF) == GPIO_AF_UART5)     || ((AF) == GPIO_AF_USART6)  || \
                                ((AF) == GPIO_AF_CAN1)      || ((AF) == GPIO_AF_CAN2)    || \
                                ((AF) == GPIO_AF_OTG_FS)    || ((AF) == GPIO_AF_OTG_HS)  || \
                                ((AF) == GPIO_AF_ETH)       || ((AF) == GPIO_AF_OTG_HS_FS) || \
                                ((AF) == GPIO_AF_SDIO)      || ((AF) == GPIO_AF_DCMI)    || \
                                ((AF) == GPIO_AF_EVENTOUT)  || ((AF) == GPIO_AF_FSMC))
#endif /* STM32F40_41xxx */
```

图 5.3-4　复用外设预定义

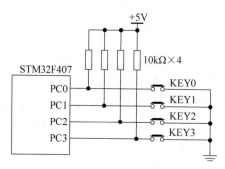

图 5.3-5　独立式键盘

10ms 的间隔读取按键输入引脚电平,当检测到由高电平变成低电平时,视为一次按键输入。参照图 5.3-5 所示的键盘电路,只有当按键输入有效,而且读得的 4 位键值(PC3-PC0)分别为 1110B(KEY0 键闭合)、1101B(KEY1 键闭合)、1011B(KEY2 键闭合)、0111B(KEY3 键闭合)时才认为键值有效,从而实现串键保护。

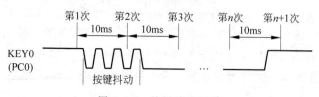

图 5.3-6　按键读取时序

1) GPIO 的初始化程序

```
void GPIO_Configuration(void)
{
```

```
    RCC_AHB1PeriphClockCmd(RCC_AHB1Periph_GPIOC, ENABLE);     //使能 GPIOC 时钟
    GPIO_InitStructure.GPIO_Pin = GPIO_Pin_0|GPIO_Pin_1 | GPIO_Pin_2 | GPIO_Pin_3;
    GPIO_InitStructure.GPIO_Mode = GPIO_Mode_IN;              //输入模式
    GPIO_InitStructure.GPIO_PuPd = GPIO_PuPd_UP;              //上拉
    GPIO_Init(GPIOC, &GPIO_InitStructure);                    //初始化 PC0～PC3
}
```

2）按键扫描程序

```
    void SysTick_Handler(void)
{
    keyword = GPIO_ReadInputData(GPIOC);
    keyword = keyword&0x000F;
    if(keyword!= oldkeyword)
    {
        oldkeyword  = keyword;
        if (keyword == 0x000e)                               //是否 KEY0 按下?
        {
          keycode = 0x00;
          keysign = 1;
        }
        else if(keyword == 0x000d)                           //是否 KEY1 按下?
        {
          keycode = 0x01;
          keysign = 1;
        }
        else if(keyword == 0x000b)                           //是否 KEY2 按下?
        {
          keycode = 0x02;
          keysign = 1;
        }
        else if (keyword == 0x0007)                          //是否 KEY3 按下?
        {
          keycode = 0x03;
          keysign = 1;
        }
    }
}
```

3）主程序

```
u16 keyword,oldkeyword;        //定义两个 16 位无符号变量,以存放键值
int main(void)
{
    …
    GPIO_Configuration();      //I/O 引脚初始化
    SysClk_Init(210000);       //调用 SysTick 定时器初始化程序,10ms 中断一次
    …
}
```

5.4 定时器

1. STM32M407 单片机内部定时器

STM32F407 单片机总共有 14 个定时器之多,分为高级定时器、通用定时器和基本定时器 3 类,具体如表 5.4-1 所示。高级定时器、通用定时器和基本定时器形成了上下级的关系,通用定时器包含了基本定时器的所有功能,而且还增加了向下、向上/向下计数器、PWM 生成、输出比较、输入捕获等功能;而高级定时器除包含了通用定时器的所有功能外,还增加了死区互补输出、刹车信号、加入重复计数器等功能。

表 5.4-1　各个定时器特性

定时器类型	名称	计数器位数	计数器类型	预分频系数	DMA请求生成	捕获/比较通道	互补输出	最高定时器时钟频率/MHz
高级	TIM1、TIM8	16 位	递增、递减、递增/递减	1～65636	有	4	有	168
通用	TIM2、TIM5	32 位	递增、递减、递增/递减	1～65636	有	4	无	84
	TIM3、TIM4	16 位	递增、递减、递增/递减	1～65636	有	4	无	84
	TIM9	16 位	递增	1～65636	无	2	无	168
	TIM10、TIM11	16 位	递增	1～65636	无	1	无	168
	TIM12	16 位	递增	1～65636	无	2	无	84
	TIM13、TIM14	16 位	递增	1～65636	无	1	无	84
基本	TIM6、TIM7	16 位	递增	1～65636	有	0	无	84

2. 基本定时器

基本定时器比高级定时器和通用定时器功能少,结构简单,是理解通用寄存器和高级寄存器的基础。基本定时器主要用于定时,生成时基,或触发 DAC。

基本定时器的原理框图如图 5.4-1 所示。基本定时器的计数过程主要涉及 3 个 16 位寄存器,分别是计数器寄存器 TIMx_CNT、预分频寄存器 TIMx_PSC、自动重载寄存器 TIMx_ARR。基本定时器时钟 TIMxCLK 来自如图 5.2-2 所示的单片机时钟系统。由于基本定时器挂在 APB1 总线上,因此,TIMxCLK 的最高时钟频率为 84MHz。

TIMxCLK 经过预分频寄存器 TIMx_PSC 分频后得到计数器时钟 CK_CNT,其频率由下式确定

$$CK\_CNT = TIMx\_CLK/(PSC + 1) \tag{5.4-1}$$

式中,PSC 就是存放在 TIMx_PSC 中的值,范围为 0～65535。通过设置 PSC 的值可以方

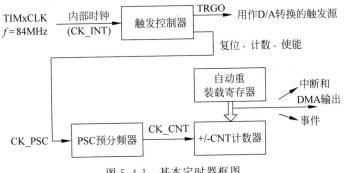

图 5.4-1　基本定时器框图

便地得到不同频率的 CK_CNT。

　　自动重载寄存器 TIMx_ARR 用来存放与计数器值比较的数值,范围为 $1\sim 65535$。定时器开始计数时,每来一个 CK_CNT 脉冲,TIMx_CNT 值加 1。当 TIMx_CNT 值与 TIMx_ARR 的设定值相等时就自动生成事件,同时 TIMx_CNT 清零,然后重新开始计数。由此可见,只要设置 TIMx_PSC 和 TIMx_ARR 两个寄存器的值,就可以控制生成事件的间隔时间。定时器在生成事件的同时,产生中断和 DMA 输出。定时时间 T 可以用下式计算

$$T = \frac{(\mathrm{PSC}+1)\times(\mathrm{ARR}+1)}{\mathrm{TIMxCLK(MHz)}}(\mu\mathrm{s}) \tag{5.4-2}$$

　　定时器的初始化结构体为

```
typedef struct
{
  uint16_t  TIM_Prescaler;
  uint16_t  TIM_CounterMode;
  uint32_t  TIM_Period;
  uint16_t  TIM_ClockDivision;
  uint8_t   TIM_RepetitionCounter;
} TIM_TimeBaseInitTypeDef;
```

　　TIM_Prescaler:定时器预分频器设置。它设定 TIMx_PSC 寄存器的值。

　　TIM_CounterMode:定时器计数模式。分别为向上计数、向下计数和中央对齐模式。向上计数即 TIMx_CNT 从 0 向上累加到重载寄存器 TIMx_ARR 的值,产生上溢事件。向下计数则 TIMx_CNT 从 TIMx_ARR 的值累减至 0,产生下溢事件。中央对齐模式为向上计数模式和向下计数模式的结合体,TIMx_CNT 先从 0 向上累加到重载寄存器 TIMx_ARR 的值减 1 时,产生一个上溢事件,然后向下计数到 1 时,产生一个下溢事件,再从 0 开始重新计数。

　　TIM_Period:定时器周期,实质是存储到重载寄存器 TIMx_ARR 的值。

　　TIM_ClockDivision:时钟分频因子。该参数只对计数器使用外部时钟源时才有影响。基本定时器只采用内部时钟源,因此该参数不需设置。

TIM_RepetitionCounter：重复计数器，属于高级定时器的专用寄存器。

例 5.4-1 利用基本定时器 TIM7 中断在 PE0 产生 1kHz 的方波。

解：要在 PE0 产生 1kHz 的方波，TIM7 的定时时间常数应设为 $500\mu s$。TIM7 的时钟频率为 84MHz。将 TIM7 的预分频器设置为 83，定时器周期设为 499，则根据式(5.4-2)定时时间为

$$T = (499 + 1) \times (83 + 1)/84 = 500(\mu s)$$

1) TIM7 初始化程序

```
void TIM7_init(void)
{
  RCC_APB1PeriphClockCmd(RCC_APB1Periph_TIM7, ENABLE);    //使能 TIM7 时钟
  TIM_TimeBaseStructInit(&TIM_TimeBaseStructure);
  TIM_TimeBaseStructure.TIM_Period = 499;                 //设置自动重装载寄存器的值
  TIM_TimeBaseStructure.TIM_Prescaler = 83;               //设置预分频值
  TIM_TimeBaseStructure.TIM_CounterMode = TIM_CounterMode_Up;
  TIM_TimeBaseInit(TIM7, &TIM_TimeBaseStructure);
  TIM_Cmd(TIM7, ENABLE);                                  //使能 TIM7 计数器
}
```

2) TIM7 中断初始化程序

```
void TIM7INT_init(void)
{
  NVIC_InitStructure.NVIC_IRQChannel = TIM7_IRQn;
  NVIC_InitStructure.NVIC_IRQChannelPreemptionPriority = 1;
  NVIC_InitStructure.NVIC_IRQChannelSubPriority = 1;
  NVIC_InitStructure.NVIC_IRQChannelCmd = ENABLE;
  NVIC_Init(&NVIC_InitStructure);
  TIM_ITConfig(TIM7,TIM_IT_Update,ENABLE);                //允许溢出中断
}
```

3) TIM7 中断服务程序

```
void TIM7_IRQHandler(void)
{
  if(TIM_GetITStatus (TIM7,TIM_IT_Update)!= RESET)
  {
  TIM_ClearITPendingBit(TIM7,TIM_IT_Update);
  PE0Tog();                                               //PE0 口取反程序
  }
}
```

3. 通用定时器

通用定时器除了基本定时功能外，还可以用于测量输入信号的脉冲宽度(输入捕获)或者产生输出波形(产生 PWM 波形)等。

通用定时器的原理框图如图 5.4-2 所示。与基本定时器相比，通用定时器增加了以

下功能:

(1) 通用定时器有多个时钟源:内部时钟源 CK_INT,该时钟源与基本定时器相同; 外部输入引脚 TIx,就是图 5.4-2 中的 TI1~TI4,TIx 引脚的上升沿或者下降沿可以产生 计数时钟;外部触发输入 TIMx_ETR,通过极性选择、边沿检测和预分频后可以作为时 钟;内部触发输入 ITRx,就是图 5.4-2 中的 ITR0、ITR1、ITR2、ITR3,利用该时钟源可 以实现一个定时器作为另一个定时器的预分频器,从而大大延长定时时间。

(2) 增加了捕获/比较寄存器 TIMx_CCR。在脉冲输入时,TIMx_CCR 用于捕获(存储)在输入脉冲电平翻转时计数器 TIMx_CNT 的当前计数值,从而实现脉冲的频率测量 或者脉宽测量。在产生脉冲时,TIMx_CCR 用于存储一个脉冲数值,把这个数值与计数 器 TIMx_CNT 的当前计数值进行比较,根据比较结果进行不同的电平输出。

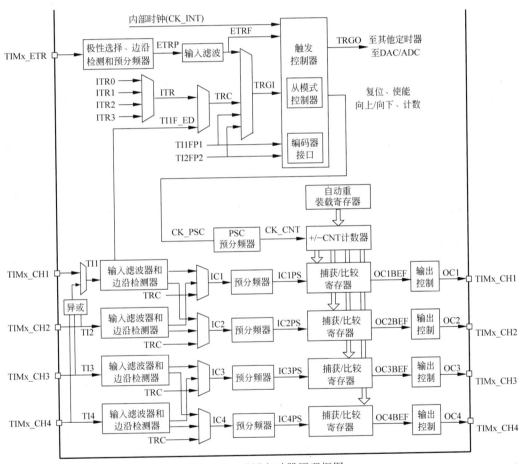

图 5.4-2 通用定时器原理框图

通用定时器具有 4 个独立通道,这些通道可以用来作为输入捕获、输出比较、PWM 生成和单脉冲模式输出。

以下事件发生时产生中断或 DMA:

(1) 更新:计数器向上溢出/向下溢出,计数器初始化(通过软件或者内部/外部触发);

（2）触发事件(计数器启动、停止、初始化或者由内部/外部触发计数)；

（3）输入捕获；

（4）输出比较。

例 5.4-2 利用定时器 TIM4 在 PB6 产生 1kHz、占空比为 10% 的 PWM 信号,如图 5.4-3(a)所示。

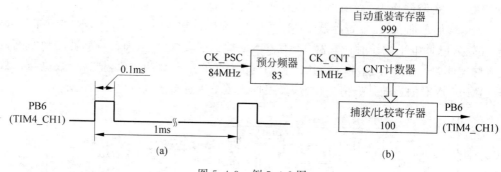

图 5.4-3　例 5.4-2 图

解：利用 TIM4 产生 PWM 波形的原理框图如图 5.4-3(b)所示。PWM 信号从 TIM4 的通道 1(TIM4_CH1)输出。根据 STM32F407 单片机的数据手册,TIM4 的通道 1 与 PB6 对应。产生 PWM 波形的主要任务就是控制频率和占空比。频率和占空比分别通过自动重装寄存器 TIMx_ARR 和捕获/比较寄存器 TIMx_CCRx 控制。计数器计到 TIMx_ARR 寄存器的值后就清零并重新开始计数,这样 PWM 信号的频率就是 CK_CNT/(TIMx_ARR+1)。在计数过程中,计数器的值会不停地和 CCR 寄存器中的数值进行比较。如果计数器的值小于 CCR 寄存器中的值,PB6 输出高电平,否则,PB6 输出低电平。可见,CCR 寄存器中的值就控制了占空比。从 5.4-3(b)可知,频率为 84MHz 的时钟信号首先通过预分频器进行 84 分频得到 1MHz 的计数器时钟 CK_CNT。自动重装寄存器值设为 999,因此,PWM 信号的周期为 1000μs。捕获/比较寄存器的值设为 100,因此,PWM 信号的高电平持续时间设为 100μs。

PWM 初始化程序包括 PB6 初始化和 TIM4 初始化,源程序介绍如下：

```
void TIM4_PWM_Init(void)
{
  RCC_AHB1PeriphClockCmd(RCC_AHB1Periph_GPIOB, ENABLE);
  RCC_APB1PeriphClockCmd(RCC_APB1Periph_TIM4,ENABLE);
  GPIO_PinAFConfig(GPIOB,GPIO_PinSource6,GPIO_AF_TIM4);
  GPIO_InitStructure.GPIO_Mode = GPIO_Mode_AF;
  GPIO_InitStructure.GPIO_Speed = GPIO_Speed_50MHz;
  GPIO_InitStructure.GPIO_OType = GPIO_OType_PP;
  GPIO_InitStructure.GPIO_PuPd = GPIO_PuPd_ NOPULL;
  GPIO_InitStructure.GPIO_Pin = GPIO_Pin_6;
  GPIO_Init(GPIOB,&GPIO_InitStructure);

  TIM_DeInit(TIM4);
```

```
    TIM_TimeBaseStructure.TIM_Prescaler = 83;                          //预分频
    TIM_TimeBaseStructure.TIM_CounterMode = TIM_CounterMode_Up;        //加计数
    TIM_TimeBaseStructure.TIM_Period = 999;                            //定时器的周期值
    TIM_TimeBaseStructure.TIM_ClockDivision = TIM_CKD_DIV1;            //时钟分割
    TIM_TimeBaseInit(TIM4,&TIM_TimeBaseStructure);

    TIM_OCInitStructure.TIM_OCMode = TIM_OCMode_PWM1;                  //配置为 PWM 模式 1
    TIM_OCInitStructure.TIM_OutputState = TIM_OutputState_Enable;
    TIM_OCInitStructure.TIM_Pulse = 0;                                //注 1
    TIM_OCInitStructure.TIM_OCPolarity = TIM_OCPolarity_High;         //注 2
    TIM_OC1Init(TIM4,&TIM_OCInitStructure);                           //输出比较通道初始化
    TIM_Cmd(TIM4,ENABLE);                                             //使能定时器 4
}
```

注 1：该语句用于设置 CRR 寄存器的值，当计数器计到这个值时，电平发生跳变。CRR 寄存器值实际上就是脉冲宽度。这里将 CRR 寄存器的值设为 0，是因为 CRR 寄存器的值将在主程序中通过 TIM_SetCompare1(TIM4,100)函数来设定。

注 2：该语句表示当计数值小于跳变值时 PWM 信号设为高电平。

在上述 PWM 初始化程序的基础上，在主程序中加以下两条语句就可以完成题目所要求的 PWM 信号产生。

```
TIM4_PWM_Init();
TIM_SetCompare1(TIM4,100);                    //设置捕获/比较寄存器 TIMx_CCR 的值
```

比较例 5.4-1 和例 5.4-2 两种产生方波的方法，例 5.4-2 的方法不需要软件开销，而且占空比可调。

5.5 中断系统

单片机在正常运行程序时，由于内部或外部事件引起暂时中止现行程序，转去执行请求单片机为其服务的那个外设或事件的服务程序，等该服务程序执行完成后又返回到被中止的地方继续运行程序，这个过程称为中断。中断过程可以用图 5.5-1 所示。

中断系统是单片机的重要组成部分。实时控制、及时处理紧急任务、故障处理、单片机与外设之间的数据交换都需要依靠中断系统。如果没有中断，则单片机的工作效率会大打折扣。以键盘输入程序为例，什么时候按下按键是随机的，如果单片机采用不断查询按键状态的方式，则单片机几乎做不了其他事情。如果采用中断的方式，则有键按

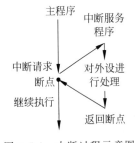

图 5.5-1 中断过程示意图

下时，键盘接口电路向单片机发出中断请求，单片机响应中断，执行键盘中断服务程序，完成按键处理后再返回主程序继续执行。通过中断机制来实现按键输入，工作效率自然就提高了。

中断系统通常由中断源、中断使能控制、中断优先级控制等几部分组成。中断源是指产生中断的外设。通常每个中断源都分配一个固定的中断入口地址,这个地址称为中断向量。单片机响应中断时,就跳转到中断源对应的中断入口地址,而在中断入口地址上,放置一条调用中断服务程序的语句,从而使单片机转而执行该中断源的中断服务程序。每个中断源都可以通过中断使能控制被允许或被禁止。中断源之间有优先级之分,高优先级可以中断低优先级程序。例如,假设发生了一个优先级比较低的中断,单片机转到其中断服务函数去执行,在执行过程中,发生更高优先级的中断,那么,单片机同样中止当前的代码,转到高优先级的中断源对应的中断入口去执行中断服务函数,当高优先级中断服务函数执行完成后再返回原来被中断的低优先级的中断服务函数断点处继续运行,运行完成后,返回到主程序的断点片继续运行。中断源之间的优先级通过中断优先级控制电路来实现。

1. STM32F407 单片机的中断源

STM32F407 单片机总共有 92 个中断源,包括 10 个内核中断源和 82 个可屏蔽中断源。每个中断源在 stm32f4××.h 里面定义。部分常用可屏蔽中断源如表 5.5-1 所示。

表 5.5-1　STM32F407 单片机部分常用可屏蔽中断源

中　断　源	中　断　向　量	中断服务程序名
EXTI 线 0 中断	EXTI0_IRQn	EXTI0_IRQHandler
EXTI 线 1 中断	EXTI1_IRQn	EXTI1_IRQHandler
ADC1、ADC2 和 ADC3 全局中断	ADC_IRQn	ADC_IRQHandler
CAN1 TX 中断	CAN1_TX_IRQn	CAN1_TX_IRQHandler
CAN1 RX0 中断	CAN1_RX0_IRQn	CAN1_RX0_IRQHandler
TIM1 更新中断和 TIM10 全局中断	TIM1_UP_TIM10_IRQn	TIM1_UP_TIM10_IRQHandler
TIM1 捕获/比较中断	TIM1_CC_IRQn	TIM1_CC_IRQHandler
TIM2 全局中断	TIM2_IRQn	TIM2_IRQHandler
TIM3 全局中断	TIM3_IRQn	TIM3_IRQHandler
TIM4 全局中断	TIM4_IRQn	TIM4_IRQHandler
I2C1 事件中断	I2C1_EV_IRQn	I2C1_EV_IRQHandler
I2C1 错误中断	I2C1_ER_IRQn	I2C1_ER_IRQHandler
SPI1 全局中断	SPI1_IRQn	SPI1_IRQHandler
SPI2 全局中断	SPI2_IRQn	SPI2_IRQHandler
USART1 全局中断	USART1_IRQn	USART1_IRQHandler
TIM8 更新中断和 TIM13 全局中断	TIM8_UP_TIM13_IRQn	TIM8_UP_TIM13_IRQHandler
TIM8 捕获/比较中断	TIM8_CC_IRQn	TIM8_CC_IRQHandler
TIM5 全局中断	TIM5_IRQn	TIM5_IRQHandler
TIM6 全局中断 DAC1 和 DAC2 下溢错误中断	TIM6_DAC_IRQn	TIM6_DAC_IRQHandler
TIM7 全局中断	TIM7_IRQn	TIM7_IRQHandler

2. 嵌套向量中断控制器

嵌套向量中断控制器(NVIC)是 Cortex-M4 的一个内部器件。所有含有 Cortex-M4 内核的单片机的 NVIC 是完全相同的,NVIC 的配置函数也是由 ARM 公司提供。NVIC 功能非常强大,在中断处理上效率很高,优先级配置也很灵活。NVIC 含有以下寄存器:

(1) 中断使能寄存器组 ISER[8]: ISER(Interrupt Set-Enable Register)由 8 个 32 位寄存器组成,寄存器中的每一位对应一个中断,因此,总共可以支持 256 个中断。STM32F407 总共有 92 个中断,因此,只需要用 3 个 32 位寄存器。要使能某个中断,只需要将 ISER 寄存器中的相应位置 1 即可。

(2) 中断除能寄存器组 ICER[8]: ICER(Interrupt Clear-Enable Register)寄存器与 ISER 的作用刚好相反,用来清除某个中断使能。这里专门设置了一个 ICER 来清除中断位,而不是对 ISER 写 0 来清除,这是因为这些寄存器都是写 1 有效的,写 0 是无效的。

(3) 中断挂起控制寄存器组 ISPR[8]: ISPR(Interrupt Set-Pending Registers)寄存器通过置 1,将已经产生中断请求但无法马上执行的中断挂起,等可以执行中断服务程序,再执行挂起的中断。例如,当高、低级别的中断同时发生时,就挂起低级别中断,等高级别中断程序执行完,再执行低级别中断。

(4) 中断解挂控制寄存器组 ICPR[8]: ICRP(Interrupt Clear-Pending Register)的作用与 ISPR 相反,通过置 1,可以将正在进行的中断解挂。

(5) 中断激活标志寄存器组 IABR[8]: IABR(Interrrupt Active Bit Register)寄存器某位置 1,表示该位所对应的中断正在被执行。这是一个只读寄存器。通过它可以知道当前在执行的中断是哪一个。当中断执行完后由硬件自动清零。

(6) 中断优先级控制的寄存器组 IPR[240]: IPR(Interrupt Priority Register)寄存器用于设置每个中断的抢占优先级(PreemptionPriority)和响应优先级(SubPriority)。每个中断源都需要指定这两种优先级。

对于上述寄存器,只需要作一般性了解,因为在实际编程中,通常不是直接对寄存器操作,而是调用相应的库函数来对寄存器间接操作。

3. 中断优先级

NVIC 中断优先级总共可以分为 5 个组,如表 5.5-2 所示。

表 5.5-2　NVIC 中断优先级

组	调 用 函 数	分 配 结 果
0	NVIC_PriorityGroupConfig(NVIC_PriorityGroup_0)	0 位抢占优先级,4 位响应优先级
1	NVIC_PriorityGroupConfig(NVIC_PriorityGroup_1)	1 位抢占优先级,3 位响应优先级
2	NVIC_PriorityGroupConfig(NVIC_PriorityGroup_2)	2 位抢占优先级,2 位响应优先级
3	NVIC_PriorityGroupConfig(NVIC_PriorityGroup_3)	3 位抢占优先级,1 位响应优先级
4	NVIC_PriorityGroupConfig(NVIC_PriorityGroup_4)	4 位抢占优先级,0 位响应优先级

通过表 5.5-2,我们可以清楚地看到组 0~4 的分配关系。假设组设置为 2,那么每个中断可以设置抢占优先级 0~3,响应优先级亦为 0~3,数值越小所代表的优先级越高。

抢占优先级和响应优先级遵循以下原则:高抢占优先级可以打断正在进行的低抢占优先级中断。抢占优先级相同的中断,高响应优先级不可以打断低响应优先级的中断,只有当两个中断同时发生的情况下,高响应优先级中断先执行。如果两个中断的抢占优先级和响应优先级都是一样,则看哪个中断先发生就先执行。如果两个中断的抢占优先级和响应优先级都是一样,而且这两个中断同时到达,则根据它们在中断表中的排位顺序决定先处理哪一个。

4. 外部中断

STM32F407 的中断控制器支持 22 个外部中断/事件请求。STM32F407 的 22 个外部中断为:

EXTI 线 0~15:对应外部 I/O 引脚的输入中断。

EXTI 线 16:连接到 PVD 输出。

EXTI 线 17:连接到 RTC 闹钟事件。

EXTI 线 18:连接到 USB OTG FS 唤醒事件。

EXTI 线 19:连接到以太网唤醒事件。

EXTI 线 20:连接到 USB OTG HS(在 FS 中配置)唤醒事件。

EXTI 线 21:连接到 RTC 入侵和时间戳事件。

EXTI 线 22:连接到 RTC 唤醒事件。

STM32F407 单片机的每个 I/O 引脚都可以作为外部中断的中断输入口。由于 STM32F407 单片机供 I/O 引脚使用的中断线只有 16 根,而 I/O 引脚却远远不止 16 根,因此,每根中断线对应了多个 I/O 引脚,如图 5.5-2 所示。以线 EXTI0 为例,它对应了 PA0、PB0、PC0、PD0、PE0 等多个 I/O 引脚,通过配置来决定对应的中断线配置到哪个 I/O 引脚上。

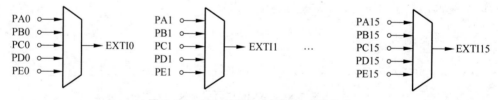

图 5.5-2 I/O 引脚与中断线的映射关系

STM32F407 单片机外部中断/事件控制器框图如图 5.5-3 所示。

当中断输入口出现上升沿或者下降沿(究竟是上升沿有效还是下降沿有效,或者两者都有效,由图中的两个触发选择寄存器选择)时,边沿检测电路产生中断事件信号。中断事件信号经过或门 G1 后,同时送到两个与门 G2 和 G3。中断事件信号能否通过 G2 受中断屏蔽寄存器控制,如果中断屏蔽寄存器相应为置 1,中断事件信号就能通过 G2 形成中断请求信号,并保存到挂起寄存器中。如果 CPU 没有正在执行同级或更高级别的

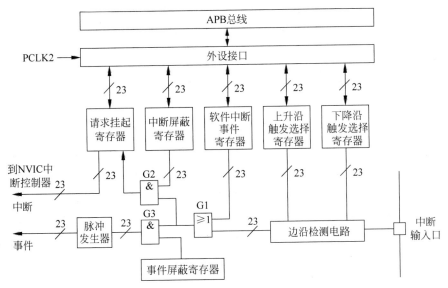

图 5.5-3 外部中断/事件控制器框图

中断,挂起寄存器中的中断请求信号就会送到 NVIC 中。

中断事件信号能否通过 G3 受事件屏蔽寄存器控制,如果事件屏蔽寄存器相应为置1,中断事件信号就能通过 G3 形成事件信号。脉冲发生器将事件信号转换成一个脉冲信号。该脉冲信号可以给其他电路使用,如启动 A/D 转换或者 DMA 传输等。

从图 5.5-3 可知,外部中断源同时产生了中断和事件,这里有必要对事件和中断的区别作一些说明。中断一定要有中断服务函数,但是事件却没有对应的函数。中断必须要CPU 介入,但是事件可以在不需要 CPU 干预的情况下,执行一些操作。以外部 I/O 引脚触发 A/D 转换为例,如果使用中断通道,需要 I/O 引脚触发产生外部中断,外部中断服务程序启动 A/D 转换,A/D 转换完成,通过 A/D 中断服务程序读取转换结果。如果使用事件通道,I/O 引脚触发产生事件,然后事件触发 A/D 转换,A/D 转换完成,通过A/D 中断服务程序读取转换结果。相比之下,事件触发 A/D 转换,响应速度更块,软件开销更小。可见,事件机制提供了一个完全由硬件自动完成的触发到产生结果的通道,提高了响应速度,是利用硬件来提升单片机处理事件能力的一个有效方法。

5. 中断系统的编程

中断系统的编程包括中断源的初始化,中断优先级的安排,中断服务程序的编写。

例 5.5-1 STM32F407 单片机系统框图如图 5.5-4 所示。该单片机系统完成以下功能:

(1) 通过键盘中断读取 4 位键值。4×4 键盘中有任一个键按下时,键盘编码电路的DAV 引脚产生由高到低的跳变,向单片机发出中断请求;

(2) 通过 TIM1 中断控制 DAC 在 PA5 口产生频率为(200±0.2)Hz 的正弦信号;

(3) 通过 TIM7 中断在 PE0 口产生 1kHz 的方波信号。

请编写各中断源的初始化程序以及中断服务程序。

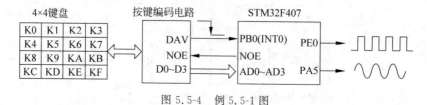

图 5.5-4 例 5.5-1 图

解：图 5.5-4 所示系统有 3 个中断源：用于按键中断的外部中断(INT0)、定时器 1 (TIM1)中断和定时器 7(TIM7)中断。假设正弦波的每个周期由 256 点数据构成，为了得到 200Hz 的正弦波，TIM1 的定时时间应设为 $19.53\mu s$。TIM1 为高级定时器，其计数时钟频率最高为 168MHz，假设预分频器设置 TIM_Prescaler 的值设为 0，定时器周期 TIM_Period 的值设为 3280，则 TIM1 的定时时间为 $T_1 = (3280+1) \times (0+1)/168 \approx 19.53\mu s$，正弦波的频率精度完全可以达到题目的要求。TIM7 的定时时间设为 $500\mu s$，通过对 PE0 的取反，就可以得到 1kHz 的方波信号。

为了避免正弦信号的失真，将 TIM1 中断优先级设为最高，TIM7 的中断优先级次之，INT0 的中断优先级最低。将中断优先级分组设为 2(参考表 5.5-2)，在中断初始化程序中将 INT0 的抢占优先级设为 2，响应优先级设为 2；TIM7 中断的抢占优先级设为 1，响应优先级设为 1；TIM1 中断的抢占优先级设为 0，响应优先级设为 0。那么这 3 个中断的优先级顺序为：TIM1 中断＞TIM7 中断＞ INT0 中断。

1) 主程序

```
int main(void)
{
    …
    NVIC_PriorityGroupConfig(NVIC_PriorityGroup_2);        //中断分组
    EXTI0_init();                                          //外部中断初始化
    GPIO_Configuration();                                  //PE0 的初始化,参见例 5.3-1
    TIM1_init();                                           //TIM1 初始化
    TIM1INT_init();                                        //TIM1 中断初始化
    TIM7_init();                                           //参见例 5.4-1
    TIM7INT_init();                                        //参见例 5.4-1
    …
}
```

2) 外部中断初始化函数

```
void EXTI0_init(void)
{
    RCC_AHB1PeriphClockCmd(RCC_AHB1Periph_GPIOB, ENABLE);  //使能 GPIOB 时钟
    RCC_APB2PeriphClockCmd(RCC_APB2Periph_SYSCFG, ENABLE); //使能 SYSCFG 时钟
    GPIO_InitStructure.GPIO_Mode = GPIO_Mode_IN;           //将 I/O 引脚设置成输入模式
    GPIO_InitStructure.GPIO_OType = GPIO_OType_PP;
    GPIO_InitStructure.GPIO_PuPd = GPIO_PuPd_UP;
```

```
    GPIO_InitStructure.GPIO_Speed = GPIO_Speed_2MHz;
    GPIO_InitStructure.GPIO_Pin = GPIO_Pin_0;
    GPIO_Init(GPIOB, &GPIO_InitStructure);
    SYSCFG_EXTILineConfig(EXTI_PortSourceGPIOB, EXTI_PinSource0);   //注 1
    EXTI_InitStructure.EXTI_Line = EXTI_Line0;                      //注 2
    EXTI_InitStructure.EXTI_Mode = EXTI_Mode_Interrupt;            //注 3
    EXTI_InitStructure.EXTI_Trigger = EXTI_Trigger_Falling;       //注 4
    EXTI_InitStructure.EXTI_LineCmd = ENABLE;                      //注 5
    EXTI_Init(&EXTI_InitStructure);
    EXTI_ClearFlag(EXTI_Line0);

    NVIC_InitStructure.NVIC_IRQChannel = EXTI0_IRQn;                      //写入中断向量
    NVIC_InitStructure.NVIC_IRQChannelPreemptionPriority = 0x02;          //抢占优先级
    NVIC_InitStructure.NVIC_IRQChannelSubPriority = 0x02;                 //响应优先级
    NVIC_InitStructure.NVIC_IRQChannelCmd = ENABLE;                       //使能该中断
    NVIC_Init(&NVIC_InitStructure);
}
```

注 1：该语句用于配置 I/O 引脚与中断线的映射关系的函数，其功能是将 EXTI0 连到 PB0。该函数在 stm32f4xx_syscfg.h 文件中。

注 2：该语句用于设置中断线的标号，其取值范围为 EXTI_Line0～EXTI_Line15。

注 3：该语句用于设置中断模式，可选值为中断 EXTI_Mode_Interrupt 和事件 EXTI_Mode_Event。

注 4：该语句用于设置触发方式，可选值为上升沿触发 EXTI_Trigger_Rising，下降沿触发 EXTI_Trigger_Falling，或者任意边沿触发 EXTI_Trigger_Rising_Falling。

注 5：该语句用于设置中断使能，可选值为 ENABLE 和 DISABLE。

3）TIM1 初始化程序

```
    void TIM1_init(void)
    {
    RCC_APB2PeriphClockCmd(RCC_APB2Periph_TIM1,ENABLE); //使能 TIM1
    TIM_DeInit(TIM1);                                    //复位定时器 1
    TIM_TimeBaseStructure.TIM_Period = 3280;      //设置自动重装载寄存器周期的值
    TIM_TimeBaseStructure.TIM_Prescaler = 0;      //不预分频,计数时钟频率仍为 168MHz
    TIM_TimeBaseStructure.TIM_ClockDivision = TIM_CKD_DIV1;
    //设置时钟分割 TIM_CKD_DIV1 = 0x0000,
    TIM_TimeBaseStructure.TIM_CounterMode = TIM_CounterMode_Up;   //TIM1 向上计数
    TIM_TimeBaseInit(TIM1,&TIM_TimeBaseStructure);               //初始化 TIM1
    TIM_Cmd(TIM1,ENABLE);                                        //开启 TIM1 计数
    TIM_ClearFlag(TIM1, TIM_FLAG_Update);                       //清溢出标志
}
```

4）TIM1 中断初始化程序

```
void TIM1INT_init(void)
{
    NVIC_InitStructure.NVIC_IRQChannel = TIM1_UP_TIM10_IRQn;
    NVIC_InitStructure.NVIC_IRQChannelPreemptionPriority = 0;
```

```
        NVIC_InitStructure.NVIC_IRQChannelSubPriority = 0;
        NVIC_InitStructure.NVIC_IRQChannelCmd = ENABLE;
        NVIC_Init(&NVIC_InitStructure);
        TIM_ITConfig(TIM1,TIM_IT_Update,ENABLE);                    //允许溢出中断
}
```

5）INT0 的中断服务程序

```
void EXTI0_IRQHandler(void)                      //键盘中断
{
    keycode = KEY_RAM;                           //读4位键值,KEY_RAM 为键盘接口的片选地址
    keycode &= 0x0F;
    keysign = 1;                                 //设置键值有效标志
    EXTI_ClearITPendingBit(EXTI_Line0);          //清中断标志
}
```

6）TIM1 的中断服务程序

```
void TIM1_UP_TIM10_IRQHandler(void)                        //TIM1 中断
 {
  if ( TIM_GetITStatus(TIM1 , TIM_IT_Update) != RESET )    //是否发生中断
  {
      TIM_ClearITPendingBit(TIM1, TIM_FLAG_Update);        //清除中断待处理位
      DACDAT = sindata[k];                                 //读波形数据
      DACDAT = DACDAT << 8;
      k++;
      DAC_SetChannel2Data(DAC_Align_12b_L,DACDAT);         //通过 DAC 产生正弦信号
  }
}
```

7）TIM7 的中断服务程序(参见例 5.4-1)

通过本例,在编程中断有关的程序时,应注意以下几点:

(1)中断分组函数应放在所有中断源的中断初始化程序之前。

(2)如果分组为 2,则抢占优先级设为 4 级,响应优先级设为 4 级。如果将某中断源的抢占优先级设为 0x0F,则相当于设为 0x03;如果将某中断源的抢占优先级设为 0x08,则相当于设为 0x00;总之,只有低两位有效。

(3)中断服务程序名可以通过查找表 5.5-1 得到。中断服务程序中要有清除中断标志的指令。

(4)中断服务函数编写原则:快进快出,在中断不要执行占用 CPU 较长时间的代码。

思考题

1. STM32F407 单片机内部有哪几种总线?分别连接什么外设?

2. STM32F407 单片机有哪些时钟源?各有什么用途?

3. 如果与单片机连接的速度较慢,应修改什么参数来降低单片机的系统时钟?

4. 图 5.3-5 所示电路中的上拉电阻是否可以省略? 为什么?

5. STM32F407 单片机内部有多少个定时器? 可分成哪几类?

6. 计数时钟为 84MHz 时,基本定时器 TIM7 的最大定时时间是多少?

7. 用单片机在 I/O 引脚产生方波有哪几种方法? 分别有什么优点?

8. 简述你对中断和事件这两个概念的理解。

9. 在编写 STM32F407 单片机的中断服务程序时,其函数名为什么不能任意命名?

10. 抢占优先级和响应优先级有什么区别?

11. 如何用单片机的定时器 TIM4 实现频率的测量?

第6章

单片机最小系统设计

单片机最小系统是指用最少的元件组成的可以独立工作的单片机系统。单片机最小系统一般应该包括单片机、晶振电路、复位电路、键盘显示模块、扩展接口等。单片机最小系统是构成各种单片机应用系统的核心模块。随着微电子技术的发展,单片机最小系统的内涵也在不断丰富。单片机最小系统不再是电路简单、功能有限的代名词,而是只要加上少量的外围电路,就可以构成各种典型的单片机应用系统。单片机最小系统作为综合电子系统的子系统,为后续几章的综合电子系统设计建立基础。本章介绍的STM32F407 单片机最小系统设计将包括 TFT 液晶显示模块接口设计、4×4 编码键盘接口设计、键盘显示程序设计等内容。在单片机最小系统中,单片机的外围接口电路均由一片 CPLD 实现,因此,本章介绍的单片机最小系统也是 CPLD 的一个典型应用实例。

6.1 方案设计

单片机最小系统的设计方案如图 6.1-1 所示,由 STM32F407 单片机、CPLD、键盘显示模块三部分组成。键盘显示模块由 TFT 模块和4×4 矩阵式键盘构成。CPLD 内含 4×4 编码式键盘接口、TFT 显示模块接口、地址译码器等功能电路,是单片机和键盘显示模块的桥梁。该设计方案体现以下特点:一是通用性好,能满足各种电子系统的要求;二是集成度高,所有的数字电路由一片 CPLD实现,而且内部电路可修改;三是扩展方便,单片机最小系统设置了并行总线和串行总线、数字量和模拟量等各种扩展接口。

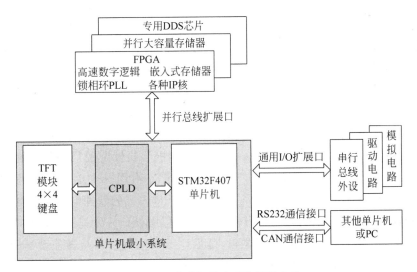

图 6.1-1　单片机最小系统设计方案

在单片机最小系统中的并行总线扩展接口主要用于扩展 FPGA、大容量并行存储器、专用 DDS 芯片(如 AD9854)等外部设备。特别是将 FPGA 作为单片机的外部设备,可以十分方便地构成以 STM32 单片机＋FPGA 为核心的电子系统,如等精度频率计、DDS 信号发生器、高速数据采集系统等。FPGA 不但可实现复杂的高速数字逻辑,而且其内部可编程 RAM 模块可灵活配置成单口 RAM、双口 RAM、FIFO 等常用存储器结构,单片机可以通过并行总线访问 FPGA 内部的各种资源。将单片机和 FPGA 结合,充分发挥了单片机和 FPGA 的优势。

单片机最小系统的通用 I/O 扩展口使用最为灵活,既可以作为数字量 I/O 接口或模拟量 I/O 接口,也可以作为串行总线(SPI、I2C)扩展口。数字量 I/O 接口可通过驱动电路来控制微型继电器、直流电机、步进电机等执行机构。模拟量 I/O 接口可以实现单片机内部模拟器件与信号调理电路连接。串行总线接口可以用于扩展外部串行接口器件,如串行 DAC、串行 ADC、串行存储器等。为了实现双机通信或者多机通信,通用 I/O 扩展口还设置了 RS232 异步串行通信接口以及 CAN 总线通信接口。

将图 6.1-1 所示的设计方案进一步细化,可得到如图 6.1-2 所示的单片机最小系统原理框图。从该原理框图可知,单片机最小系统分成键盘显示和 MCU 两个模块,两者之间通过并行总线连接。在并行总线中,AD0～AD15 为 16 位数据 D0～D15 和低 16 位地址 A0～A15 的复用总线。NADV 为地址有效信号,它的唯一作用是作为地址锁存器的锁存信号将低 16 位地址锁存。A16 和 A17 为高位地址线,一般用于地址译码器输入产生片选信号。NOE 和 NWE 为读写控制信号。单片机的并行总线除了与键盘显示模块连接之外,还连接到 MCU 模块上的并行总线扩展口。并行总线是公共的信号线,连接在并行总线上的所有外设必须有唯一的地址,以防止总线冲突。在系统设计时,应为每一个外设分配一个地址。这里规定,将 A17A16 为 11 的地址空间分配给键盘显示接口内的寄存器和缓冲器,将 A17A16 为 00、01、10 的地址空间分配给通过并行口扩展的外部设备。

并行总线扩展口中,除了并行总线外,还设置了少量的 I/O 口线,如 PB1、PC4 和 PC5。这些 I/O 口线主要用于外设的中断请求输入以及对外设的开关量控制。

在单片机最小系统中,所有的数字电路都由一片 CPLD 实现,这种设计方案体现了多方面的优点:①提高了系统集成度。②占用单片机软硬件资源最小化。例如,键盘显示模块只与单片机并行总线连接,除了外部中断 INT0 占用一个 I/O 引脚外,不需要其他 I/O 引脚。键盘的编码、消抖、中断请求都由 CPLD 内部的硬件电路实现,单片机只需要通过中断服务程序读取键值即可,方便了单片机程序设计。③提高了单片机最小系统的灵活性,例如只需修改 CPLD 内部逻辑,键盘显示模块就可以与其他型号的单片机构成最小系统,或者单片机与不同型号的显示模块接口。

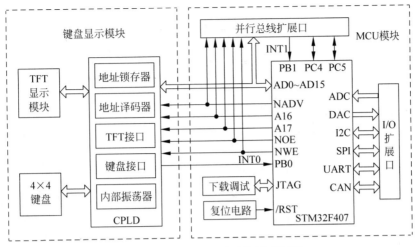

图 6.1-2 单片机最小系统原理框图

6.2 硬件电路设计

1. 键盘显示模块的电路设计

键盘显示模块的硬件电路原理图如图 6.2-1 所示。TFT 模块选用比较常用的 2.8 英寸屏,控制器为 ILI9481。TFT 模块的所有信号线与 CPLD 的 I/O 引脚相连。TFT 模块的背光 LED 阳极 A 与 3.3V 电源连接,阴极 K 与三极管 T1 的集电极相连。T1 导通时背光点亮,反之背光熄灭。单片机可以通过 CPLD 内部的背光控制电路控制 T1 的导通与截止。通过单片机软件控制 TFT 模块的背光,可以有效降低单片机最小系统的功耗。4×4 矩阵式键盘的 4 根行输入线 X0～X3 和 4 根列扫描线 Y0～Y3 与 CPLD I/O 引脚相连。CPLD 通过 J1 口与单片机的并行总线连接。图中 J2 口为 TFT 模块接口,J3 口为 CPLD 的 JTAG 编程接口。

2. MCU 模块电路设计

MCU 模块的原理图如图 6.2-2 所示。MCU 模块由单片机加少量的外围电路如晶振、复位电路、电源、下载接口组成。STM32F407 单片机的 I/O 引脚除了用于配置外部数据存储器扩展接口 FSMC 外,大部分引到 J4 扩展口。引到 J4 扩展口的 I/O 引脚,既可当作通用 I/O 引脚,也可作为单片机片内外设的输入输出引脚,其功能定义如表 6.2-1 所示。

图 6.2-3 为单片机最小系统实物图,其中 CPLD 芯片焊接在键盘显示模块印制板的背面。

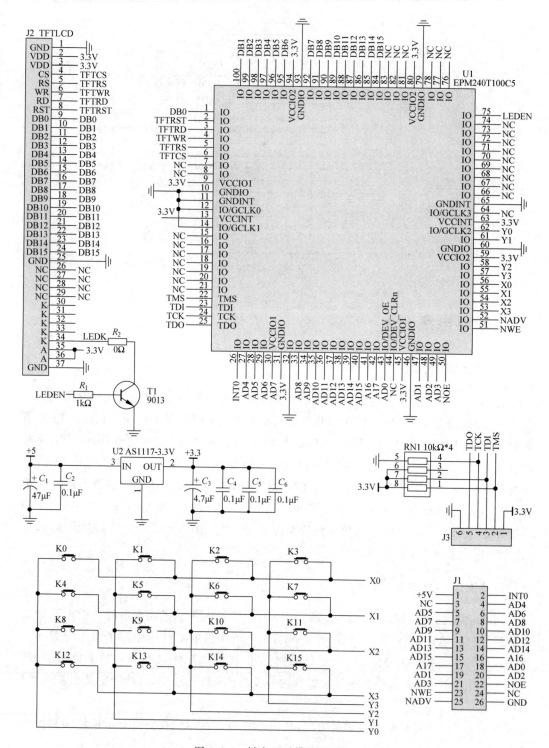

图 6.2-1　键盘显示模块原理图

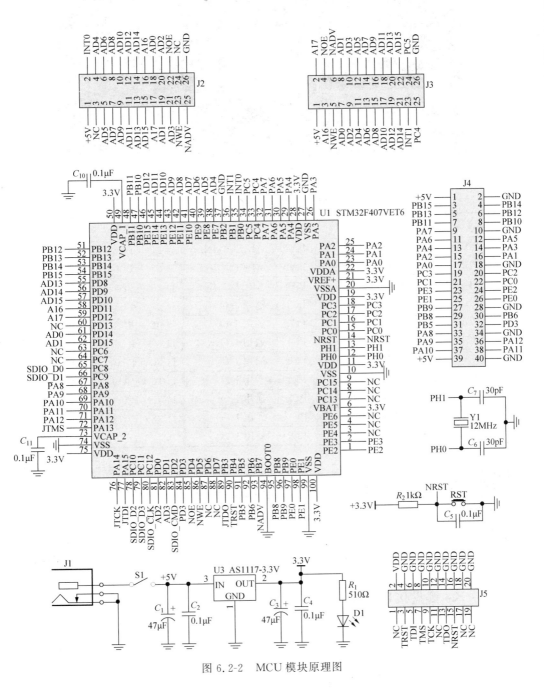

图 6.2-2 MCU 模块原理图

图 6.2-3　单片机最小系统实物图

表 6.2-1　MCU 模块 J4 口的各引脚功能定义

引脚	信号	功能定义	引脚	信号	功能定义	引脚	信号	功能定义
J4-3	PB15	SPI2_MOSI	J4-15	PA2	ADC123_IN2	J4-27	PB9	I2C1_SDA
J4-4	PB14	SPI2_MISO	J4-16	PA1	ADC123_IN1	J4-29	PB8	I2C1_SCL
J4-5	PB13	SPI2_SCK	J4-17	PA0	ADC123_IN0	J4-30	PB6	TIM4_CH1
J4-6	PB12	SPI2_NSS	J4-19	PC3	通用 I/O	J4-31	PB5	通用 I/O
J4-7	PB11	TIM2_CH3	J4-20	PC2	通用 I/O	J4-32	PD3	通用 I/O
J4-8	PB10	TIM2_CH4	J4-21	PC1	通用 I/O	J4-33	PA8	MCO1
J4-9	PA7	ADC12_IN7	J4-22	PC0	通用 I/O	J4-35	PA9	USART1_TX
J4-11	PA6	ADC12_IN6	J4-23	PE3	通用 I/O	J4-36	PA10	USART1_RX
J4-12	PA5	DAC_OUT2	J4-24	PE2	通用 I/O	J4-37	PA11	CAN1-RX
J4-13	PA4	DAC_OUT1	J4-25	PE1	通用 I/O	J4-38	PA12	CAN1-TX
J4-14	PA3	ADC123_IN3	J4-26	PE0	通用 I/O			

6.3　CPLD 内部逻辑电路设计

　　从图 6.1-2 所示的原理框图可知,CPLD 内部由 4×4 键盘接口、TFT 模块接口、地址译码器、地址锁存器、内部振荡器等单元电路组成。

6.3.1　4×4 键盘接口设计

1. 方案设计

　　4×4 键盘接口原理框图如图 6.3-1 所示。CPLD 的型号为 EPM240T100,其片内振荡电路 OSC 产生时钟信号经过分频后作为键盘接口的时钟信号 KEYCLK。四进制计数器以 KEYCLK 为计数时钟,驱动 2-4 译码器产生 4 路按键扫描信号 Y0～Y3(低电平有效)。如果没有键按下,则行输入线 X0～X3 输入高电平(X0～X3 引脚设置了内部上拉电阻）；当有键按下时，在扫描信号的作用下，X0～X3 将有低电平输入。通过 4-2 优先编码器将 X0～X3 的输入状态转换成两位编码 B2 和 B3。将 B2、B3 与四进制计数器的输出 B0、B1 结合，就可以得到按键的 4 位键值。消抖电路用于消除按键的抖动，其原理和实现方法与 4.3.3 节介绍的消抖电路完全一致。为了便于与单片机并行总线接口，键值输出端增加了三态缓冲器。三态缓冲器由单片机的读信号 NOE 和片选信号 KEYCS 选通。KEYCS 由后面图 6.3-9 所示地址译码器产生。由于 CPLD 的 I/O 引脚内部可以设置上拉电阻，因此在 4×4 键盘的 X0～X3 输入线省略了上拉电阻。有关给 I/O 引脚设置内部上拉电阻的方法，将在本节后续介绍。

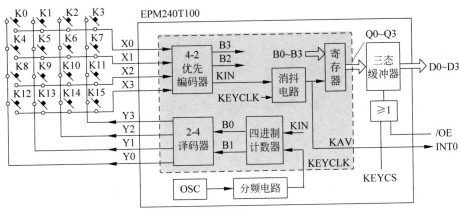

图 6.3-1 键盘接口原理框图

2．底层模块设计

图 6.3-1 中的大部分底层模块是常用的组合逻辑电路和时序电路，采用 Verilog HDL 描述。

1）分频电路

由于 CPLD 内部振荡器产生的时钟信号频率在 4MHz 左右，通过分频电路进行 4096 分频，得到 1kHz 左右的时钟信号 KEYCLK。

```verilog
module FREDIV4096(CLK,CO);
input CLK;
output CO;
reg [11:0] Q;
wire CO;
always@(posedge CLK)
  begin
    Q <= Q + 12'b1;
  end
  assign CO = Q[11];
endmodule
```

2) 四进制计数器

该计数器输出驱动译码电路产生 4 路扫描信号。该计数器设有使能端,使能信号来自优先编码器的输出 KA,$KA = X_0 X_1 X_2 X_3$。当有键按下时,KA 为低电平,该计数器停止计数。

```
module CNT4A(CLK,EN,Q);
input CLK,EN;
output reg [1:0]Q;
always@(negedge CLK)
begin
    if(EN)
    Q <= Q + 1'b1;
end
endmodule
```

3) 2 线-4 线译码器

该译码器用于产生 4 路扫描信号。

```
module DECODE(A,Y);
input [1:0]A;
output reg [3:0]Y;
always@(A)
begin
    case(A)
    2'b00:Y[3:0]<= 4'b1110;
    2'b01:Y[3:0]<= 4'b1101;
    2'b10:Y[3:0]<= 4'b1011;
    2'b11:Y[3:0]<= 4'b0111;
    endcase
end
endmodule
```

4) 4 线-2 线优先编码器

该编码器用于产生 4 位键值中的高两位,并产生 KA 信号。

```
module ENCODE(I0,I1,I2,I3,Y0,Y1,KA);
input I0,I1,I2,I3;
output reg Y0,Y1,KA;
always@(I0,I1,I2,I3)
begin
    Y0 <= (I0&(!I1))|(I0&I2&(!I3));
    Y1 <= (I0&I1&(!I2))|(I0&I1&(!I3));
    KA <= I0&I1&I2&I3;
end
endmodule
```

5) 4 位寄存器

该寄存器用于存放 4 位键值。寄存器的时钟信号来自消抖电路,只有按键稳定闭合后,键值才会存入寄存器。

```
module REG4(CLK,D,Q);
input CLK;
input [3:0]D;
output reg[3:0]Q;
always@(negedge CLK)
    begin
        Q<=D;
    end
endmodule
```

6) 三态缓冲器 TS4

为了便于与单片机并行总线连接,要求键盘接口具有三态输出功能。

```
module TS4(EN,DI,DO);
input EN;
input [3:0]DI;
output reg [3:0]DO;
always@(EN,DI)
begin
if(EN==0)
    DO[3:0]<=DI[3:0];
    else
    DO[3:0]<=4'bzzzz;
    end
endmodule
```

3. 顶层原理图设计

在完成底层模块设计的基础上,可以得到键盘接口顶层原理图,如图 6.3-2 所示。

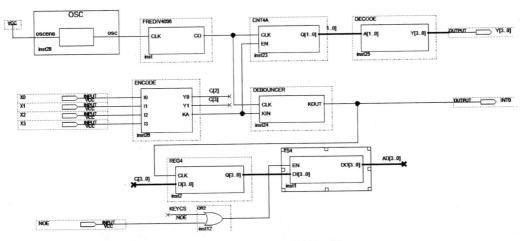

图 6.3-2 键盘接口顶层原理图

4. CPLD引脚上拉电阻设置方法

X0～X3为行输入线，只需将X0～X3对应的I/O引脚设成内部上拉，就可以省去外部上拉电阻。其方法介绍如下。

步骤一：选择Assignments→Assignment Editor命令，进入如图6.3-3所示的界面，选择I/O Features。

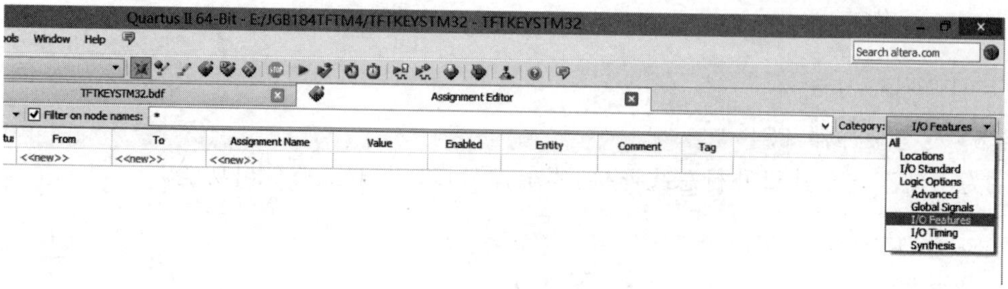

图6.3-3 步骤一

步骤二：双击图6.3-3中form下方空白区。输入X0，按回车键。用同样方法设置X1、X2、X3，如图6.3-4所示。

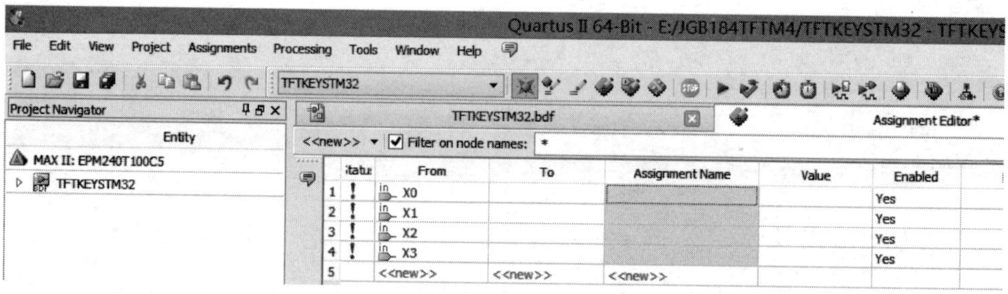

图6.3-4 步骤二

步骤三：双击图6.3-4中Assignmnt Name区域，选择Weak Pull-up Resistor，如图6.3-5所示。

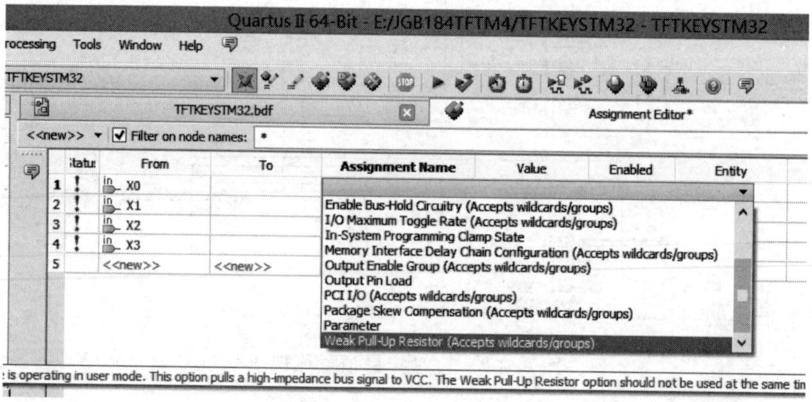

图6.3-5 步骤三

步骤四：双击图 6.3-5 中 Value 下方区域，选择 On，如图 6.3-6 所示。

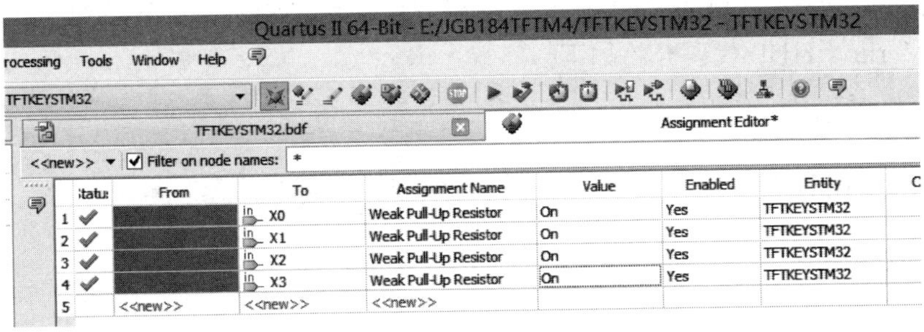

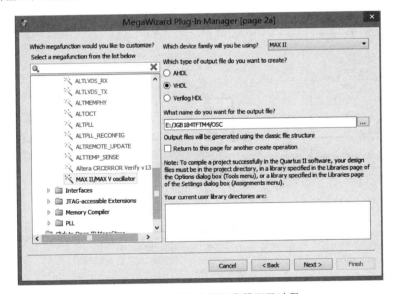

图 6.3-6　步骤四

步骤五：存盘，重新编译即可。

5. CPLD 内部振荡器的使用

在图 6.3-1 键盘接口原理框图中，使用了 CPLD 内部振荡器 OSC。该振荡器的频率范围为 3.3～5.5MHz，可以通过 Quartus Ⅱ 软件配置。执行 Tool→MegaWizard Plug-In Manager 命令，选择 I/O→MAX Ⅱ oscilator，如图 6.3-7 所示。输入文件名 OSC，连续单击 Next 按钮，即可生成 OSC 的元件符号，画原理图时可以调用。

图 6.3-7　MAX Ⅱ 内部振荡器配置过程

6.3.2　TFT 模块接口设计

TFT 模块接口的设计如图 6.3-8 所示。TFT 模块接口电路由 16 位双向缓冲电路、背光控制电路、复位信号产生电路组成。双向缓冲电路由两个 16 位三态缓冲器 TS16 组成。D 触发器的输入与数据线 AD0 相连,通过执行一条数据传送指令将 D 触发器的状态置 1 或置 0。两个 D 触发器分别产生 TFT 模块背光控制信号和 TFT 的复位信号。TS16 的 Verilog HDL 代码介绍如下。

```
module TS16(EN,DI,DO);
input EN;
input [15:0]DI;
output reg [15:0]DO;
always@(EN,DI)
begin
if(EN==0)
    DO[15:0]<=DI[15:0];
else
    DO[15:0]<=16'bzzzzzzzzzzzzzzzz;
end
endmodule
```

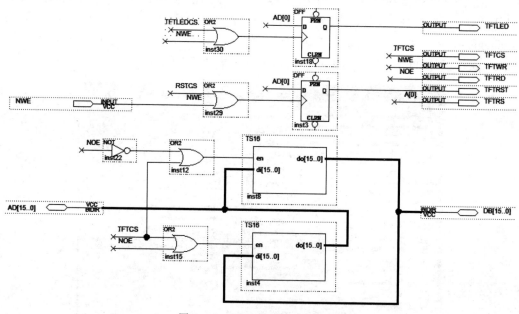

图 6.3-8　TFT 模块接口原理图

6.3.3　地址译码器的设计

地址译码器为键盘接口电路提供片选信号。原理图如图 6.3-9 所示。

在图 6.3-9 中,地址译码器需要 A[2]、A[1]两位地址,加上图 6.3-8 中需要 A[0]地址,因此,需要一个 3 位地址锁存器获取低 3 位地址。需要指出的是,FSMC 的地址有效信号 NADV 为低电平有效,因此,地址锁存器应在时钟信号的低电平期间接收输入数据。地址锁存器的 Verilog HDL 代码为:

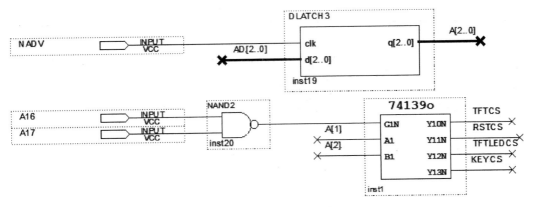

图 6.3-9　地址译码器原理图

```
module DLATCH3(CLK,D,Q);
input CLK;
input [2:0]D;
output reg [2:0]Q;
always@(CLK or D)
begin
    if(CLK == 0)
        Q <= D;
    end
endmodule
```

各片选信号的地址如表 6.3-1 所示。表中的地址说明如下：

(1) STM32F407 单片机的存储空间地址为 32 位，用 HADDR[31：0]表示。根据 STM32F407 单片机存储空间的划分，通过 FSMC 总线扩展的外设地址从 0x60000000 开始。因为 FSMC 设置的数据总线宽度为 16 位（参考 8.2 节 FSMC 初始化程序），所以 HADDR[25：1]与 FSMC 接口的实际地址 A24～A0 对应，HADDR[0]用 0 代替。由于 FSMC 中的 A24～A18 未用，因此这几位地址用 0 表示。

(2) TFT_CMD 和 TFT_DATA 分别为 TFT 命令寄存器和数据寄存器的片选地址。这两个地址由片选信号 TFTCS 的地址和 A0 共同确定。

表 6.3-1　键盘显示模块片选地址

片选信号	HADDR [25:19]	HADDR [18:16]	HADDR [15:12]	HADDR [11:8]	HADDR [7:4]	HADDR [3]	HADDR [2]	HADDR [1]	HADDR [0]
	A24～A18	A17～A15	A14～A11	A10～A7	A6～A3	A2	A1	A0	
TFT_CMD	0000000	110	0000	0000	0000	0	0	0	0
	TFT 命令寄存器地址 HADDR[31：0]=0x600000000+0x60000=0x60060000								
TFT_DATA	0000000	110	0000	0000	0000	0	0	1	0
	TFT 数据寄存器地址 HADDR[31：0]=0x600000000+0x60002=0x60060002								

续表

TFTRSTCS	0000000	110	0000	0000	0000	0	1	0	0
	TFT 复位寄存器地址 HADDR[31:0]＝0x600000000＋0x60004＝0x60060004								
TFTLEDCS	0000000	110	0000	0000	0000	1	0	0	0
	TFT 背光 LED 控制寄存器地址 HADDR[31:0]＝0x600000000＋0x60008＝0x60060008								
KEYCS	0000000	110	0000	0000	0000	1	1	0	0
	4×4 键盘接口地址 HADDR[31:0]＝0x600000000＋0x6000C＝0x6006000C								

6.4　最小系统测试程序设计

由于 STM32F407 是一个功能丰富的 32 位的单片机,其配置功能寄存器较普通的 8 位单片机要庞大复杂了许多。纯粹使用寄存器操作来控制单片机的编写代码风格,效率低下,可读性较差,且实现难度较大。ST 公司官方固件库的出现大大简化了程序的实现难度,提高了编写效率。本教材介绍 STM32F407 单片机程序就是利用 ST 公司提供的官方固件库来编写的。用固件库来编写程序,除了用户编写的应用程序外,还包括许多必要的库文件。在编写程序时,通过建立工程来管理文件。首先来了解下一个基于固件库的 STM32F4 工程需要哪些关键文件。STM32F4 标准外设固件库文件关系图如图 6.4-1 所示。

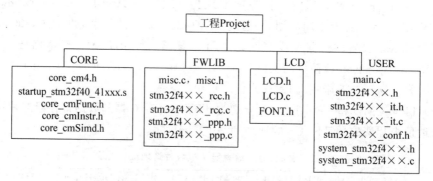

图 6.4-1　STM32F4 标准外设固件库文件关系图

整个工程分为 4 个文件夹：CORE 文件夹用于存放 ARM 公司提供的一些文件；FWLIB 文件夹用于存放 STM32F4 标准的外设库文件；LCD 文件夹用于存放 TFT 模块所需要的文件；USER 文件夹用于存放用户文件和系统文件。

1. CORE 文件夹中的文件

core_cm4.h 文件是 CMSIS 核心文件,该文件提供内核功能的定义,比如 NVIC 相关寄存器的结构体和 Systick 配置,提供 Cortex-M4 内核接口。该文件由 ARM 公司提供,对所有 Cortex-M4 内核的单片机都一样,不需要修改这个文件。

core_cmSimd.h 文件用于 simd 指令,即单指令多数据流指令,这个只有 ARMv7 架构才有,Cortex M4 是 ARMv7 架构,因此需要添加该头文件。

core_cmFunc.h 文件是不同编译器下的一些系统级的汇编函数。

core_cmInstr.h 文件是不同编译器下的指令。

以上 3 个头文件都是在 core_cm4.h 文件中被包含的。

startup_stm32f40_41xxx.s 为启动文件。启动文件是上电复位后最先运行的一段汇编程序。启动文件主要完成堆栈的初始化、中断向量表以及中断函数定义,引导进入 main 函数,并在进入 main 函数之前调用 SystemInit。

2. FWLIB 文件夹中的文件

misc.c、misc.h、stm32f4××_ppp.c、stm32f4××_ppp.h、stm32f4××_rcc.c 和 stm32f4××_rcc.h 是 STM32F4 标准的外设库文件。其中 misc.c 和 misc.h 是定义中断优先级分组以及 Systick 定时器相关函数。stm32f4××_rcc.c 和 stm32f4××_rcc.h 是与 RCC 相关的一些操作函数,主要作用是一些时钟的配置和使能。在任何一个 STM32F407 单片机工程,RCC 相关的源文件和头文件是必须添加的。stm32f4××_ppp.c 和 stm32f4××_ppp.h 是 STM32F4 标准的外设固件库对应的源文件和头文件,包括一些常用外设 GPIO、TIMER、USART 等。

3. USER 文件夹中的文件

stm32f4××.h 是 STM32F4 片上外设访问层头文件。打开这个文件可以看到,里面有非常多的结构体以及宏定义、系统寄存器定义声明以及包装内存操作。该文件还包含了一些时钟相关的定义,FPU 和 MPU 单元开启定义,中断相关定义等。

stm32f4××_conf.h 是外设驱动配置文件,文件打开可以看到许多 #include,在建立工程的时候,可以注释掉一些不需要的外设头文件。

stm32f4××_it.h、stm32f4××_it.c 用来编写中断服务程序,中断服务函数可以随意编写在工程里面的任意一个文件里面。

system_stm32f4××.h 和 system_stm32f4××.c 文件主要用于设置系统及总线时钟。system_stm32f4××.c 源文件里面有一个非常重要的 SystemInit()函数声明,这个函数在系统启动的时候都会调用,用来设置整个系统和总线的时钟。在 5.2 节的时钟系统中已经比较详细地介绍了该函数的作用。

mian.c 文件实际上就是应用层代码。该程序包括对各种库文件的调用,各种外设的初始化等,以及整体功能实现的过程。

4. LCD 文件夹中的文件

除了官方库提供的各种函数外,还需要添加一个自行开发的 LCD 的库函数,包括 LCD.h 和 LCD.c,这些函数用于 TFT 模块的初始化、绘图、清屏、显示文字、字母等工作。FONT.h 包含了常用字库及用户自行建立的字库。

　　TFT 显示屏主要用来显示字符、图形。TFT 显示屏的工作原理比较复杂,在程序设计中,没有必要太多关注其内部结构和工作原理,只需要直接调用一些常用的子程序即可。表 6.4-1 列出了 TFT 的常用子程序。

表 6.4-1　TFT 模块常用显示子程序

序号	常用子程序
	TFT 初始化程序
1	void LCD_Init(void)
	对 TFT 产生复位信号,对 TFT 寄存器初始化
	显示一个 16×8 ASCII 字符子程序
2	void LCD_ShowChar(u16 x, u16 y, u8 num, u16 color)
	x、y 为显示位置,num 为 ASCII 码,字符来自 asc3_1608[][]字库
	显示一串 16×8 ASCII 字符子程序
3	void LCD_ShowString(u16 x, u16 y, char * p, u16 color)
	x、y 为显示位置,字符来自 asc3_1608[][]字库,char * p 表示字符串指针
	显示一个 32×16 ASCII 字符子程序
4	void LCD_ShowCharBig(u16 x, u16 y, u8 num, u16 color)
	x、y 为显示位置,字符来自 asc_3216[][]字库,num 为 ASCII 码
	显示一串 32×16 ASCII 字符子程序
5	void LCD_ShowStringBig(u16 x, u16 y, char * p, u16 color)
	x、y 为显示位置,字符来自 asc_3216[][]字库,num 为 ASCII 码,char * p 为字符串指针
	右对齐显示一个 32×16 整数子程序
6	void LCD_ShowNumBig_L(u16 x, u16 x_end, u16 y, u32 num, u16 color)
	x、x_end 为显示位置,注意:x－x_end≥16×num 的位数。字符来自 asc_3216[][]字库,num 为整数
	从左到右依次显示一个多位十进制数子程序
7	void LCD_ShowNumBig(u16 x, u16 y, u32 num, u16 color);
	x、y 为显示位置。字符来自 asc_3216[][]字库,num 为整数。
	显示一个 16×16 中文字符子程序
8	void LCD_ShowChinese(u16 x, u16 y, u8 num, u16 color)
	x、y 为显示位置,字符来自 asc4_1616 字库。num 为汉字在字库中的序号
	显示一个 32×32 中文字符子程序
9	void LCD_ShowChineseBig(u16 x, u16 y, u8 num, u16 color)
	x、y 为显示位置,字符来自 asc_3232 字库。num 为汉字在字库中的序号
	显示一串 32×32 中文字符子程序
10	void LCD_ShowChineseStringBig(u16 x, u16 y, u8 num, u8 len, u16 color)
	x、y 为显示起始位置,字符来自 asc_3232[]字库。num 为首个汉字在字库中的序号,len 为汉字个数
11	用指定颜色清空整个显示屏子程序
	void LCD_Clear1(u16 color)

续表

序号	常用子程序
	显示单点像素子程序
12	_LCD_Set_Pixel(x,y,color)
	该子程序放在 LCD.h 中,其功能是在指定的位置显示单点像素,用于显示曲线、图形等
	画矩形框子程序
13	void LCD_Show_Rect(u16 x,u16 y,u16 lenth,u16 width,u16 point_color)
	x,y 为矩形左下角坐标,lenth 和 width 为矩形长和宽

例 6.4-1 设计单片机最小系统测试程序。要求如下:

(1) 开机显示如图 6.4-2 所示的画面;

(2) 每按一个键,在相应的位置上显示相应的字符,如按 K0 键,则在相应位置上显示 K0 字符,…;按 KF 键,则在相应位置上显示 KF 字符。除此之外,K0 键具有秒表启停功能;K1 键具有背光控制功能,即按一次该键,关背光,再按一次,开启背光,以此循环;

(3) 通过 SysTick 定时器中断,实现秒表功能。

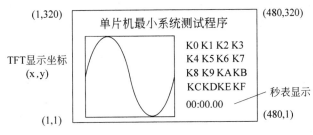

图 6.4-2 例 6.4-1 图

解:根据题目要求,单片机最小系统测试程序可以由主程序、SysTick 中断服务程序、键盘中断服务程序组成。主程序包括内部资源初始化、显示界面、按键处理。SysTick 中断服务程序完成秒表功能。键盘中断服务程序完成键值读入和设置键有效标志。程序流程图如图 6.4-3 所示。

1) 主程序

```
# define TFT_CMD ( * ((volatile unsigned short * ) 0x60060000))    //TFT 命令寄存器片选地址
# define TFT_DATA ( * ((volatile unsigned short * ) 0x60060002))   //TFT 数据寄存器片选地址
# define TFT_RST ( * ((volatile unsigned short * ) 0x60060004))    //TFT 复位寄存器地址
# define TFTLED ( * ((volatile unsigned short * ) 0x60060008))     //TFT 背光寄存器地址
# define KEY_RAM ( * ((volatile unsigned short * ) 0x6006000C))    //键盘接口地址
int main(void)
{
    FSMC_init();                                        //FSMC 初始化
    LCD_Init();                                         //TFT 模块初始化
    NVIC_PriorityGroupConfig(NVIC_PriorityGroup_2);     //中断分组
    EXTI_init();                                        //外部中断初始化
```

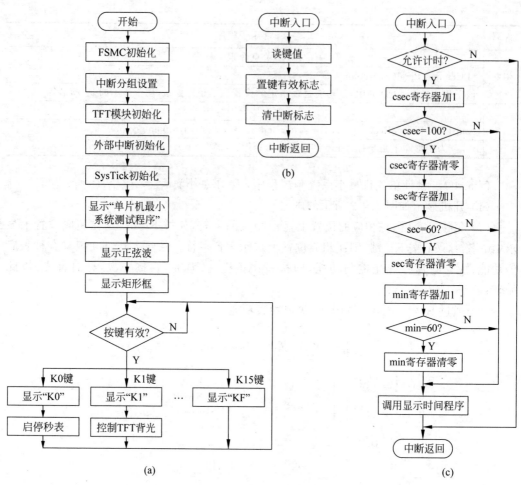

图 6.4-3　程序流程图

(a) 主程序流程图；(b) 键盘中断服务程序流程图；(c) SysTick 中断服务程序流程图

```
SysTick_Init(210000);                              //注1
LCD_ShowChineseStringBig(110,270,0,11,YELLOW);     //注2
LCD_Show_Rect(20,0,256,256,YELLOW);                //显示矩形框
TFTLED = 0x01;                                     //注3
for(int i = 0;i < 255;i++)                         //显示正弦波
{
    u8 temp;
    temp = (1 + sin(2 * 3.14 * i/256)) * 128;      //计算正弦值
    _LCD_Set_Pixel(i + 20,temp, CYAN);             //显示一点像素
}
keysign = 0;                                       //键有效标志置 0
csec = 0;                                          //0.1s 寄存器初始化
sec = 0;                                           //秒寄存器初始化
min = 0;                                           //分寄存器初始化
timerun = 0;
```

```
 disptime();                                          //显示时间
while(1)
{
  if(keysign == 1)                                   //键盘处理程序
  {
    keysign = 0;
    switch(keycode)
    {
        case 0x00:                                   //K0 键
        {
            LCD_ShowStringBig(310,196,"K0",CYAN);    //显示 K0
            timerun = ~timerun;                      //秒表启停控制
            break;
        }
        case 0x01:                                   //K1 键
        {
            LCD_ShowStringBig(350,196,"K1",CYAN);    //显示 K1
            TFTLEDSIGN = ~TFTLEDSIGN;
            TFTLED = TFTLEDSIGN;                     //背光控制
            break;
        }
        case 0x02:                                   //K2 键
        {
            LCD_ShowStringBig(390,196,"K2",CYAN);    //显示 K2
            break;
        }
        …
        case 0x0f:                                   //KF 键
        {
            LCD_ShowStringBig(430,76,"KF",CYAN);     //显示 KF
            break;
        }
    }
  }
}
}
```

注 1：该函数为 SysTick 的初始化程序。SysTick 的计数时钟频率为 21MHz，210000 分频后，得到定时时间常数为 10ms，刚好为百分之一秒。

注 2：该函数用于显示"单片机最小系统测试程序"11 个汉字。这些汉字的字模数据预先存放在 FONT.h 文件中。

注 3：在单片机最小系统的 CPLD 内部设置了背光控制电路（参见图 6.3-8），单片机通过软件向 D 触发器写入 1，则点亮背光；写入 0 则关闭背光。对单片机最小系统的工作电流进行了测试表明：当 TFT 模块背光点亮时，工作电流约为 200mA；背光熄灭时，工作电流约为 100mA。可见，在不需要的时候关闭背光可以显著降低功耗。

2) 键盘中断服务程序

```
void EXTI0_IRQHandler(void)
{
  keycode = KEY_RAM;                              //读取键值
  keycode &= 0x0f;
  keysign = 1;                                    //置键有效标志
  EXTI_ClearITPendingBit(EXTI_Line0);             //清中断标志
}
```

在中断服务程序中尽量不要安排执行时间比较长的程序,因此将按键处理程序放到主程序中。

3) SysTick 中断服务程序

```
void SysTick_Handler(void)
{
    if (timerun == 0xff)
    {
      csec++;
      if (csec == 0x64)
      {
        csec = 0;
        sec++;
        if (sec == 60)
        {
          sec = 0;
          min++;
          if (min == 60)
          {
            min = 0;
          }
        }
      }
      disptime();
    }
}
```

4) 时间显示程序

```
void disptime(void)
{
    TIMEBCD[0] = csec % 10;
    TIMEBCD[1] = csec/10;
    TIMEBCD[2] = sec % 10;
    TIMEBCD[3] = sec/10;
    TIMEBCD[4] = min % 10;
    TIMEBCD[5] = min/10;
```

```
LCD_ShowCharBig(310,30,TIMEBCD[5] + '0',YELLOW);        //显示分十位
LCD_ShowCharBig(326,30,TIMEBCD[4] + '0',YELLOW);        //显示分个位
LCD_ShowCharBig(342,30,':',YELLOW);                     //显示冒号
LCD_ShowCharBig(358,30,TIMEBCD[3] + '0',YELLOW);        //显示秒十位
LCD_ShowCharBig(374,30,TIMEBCD[2] + '0',YELLOW);        //显示秒个位
LCD_ShowCharBig(390,30,'.',YELLOW);                     //显示小数点
LCD_ShowCharBig(406,30,TIMEBCD[1] + '0',YELLOW);        //显示百分之一秒十位
LCD_ShowCharBig(422,30,TIMEBCD[0] + '0',YELLOW);        //显示百分之一秒个位
}
```

思考题

1. 什么是单片机最小系统？

2. 本章介绍的单片机最小系统采用的单片机型号为 STM32F407VET6，其中 "VET6"代表什么含义？

3. CPLD 在单片机最小系统中，实现了哪些功能？如果不采用 CPLD，而是采用标准的 74LS 系列实现，需要哪些器件？

4. 如何用 CPLD 实现双向数据传送？

5. STM32F407 单片机 FSMC 数据总线位宽为 16，地址译码器如图 T6-1 所示。写出各片选信号地址。

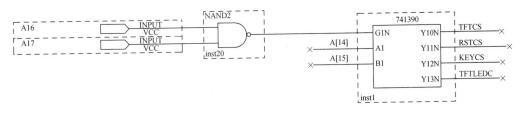

图　T6-1

6. 单片机最小系统中的 TFT 模块采用什么控制器？要在 TFT 上显示一点像素，单片机需要向 TFT 传输多少字节？

7. STM32F407 单片机内部 ADC 和 DAC 的参考电压源是如何提供的？

8. 在用 CPLD 实现 4×4 编码式键盘时，使用了 CPLD 的哪两种资源使最小系统的硬件简化了？

9. 型号为 G5V-1 的小型继电器，线圈额定电流为 30mA，电阻为 167Ω。现用该继电器控制一只 12V/100mA 小灯泡，试画出驱动电路原理图。

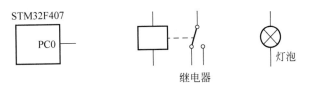

设计训练题

设计题一　步进电机控制系统设计

步进电机控制系统原理框图如图 P6-1 所示。要求控制步进电机正转、反转,并通过按键调节步进电机速度。

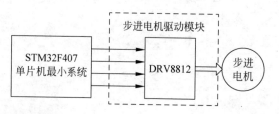

图 P6-1　步进电机控制系统原理框图

设计题二　直流电机调速系统设计

直流电机调速系统设计原理框图如图 P6-2 所示。要求通过按键控制直流电机正转、反转、加速、减速。直流电机的速度分为 9 挡,分别用 -4、-3、-2、-1、0、$+1$、$+2$、$+3$、$+4$ 表示,数字前面的符号表示方向,0 表示停止。

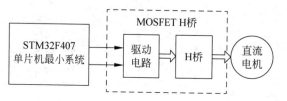

图 P6-2　步进电机控制系统原理框图

第 **7** 章

单片机串行总线扩展技术

7.1 概述

由于单片机应用范围十分广泛,世界上各大半导体厂商都推出了富有特色的单片机系列,同一系列又包含多个型号。丰富的单片机品种使设计者总能找到最合适的单片机,使得所设计的系统在满足性能的前提下所需要扩展的外围器件最少,从而达到小型化、高性价比。尽管随着技术的发展,单片机的内部资源越来越丰富、性能越来越高,但受成本和技术的限制,任何一款单片机都不可能将所有外设都集成到芯片内部,因此,单片机系统扩展技术始终是单片机系统设计中重要的内容。

单片机需要扩展的外部设备种类很多,特性各不相同,根据与单片机连接方式的不同,外部设备可以分为以下 3 类:

(1) I/O 驱动电路。I/O 驱动电路是单片机控制微型继电器、电磁阀、步进电机、直流电机等执行元件的接口。I/O 驱动电路通常与单片机 I/O 引脚直接相连。

(2) 串行总线接口芯片。串行总线接口芯片通过串行总线与单片机连接。常见的串行总线接口芯片有 ADC、DAC、实时时钟 RTC、数据存储器、专用 DDS 芯片、温度传感器等。

(3) 并行总线接口芯片。只要是通过并行总线与单片机连接的外部设备均可称为并行总线接口芯片。如并行数据存储器、具有并行总线接口的专用 DDS 芯片等。本书也把 FPGA 归入并行总线接口芯片,因为在本书介绍的电子系统中单片机通过并行总线与FPGA 接口。

针对上述 3 类外部设备,单片机系统的扩展技术可分为 I/O 扩展技术、串行总线扩展技术、并行总线扩展技术。I/O 扩展技术比较简单,将其安排在第 6 章的设计训练题中。本章主要介绍串行总线扩展技术,并行总线扩展技术将安排在第 8 章介绍。

7.2 SPI 总线扩展技术

7.2.1 SPI 总线及软件模拟

串行外设接口(Serial Peripheral Interface,SPI)总线是 Motorola 公司推出的一种同步串行外设接口总线,广泛应用于单片机与各种外围设备以串行方式交换信息。

SPI 总线一般使用 4 条信号线:

(1) 串行时钟线 SCK(由主器件输出);

(2) 主器件输出/从器件输入数据线 MOSI;

(3) 主器件输入/从器件输出数据线 MISO;

(4) 从器件选择线 NSS(由主器件输出,通常低电平有效)。

SPI 接口的原理框图如图 7.2-1 所示。SPI 接口由主器件(Master)和从器件(Slave)构成。主器件和从器件最大区别是主器件发出 SCK 信号,而从器件接收 SCK 信号。从

图 7.2-1 中可以看到,主器件和从器件都有一个移位寄存器。当发起一次数据传输时,在主器件时钟信号 SCK 作用下,移位寄存器 A 的数据通过 MOSI 线串行地送到移位寄存器 B,同时,移位寄存器 B 中的数据通过 MISO 线送到移位寄存器 A。对从器件的写操作和读操作是同步完成的。如果主器件只对从器件进行写操作,则只需忽略接收到的数据;如果主器件只对从器件读操作,则需要发送一个空字节来引发从器件的传输。

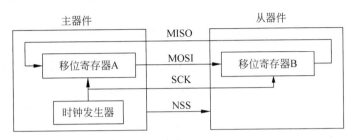

图 7.2-1 SPI 接口的原理框图

SPI 总线系统一般是单主系统,即系统中只有一个主器件,其余的外围器件均为从器件。以图 7.2-2 所示的 SPI 总线系统为例,图中单片机作为主器件,外围器件 $1 \sim n$ 为从器件。任何时刻,主器件只能与一个从器件交换数据。由于 SPI 总线系统中的从器件不设器件地址,主器件是通过从器件选择线来选择其中的一个从器件进行数据传输,因此,每个从器件必须有一根独立的从器件选择线。主器件在访问从器件时,不需要发送从器件的地址字节,简化了软件设计。由于从器件共享 SPI 总线,因此,从器件的数据输出线 MISO 必须具有三态输出功能。当从器件未被主器件选中时,从器件的 MISO 引脚输出高阻态。如果主器件和从器件之间的数据只需单向传输,如 DAC 只需数据写入,可省去一根数据输入线 MISO。

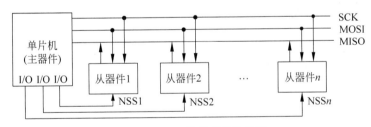

图 7.2-2 SPI 总线系统扩展图

单片机产生 SPI 总线时序有两种方法:一种是通过软件模拟的方法在通用 I/O 引脚上产生 SPI 总线时序;另一种是通过单片机内部的 SPI 接口由硬件产生 SPI 总线时序。采用软件模拟 SPI 总线时序的方法移植性强,适用于各种单片机,但软件开销较大;由单片机内部的硬件 SPI 接口产生 SPI 总线时序控制简单,运行效率高。两种方法各有优缺点,本节将分别予以介绍。

例 7.2-1 STM32F407 单片机与 M25P16 接口原理图如图 7.2-3(a)所示。M25P16 为大容量串行存储器,其时序图如图 7.2-3(b)所示。请编写向 M25P16 写 1 字节数据和读 1 字节数据的子程序。

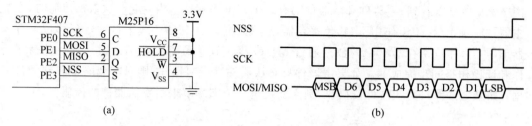

图 7.2-3　例 7.2-1 原理图及时序图

解：(1) 为了增加程序可读性，根据原理图，对 SPI 信号的操作进行宏定义。

```
#define SPI_SCK_LOW()    GPIO_ResetBits(GPIOE, GPIO_Pin_0)      //时钟信号置低
#define SPI_SCK_HIGH()   GPIO_SetBits(GPIOE, GPIO_Pin_0)        //时钟信号置高
#define SPI_MOSI_LOW()   GPIO_ResetBits(GPIOE, GPIO_Pin_1)      //输出数据线置低
#define SPI_MOSI_HIGH()  GPIO_SetBits(GPIOE, GPIO_Pin_1)        //输出数据线置高
#define SPI_MISO  GPIO_ReadInputDataBit(GPIOE, GPIO_Pin_2)      //读输入数据线
#define SPI_CS_LOW()  GPIO_ResetBits(GPIOE, GPIO_Pin_3)         //片选信号置低
#define SPI_CS_HIGH()  GPIO_SetBits(GPIOE, GPIO_Pin_3)          //片选信号置高
```

(2) I/O 初始化程序。

```
void SPI_Configuration(void)
{
    RCC_AHB1PeriphClockCmd(RCC_AHB1Periph_GPIOE, ENABLE);
    //使能 GPIOB 时钟
    GPIO_InitStructure.GPIO_Mode = GPIO_Mode_IN;            //PE2 输入
    GPIO_InitStructure.GPIO_PuPd = GPIO_PuPd_NOPULL;
    GPIO_InitStructure.GPIO_Speed = GPIO_Speed_50MHz;
    GPIO_InitStructure.GPIO_Pin = GPIO_Pin_2;
    GPIO_Init(GPIOE, &GPIO_InitStructure);

    GPIO_InitStructure.GPIO_Mode = GPIO_Mode_OUT;           //PE0、PE1 和 PE3 推拉输出
    GPIO_InitStructure.GPIO_OType = GPIO_OType_PP;
    GPIO_InitStructure.GPIO_PuPd = GPIO_PuPd_NOPULL;
    GPIO_InitStructure.GPIO_Speed = GPIO_Speed_50MHz;
    GPIO_InitStructure.GPIO_Pin = GPIO_Pin_0 | GPIO_Pin_1 | GPIO_Pin_3;
    GPIO_Init(GPIOE, &GPIO_InitStructure);
}
```

(3) 根据图 7.2-3(b)所示的时序图，向 M25P16 写 1 字节的子程序为

```
void SPI_SendByte(u8 byte)
{
    u8   i;
    SPI_CS_LOW();                        //将片选信号置低电平
    for(i = 0; i < 8; i++)               //向 M25P15 写入 8 位数据
    {
        SPI_SCK_LOW();
        if ((byte&0x80) == 0x80)
```

```
    {
      SPI_MOSI_HIGH();
    }
    else
    {
      SPI_MOSI_LOW();
    }
     byte <<= 1;
     SPI_SCK_HIGH();                              //产生时钟信号上升沿
    }
     SPI_CS_HIGH();
}
```

（4）根据时序图，向 M25P16 读 1 字节的子程序为

```
u8 SPI_ReceiveByte(void)
{
    u8   i,byte;
    SPI_CS_LOW();
    for(i = 0;i < 8;i++)
    {
      byte <<= 1;
      SPI_SCK_HIGH();                             //产生一个时钟脉冲
      SPI_SCK_LOW();
      if (SPI_MISO == 0x01)                       //从 MISO 引脚读数据
      {
        byte| = 0x01;
      }
    }
    SPI_CS_HIGH();
    return byte;
}
```

　　用软件模拟 SPI 总线时序的方法十分灵活，构成 SPI 总线的单片机 I/O 引脚可以任意，每次传送的数据位数也可以任意。编程时应严格参照从器件数据手册提供的时序图，避免出错。

7.2.2　STM32F407 单片机的 SPI 总线接口

　　STM32F407 单片机的 SPI 接口原理框图如图 7.2-4 所示。SPI 接口的 MOSI 线及 MISO 线都连接到移位寄存器上。当向外发送数据时，移位寄存器来自发送数据缓冲器。当从外部接收数据时，移位寄存器把接收到的数据存储到接收数据缓冲器中。发送数据缓冲器和接收数据缓冲器都称为数据寄存器 SPI_DR，但物理上是独立的，通过读操作和写操作来区分。当向 SPI_DR 写数据时，则数据写入发送数据缓冲器；当从 SPI_DR 读数据时，则数据来自接收数据缓冲器。

　　通过配置控制寄存器 CR1 和 CR2 的参数来设置 SPI 接口的工作模式。基本的控制

参数包括 SPI 模式、波特率、LSB 先行、主从模式、单双向模式等。SPI 接口的一些工作状态会反映在状态寄存器 SR 中,只要读取状态寄存器相关的寄存器位,就可以了解 SPI 的工作状态。除此之外,SPI 总线接口还可以产生 SPI 中断信号、DMA 请求及控制 NSS 信号线。

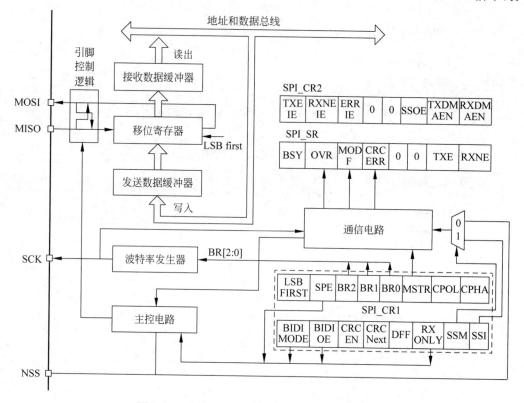

图 7.2-4   STM32F407 单片机 SPI 接口原理框图

STM32F407 单片机在主器件模式下收发数据的流程说明如下:

(1) 控制 NSS 信号线,产生起始信号。

(2) 检查状态寄存器 SR 中的发送数据缓冲器空标志 TXE,如为 1,表示发送缓冲器已空,把要发送的数据写入发送缓冲器中。

(3) 通信开始,SCK 时钟开始运行。MOSI 把发送缓冲器中的数据逐位传输出去;MISO 则把数据逐位存入接收缓冲器中。

(4) 当发送完一帧数据时,移位寄存器也同时接收到一帧数据并存入接收数据缓冲器,这时接收数据缓冲器非空标志 RXNE 置 1,表示接收缓冲区非空。因为 SPI 接口通信时,发送和接收同时进行,RXNE 标志位置 1 也用来表示传输完一帧数据。

(5) 等到 RXNE 为 1 时,需要通过读取接收缓冲器中的内容将 RXNE 标志清零,然后将 NSS 信号线恢复成高电平。

假如使能 TXE 或 RXNE 中断,TXE 或 RXNE 置 1 时会产生 SPI 中断信号,进入同一个中断服务函数,进入 SPI 中断服务程序后,可通过检查寄存器位来了解是哪一个中断,再分别进行处理。

STM32F407 单片机的 SPI 接口使用非常灵活,在以下几方面可以由用户选择:

(1) 单次传输可选择为 8 位或 16 位;

(2) 8 种波特率预分频系数;

(3) 时钟极性(CPOL)和相位(CPHA)可编程设置;

(4) 数据的传输顺序可进行编程选择,MSB 在前或者 LSB 在前。

SPI 初始化结构体及函数定义在库文件 stm32f4xx_spi. h 及 stm32f4xx_spi. c 中。

SPI 初始化结构体定义为

```
typedef struct
{
    uint16_t SPI_Direction;              //设置 SPI 的单双向模式
    uint16_t SPI_Mode;                   //设置 SPI 的主/从器件模式
    uint16_t SPI_DataSize;               //设置 SPI 的数据帧长度,可选 8/16 位
    uint16_t SPI_CPOL;                   //设置时钟极性 CPOL,可选高/低电平
    uint16_t SPI_CPHA;                   //设置时钟相位,可选奇/偶数边沿采样
    uint16_t SPI_NSS;                    //设置 NSS 引脚由 SPI 硬件控制还是软件控制
    uint16_t SPI_BaudRatePrescaler;      //设置时钟分频因子,fPCLK/分频数 = fSCK
    uint16_t SPI_FirstBit;               //设置 MSB/LSB 先行
    uint16_t SPI_CRCPolynomial;          //设置 CRC 校验的表达式
}SPI_InitTypeDef;
```

结构体成员说明如表 7.2-1 所示。

表 7.2-1 SPI 初始化结构体成员说明

结构体成员	参　数	STM32 标准库中定义的宏
SPI_Direction	两线全双工	SPI_Direction_2Lines_FullDuplex
	两线只接收	SPI_Direction_2Lines_RxOnly
	单线只接收	SPI_Direction_1Line_Rx
	单线只发送模式	SPI_Direction_1Line_Tx
SPI_Mode	主器件模式	SPI_Mode_Master
	从器件模式	SPI_Mode_Slave
SPI_DataSize	8 位	SPI_DataSize_8b
	16 位	SPI_DataSize_16b
SPI_CPOL(注 1)	高电平	SPI_CPOL_High
	低电平	SPI_CPOL_Low
SPI_CPHA(注 1)	SCK 的奇数边沿采集数据	SPI_CPHA_1Edge
	SCK 的偶数边沿采集数据	SPI_CPHA_2Edge
SPI_NSS(注 2)	硬件模式	SPI_NSS_Hard
	软件模式	SPI_NSS_Soft
SPI_BaudRatePrescaler (注 3)	波特率分频因子(2、4、8、16、32、64、128、256 分频)	SPI_BaudRatePrescaler_2、…、 SPI_BaudRatePrescaler_256
SPI_FirstBit	MSB 先发送	SPI_FirstBit_MSB
	LSB 先发送	SPI_FirstBit_LSB
SPI_CRCPolynomial	CRC 校验中的多项式	数值大于 1 即可

注1: CPOL 及 CPHA 可以把 SPI 设置成 4 种 SPI 时序,如图 7.2-5 所示。将实际外设的时序图与图 7.2-5 比较,就可以确定 CPOL 及 CPHA 的设置。

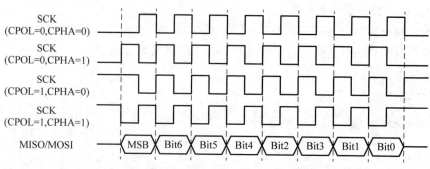

图 7.2-5　CPOL/CPHA 与 SPI 时序

注2: 在硬件模式中,SPI 片选信号 NSS 由 SPI 硬件自动产生,而软件模式则简单地使用普通的 GPIO,软件控制它的电平输出,产生片选信号。大多数情况下,采用软件模式产生片选信号,而不使用 SPI 外设的标准信号线 NSS。

注3: 该参数可设置为 f_{PCLK} 的 2、…、256 分频。其中的 f_{PCLK} 频率是指 SPI 所在的 APB 总线频率。例如 SPI1 挂在 APB2 总线上,f_{PCLK2} 最大值为 84MHz; SPI2 和 SPI3 挂在 APB1 总线上,f_{PCLK1} 的最大值为 42MHz。

例 7.2-2　STM32F407 单片机与 DAC7512 接口原理图如图 7.2-6(a) 所示。DAC7512 为 12 位电压输出 DAC,其时序图如图 7.2-6(b) 所示。试编写 SPI 接口的初始化程序以及向 DAC7512 写数据的子程序。

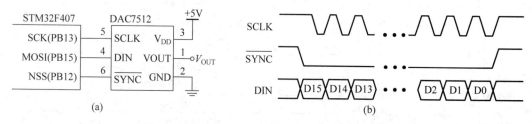

图 7.2-6　例 7.2-2 图

解: STM32F407 单片机内部有 3 个 SPI 接口,它们的接口信号线引到不同的 I/O 引脚。从图 7.2-6(a) 可知,SPI 接口使用单片机的 PB12～PB15,根据表 6.2-1,图 7.2-6(a) 接口电路中,使用单片机内部 SPI2 接口。

1) SPI2 初始化程序

```
void SPI2_Init()
{
    RCC_AHB1PeriphClockCmd(RCC_AHB1Periph_GPIOB, ENABLE);
    RCC_APB1PeriphClockCmd(RCC_APB1Periph_SPI2, ENABLE);
    GPIO_InitTypeDef GPIO_InitStructure;
    GPIO_InitStructure.GPIO_Mode = GPIO_Mode_AF;        //PB13、PB15 复用模式
```

```
    GPIO_InitStructure.GPIO_OType = GPIO_OType_PP;              //推拉输出
    GPIO_InitStructure.GPIO_PuPd = GPIO_PuPd_NOPULL;
    GPIO_InitStructure.GPIO_Speed = GPIO_Speed_50MHz;
    GPIO_InitStructure.GPIO_Pin = GPIO_Pin_13 | GPIO_Pin_15;
    GPIO_Init(GPIOB, &GPIO_InitStructure);
    GPIO_InitStructure.GPIO_Mode = GPIO_Mode_AF;               //PB14 复用模式
    GPIO_InitStructure.GPIO_OType = GPIO_OType_OD;             //OD 输出
    GPIO_InitStructure.GPIO_PuPd = GPIO_PuPd_NOPULL;
    GPIO_InitStructure.GPIO_Speed = GPIO_Speed_50MHz;
    GPIO_InitStructure.GPIO_Pin = GPIO_Pin_14;
    GPIO_Init(GPIOB, &GPIO_InitStructure);
    GPIO_InitStructure.GPIO_Mode = GPIO_Mode_OUT;             //PB12 推拉输出
    GPIO_InitStructure.GPIO_OType = GPIO_OType_PP;
    GPIO_InitStructure.GPIO_PuPd = GPIO_PuPd_NOPULL;
    GPIO_InitStructure.GPIO_Speed = GPIO_Speed_50MHz;
    GPIO_InitStructure.GPIO_Pin = GPIO_Pin_12;
    GPIO_Init(GPIOB, &GPIO_InitStructure);
    GPIO_PinAFConfig(GPIOB, GPIO_PinSource13, GPIO_AF_SPI2);
    GPIO_PinAFConfig(GPIOB, GPIO_PinSource14, GPIO_AF_SPI2);
    GPIO_PinAFConfig(GPIOB, GPIO_PinSource15, GPIO_AF_SPI2);
    SPI_Cmd(SPI2, DISABLE);
    SPI_InitStructure.SPI_Direction = SPI_Direction_2Lines_FullDuplex;
    SPI_InitStructure.SPI_Mode = SPI_Mode_Master;              //主机模式
    SPI_InitStructure.SPI_DataSize = SPI_DataSize_16b;         //16 位
    SPI_InitStructure.SPI_CPOL = SPI_CPOL_High;                //注 1
    SPI_InitStructure.SPI_CPHA = SPI_CPHA_1Edge;
    SPI_InitStructure.SPI_NSS = SPI_NSS_Soft;                  //软件 NSS
    SPI_InitStructure.SPI_BaudRatePrescaler = SPI_BaudRatePrescaler_32;  //注 2
    SPI_InitStructure.SPI_FirstBit = SPI_FirstBit_MSB;         //高位在前
    SPI_InitStructure.SPI_CRCPolynomial = 7;
    SPI_Init(SPI2, &SPI_InitStructure);                        //注 3
    SPI_Cmd(SPI2, ENABLE);
}
```

注 1：从图 7.2-6(b)所示的时序图可知，SCLK 平时为高电平，在 SCLK 下降沿将数据送入 DAC7512。对比图 7.2-5，应该将 CPOL 设为 1(SPI_CPOL_High)，CPHA 设为 0 (SPI_CPHA_1Edge)。

注 2：当 APB1 时钟为 42MHz，32 分频后的 SPI2 总线时钟为 1.3125MHz。

注 3：配置完 SPI 初始化结构体成员后，需要调用 SPI_Init 函数把这些参数写入寄存器中，实现 SPI 的初始化，然后调用 SPI_Cmd 来使能 SPI 外设。

2）发送 16 位数据程序

```
u16 SPI _SendData(u16 TxData)
{
    GPIO_ResetBits(GPIOB,GPIO_Pin_12);                                  //片选信号置低
    while (SPI_I2S_GetFlagStatus(SPI2, SPI_I2S_FLAG_TXE) == RESET);   //注 1
    SPI_I2S_SendData(SPI2, TxData);                                    //注 2
    while (SPI_I2S_GetFlagStatus(SPI2, SPI_I2S_FLAG_RXNE) == RESET);  //注 3
```

```
    GPIO_SetBits(GPIOB,GPIO_Pin_12);                              //片选信号置高
    return SPI_I2S_ReceiveData(SPI2);                             //注 4
}
```

注 1：TXE 为发送缓冲器空的标志,该位置 1 时,表示发送缓冲器为空,下一个数据可以装入发送缓冲器。这条语句的作用是在发送数据之前确保发送缓冲器为空。该标志位通过写 SPI_DR 寄存器来清除。

注 2：该函数的功能是向发送缓冲器写入 16 位数据,在 stm32f4xx_spi.h 中定义。

注 3：RXNE 为接收数据有效标志,当该位置 1 时,表示在接收缓冲器中已接收到有效数据。这里使用了 RXNE 标志来判断发送的数据是否完成,是因为 SPI 总线在 MOSI 线发送数据的同时,在 MISO 线上接收数据,两者是同步进行的。需要注意的是,只有在 SPI 的初始化程序中,通信方向应设为两线全双工(见表 7.2-1)时,才能用 RXNE 标志来判断数据有没有发送完成。只有等到数据发送完毕,才能将片选信号置高。

注 4：该函数的功能是从接收缓冲器读 16 位数据,在 stm32f4xx_spi.h 中定义。这条语句不仅仅是读取数据,更重要的作用是清除 RXNE 标志。因此,即使不需要从接收缓冲器中读到数据,该语句也是必不可少的。

7.2.3 SPI 总线扩展实例——程控放大器设计

1. 设计题目

设计一个程控放大器,其示意图如图 7.2-7 所示。主要技术指标如下：

(1) 增益范围为 1～1000,可通过键盘设置,增益误差小于 1%；

(2) 输出信号电压峰峰值 $V_{opp} \geqslant 8V$；

(3) 带宽为 0～10kHz；

(4) 采用 ±5V 电源供电。

图 7.2-7 程控放大器示意图

2. 方案设计

程控放大器是指可以通过单片机来控制其增益的放大器,常用于数据采集系统或自动化仪表中。程控放大器通常有 3 种设计方案：方案一采用专用程控放大器芯片,如 TI 公司的可编程增益放大器 PGA113(增益从 1、2、5、10、20、50、100、200 八挡可调)、PGA202(增益从 1、10、100、1000 四挡可调)等；方案二在运放构成的放大电路基础上,用单片机控制微型继电器或模拟多路选择开关来选择不同的反馈电阻,从而实现增益控制；方案三采用乘法型 DAC 和运放来实现程控放大器。方案一和方案二只能实现有限的几挡增益控制,无法实现题目要求的增益从 1～1000 的任意增益控制,而方案三可以满足此要求,因此选择方案三。

乘法型 DAC 属于 R-2R 网络型 DAC,由于内部采用了双向的 CMOS 模拟开关,因此其参考电压 V_{REF} 可正可负。如果在 V_{REF} 端输入模拟信号,即可实现模拟量和数字量

的乘法运算。图 7.2-8 所示电路为由 12 位
乘法型 DAC 构成的数字可编程衰减器
(Attenuator),其输出电压 v_O 的表达式为

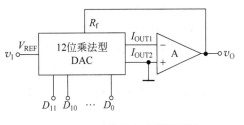

$$v_O = -\frac{v_1}{2^{12}} \times \sum_{i=0}^{11} D_i \times 2^i = -\frac{D}{2^{12}} \times v_1$$

$$(7.2-1)$$

图 7.2-8 可编程衰减器原理图

其增益 $A = -\dfrac{D}{2^{12}}$,由于 A 总小于 1,所

以称为衰减器。只要改变数字量 D,就可以改变增益 A,所以其增益是可编程的,范围为 $0 \sim (2^{12}-1)/2^{12}$,步长为 $1/2^{12}$。

通过数字量 D 控制,图 7.2-8 所示的程控衰减器可实现增益从 $-0.001 \sim -1$ 可调,如果将程控衰减器与增益为 -1000 的放大器级联,就可以得到增益从 $1 \sim 1000$ 可调的程控放大器。因为放大器带宽与增益的乘积为常数,为了使程控放大器的带宽满足设计要求,增益为 -1000 的放大器由 3 个增益为 -10 的放大器级联来实现。图 7.2-9 给出了程控放大器的 3 种级联方案。方案(a)将程控衰减器放在第一级,由于程控衰减器由 DAC 构成,而 DAC 属于数模混合电路,除非采取隔离措施,否则数字噪声将和输入信号叠加在一起。数字噪声经过 1000 倍放大,将极大地降低放大电路信噪比。方案(b)第一级放大器的增益为 10,由于运放采用 $\pm 5V$ 电源供电,当输入信号的峰峰值大 1V 时,第一级放大电路的输出就出现饱和。当程控放大器增益设为 1 时,放大器的输出信号峰峰值不可能大于 1V,因此无法满足输出电压峰峰值不小于 8V 的技术指标。方案(c)第一级放大器采用了两挡增益可调放大器。当程控放大器的增益设为大于 10 时,第一级放大器增益设为 -10,当程控放大器的增益设为小于等于 10 时,第一级放大器增益设为 -1,解决了方案(b)存在的问题。

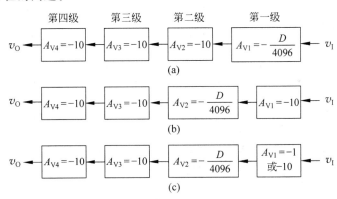

图 7.2-9 程控放大器的三种级联方案

3. 电路设计

程控放大器的设计关键是选择合适的运算放大器和 DAC。由于程控放大器的增益调节范围很宽,要充分考虑运算放大器失调电压和失调电流对放大器精度的影响。由

1.3 节式(1.3-12)可知,放大器增益越大,输出直流噪声也越大。当程控放大器用于放大直流信号时,输出直流噪声就会叠加在有用信号上,而且随着增益的改变而改变。为了消除直流噪声的影响,应选用零漂移运算放大器。选择乘法型 DAC 时,应重点考虑与单片机的接口方式和分辨率。由于程控放大器对 DAC 的速度没有要求,因此应优先选用串行接口的 DAC,可简化硬件连线和缩小体积。DAC 的分辨率应在 10 位以上才能满足要求。

基于上述分析,程控放大器的设计原理图如图 7.2-10 所示。电路中采用了两片零漂移运放 OPA2188 和一片 SPI 总线接口的 12 位乘法型 DAC:DAC7811。第一级放大器为反相放大器,由二选一模拟开关 MAX4564(U1)选择反馈电阻(R_2 和 R_3)实现两挡增益控制。第二级为程控增益衰减器,由 DAC7811(U2)和运放实现,其增益为 $-D/4096$,D 为由单片机送 DAC7811 的 12 位二进制数。第三级和第四级为增益 -10 的反相放大器。第四级反相放大器还增加了直流偏移量调节电路。J2 为程控放大器模拟信号输入端,J1 为程控放大器模拟信号输出端,单片机通过 SPI 总线(PB12~PB15)与 DAC7811 接口。

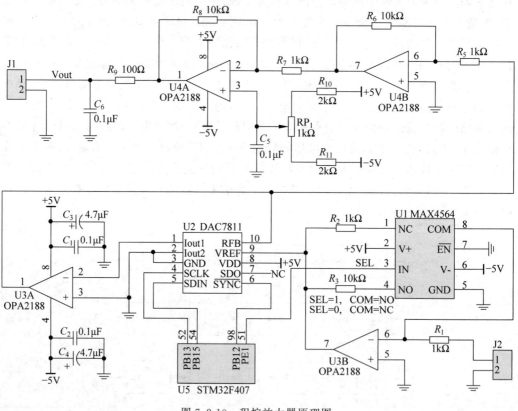

图 7.2-10　程控放大器原理图

4. 程序设计

单片机程序的主要功能是通过键盘设置放大器增益,然后将给定增益转换成 DAC 的数字量,再通过 SPI 总线送给 DAC7811。在设计程序流程图之前,先做一点必要的理

论分析。DAC7811 为 12 位 DAC,假设 D 为输入数字量,则程控放大器增益与数字量的关系为

$$A_{\mathrm{V}} = A_{\mathrm{V1}} \times \left(-\frac{D}{4096}\right) \times A_{\mathrm{V_3}} \times A_{\mathrm{V_4}} \tag{7.2-2}$$

假设 A_{V} 为键盘设定的给定增益,则

$$D = -\frac{4096 \times A_{\mathrm{V}}}{A_{\mathrm{V1}} \times A_{\mathrm{V_3}} \times A_{\mathrm{V_4}}} \tag{7.2-3}$$

当 $A_{\mathrm{V1}} = -1$ 时,根据式(7.2-3)得

$$D = 40.96 \times A_{\mathrm{V}} \tag{7.2-4}$$

当 $A_{\mathrm{V1}} = -10$ 时,根据式(7.2-3)得

$$D = 4.096 \times A_{\mathrm{V}} \tag{7.2-5}$$

在实际电路中,由于电阻的误差,A_{V1}、$A_{\mathrm{V_3}}$、$A_{\mathrm{V_4}}$ 与理论值之间也存在误差。将式(7.3-4)和(7.3-5)中的常数 40.96 和 4.096 分别用 K_1 和 K_2 代替,通过对 K_1 和 K_2 微调,可有效减小程控放大器的增益误差。

为了实现通过按键设定给定增益,定义 3 个功能键:增加键、减少键、步进值选择键。步进值分为 1、10、100 三挡。根据键盘设定的给定增益,通过式(7.2-4)或式(7.2-5)换算成数字量 D 送 DAC7811。程序流程图如图 7.2-11 所示。

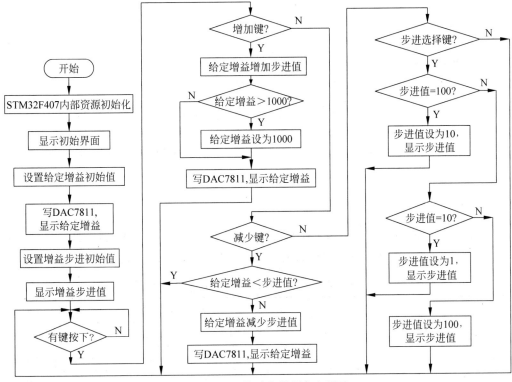

图 7.2-11　程控放大器程序流程图

在图 7.2-11 所示的程序流程图中,与 DAC7811 相关的子程序有两个:一个是 SPI2 的初始化程序;一个是写 DAC7811 的子程序。由于 DAC7811 的工作时序与例 7.2-2 中的 DAC7512 时序相同,因此,SPI2 初始化程序可以直接采用例 7.2-2 给出的代码。在写 DAC7811 子程序中,首先根据给定增益的值确定第一级放大器的增益,如果给定增益≤10,则通过将图 7.2-10 中的开关量 SEL(由单片机的 PE1 控制)置成低电平,把第一级放大器增益设为1,同时将给定增益乘 K_1 后送 DAC7811;如果给定增益>10,则将 SEL 置成高电平,把第一级放大器增益设为 10,同时将给定增益乘 K_2 后送 DAC7811。写 DAC7811 的子程序介绍如下:

```
void Write_DAC(u16 dat)
{
    if (dat > 10)
    {
        GPIO_SetBits(GPIOE, GPIO_Pin_1);          //第一级放大器增益设为 10
        dat = dat * K2;
    }
    else
    {
        GPIO_ResetBits(GPIOE, GPIO_Pin_1);         //第一级放大器增益设为 1
        dat = dat * K1;
    }
    dat = dat&0x0fff;                              //高 4 位置 0001,
    dat = dat|0x1000;
    GPIO_ResetBits(GPIOB,GPIO_Pin_12);             //片选信号置低
    while (SPI_I2S_GetFlagStatus(SPI2, SPI_I2S_FLAG_TXE) == RESET);
    SPI_I2S_SendData(SPI2,dat);
    while (SPI_I2S_GetFlagStatus(SPI2, SPI_I2S_FLAG_RXNE) == RESET);
    GPIO_SetBits(GPIOB,GPIO_Pin_12);               //片选信号置高
    SPI_I2S_ReceiveData(SPI2);                     //读接收到的数据,以清除 RXNE 标志
}
```

5. 系统测试

程控放大器的输入信号采用正弦信号,频率分别为 100Hz、1kHz、10kHz,测试结果如表 7.2-2~表 7.2-4 所示。从表中数据可知,程控放大器达到了设计要求。

表 7.2-2　输入 100Hz 正弦信号时放大器测试结果

给定增益 V/V	1	10	100	300	500	700	1000
输入电压 v_{ipp}/V	8.0	0.8	0.08	0.01	0.01	0.01	0.008
输出电压 v_{opp}/V	8.00	7.92	7.92	2.98	4.96	6.96	8.00
实际增益 V/V	1.00	9.9	99	298	496	696	1000

表 7.2-3　输入 1kHz 正弦信号时放大器测试结果

给定增益 V/V	1	10	100	300	500	800	1000
输入电压 v_{ipp}/V	8.0	0.8	0.08	0.01	0.01	0.01	0.008
输出电压 v_{opp}/V	8.0	7.92	7.92	2.98	4.96	7.92	8.0
实际增益 V/V	1.00	9.09	99	298	496	792	1000

表 7.2-4　输入 10kHz 正弦信号时放大器测试结果

给定增益 V/V	1	10	100	300	500	800	1000
输入电压 v_{ipp}/V	8.0	0.8	0.08	0.01	0.01	0.01	0.008
输出电压 v_{opp}/V	8.0	8	7.92	2.98	4.96	7.92	8.0
实际增益 V/V	1.00	10	99	298	496	792	1000

从测试结果可以看到,放大器的增益误差小于 1%,带宽达到 10kHz,达到设计要求。

7.3　I^2C 总线扩展技术

7.3.1　I^2C 总线及软件模拟

1. I^2C 总线的定义和特点

I^2C 总线(Inter-Integrated-Circuit)是由 Philips 公司开发的一种简单的、高性能的芯片间串行传输总线。I^2C 总线仅用一根数据线(SDA)和一根时钟线(SCL)实现了在单片机和外部设备之间进行双向数据传送。图 7.3-1 所示为典型的单片机 I^2C 总线系统结构图。

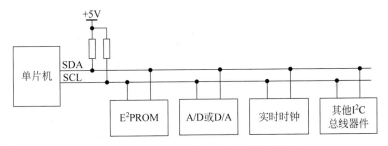

图 7.3-1　单片机 I^2C 总线系统结构图

I^2C 总线系统具有以下特点:

(1) 所有 I^2C 总线接口器件都包含了一个片上接口,使器件之间直接通过 I^2C 总线通信。I^2C 总线的器件接口如图 7.3-2 所示,接口设有数据输入/输出引脚 SDA 和时钟输入/输出引脚 SCL。每个引脚内部含有一个漏极开路的 FET 管和一个 CMOS 缓冲器。

挂在总线上的每个器件通过 CMOS 缓冲器来读入信号,也可以通过 FET 管将每一条线的电平置成高或低,实现信号输出。因此,I²C 总线的每条线既是输入线,又是输出线。由于 I²C 总线的每个引脚是漏极开路输出,因此可以实现线与功能,不过在使用时,两条通信线应通过上拉电阻接到+5V 电源。当总线空闲时,I²C 总线的两条通信线都是高电平。

(2) 挂在 I²C 总线上的器件有主器件和从器件之分。主器件是指主动发起一次传送的器件,它产生起始信号、终止信号和时钟信号;从器件是指被主器件寻址的器件。在单片机系统中,主器件一般由单片机担当,从器件则为其他器件,如存储器、ADC 或 DAC、实时时钟等。在实际应用中,大多数单片机系统采用单主结构的形式,即系统中只有一个主器件,其余均为从器件,图 7.3-1 所示就是典型的单主结构单片机系统。需要指出的是,一个 I²C 总线系统可以有多个主器件,它是一个真正的多主器件总线,I²C 总线有一套完善的总线冲突检测和仲裁机制,当有两个以上的主器件同时启动数据传输时,通过冲突检测和仲裁,I²C 总线最终只允许一个主器件继续占用总线完成数据传输,其余主器件退出总线。

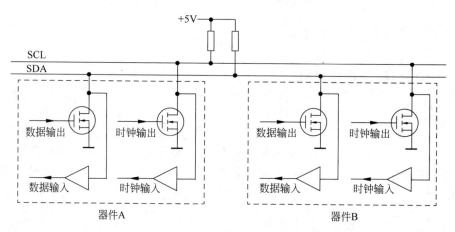

图 7.3-2　I²C 总线接口原理图

(3) 每个连接到 I²C 总线的器件都有唯一的地址。主器件在发出起始信号以后,传送的第一个字节总是地址字节,以指示由哪个器件来接收该数据。由于 I²C 总线采用了器件地址的硬件设置、软件寻址,不需要片选信号,使得硬件系统的扩展更简单、更灵活。

2. I²C 总线的基本时序

在 I²C 总线上,每一位数据位的传送都与时钟脉冲相对应。在数据传送时,SDA 线上的数据在时钟的高电平期间必须保持稳定。数据线的高或低电平状态只有在 SCL 线的时钟信号是低电平时才能改变,如图 7.3-3 所示。

根据 I²C 总线协议的规定,当 SCL 线处于高电平时,SDA 线从高电平向低电平切换表示起始条件;当 SCL 线处于高电平时,SDA 线由低电平向高电平切换表示终止条件。数据传送的起始信号和终止信号如图 7.3-4 所示。起始信号和终止信号由主器件产生。

总线在起始条件后被认为处于忙的状态,在终止条件的某段时间后总线被认为再次处于空闲状态。连接到 I²C 总线上的器件可以很容易地检测到起始信号和终止信号。

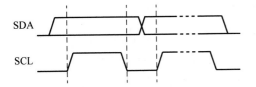

图 7.3-3　I²C 数据位的有效性规定

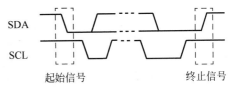

图 7.3-4　数据传送的起始信号和终止信号

利用 I²C 总线进行数据传送时,传送的字节数是没有限制的,但是每一个字节必须保证是 8 位长度,先送高位后送低位。每传送一个字节数据以后都必须跟随一个应答位,其数据传送的时序如图 7.3-5 所示。

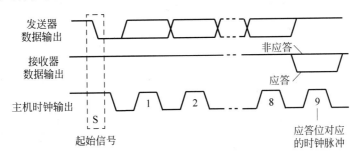

图 7.3-5　I²C 总线数据传送时序

从图 7.3-5 的时序图中可以看到,应答位在第 9 个时钟位上出现。与应答位对应的时钟总是由主器件产生,而应答位是由接收器件产生。如果主器件接收数据,则应答位由主器件产生,如果从器件接收数据,则应答位由从器件产生。接收器件如果在应答位输出低电平的应答信号,表示继续接收,若输出高电平非应答信号,则表示结束接收。

当主器件接收数据时,它收到最后一个数据字节后,必须向从器件发送一个非应答信号,使从器件释放 SDA 线,以便主器件产生终止信号,从而终止数据传送。

3. I²C 总线的 3 种传输模式

模式一:主器件发送,从器件接收,而且传输方向始终不变,其时序图如图 7.3-6 所示。主器件先发出起始信号 S,再发出 7 位的从器件地址。从器件地址后跟 1 位方向位 R/$\overline{\text{W}}$。当 R/$\overline{\text{W}}$=1 时,表示主器件对从器件进行读操作;当 R/$\overline{\text{W}}$=0 时,表示主器件对从器件进行写操作。由于模式一属于写操作,因此方向位 R/$\overline{\text{W}}$ 应置 0(图中用 $\overline{\text{W}}$ 表示)。当从器件接收到一个字节以后,应发出低电平的应答信号 A。主器件发送完数据以后,应发送一个终止信号 P。在时序图中用阴影表示的部分表示由从器件产生的信号。

模式二:主器件发送地址字节后立即读从器件数据,其时序图如图 7.3-7 所示。主器件先发出起始信号,再发出 7 位的从器件地址。从器件地址后跟 1 位方向位,由于模

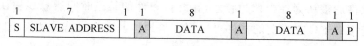

图 7.3-6　模式一时序图

式二为读操作,因此方向位 $R/\overline{W}$ 应置 1(图中用 R 表示)。从器件接收到地址字节后,送出应答信号 A。然后,主器件改为接收、从器件改为发送。主器件接收到从器件的数据以后,应向从器件发出一个低电平的应答信号 A。从器件接收到低电平的应答信号以后,将继续向主器件发送数据。当主器件接收到最后一个数据以后,必须向从器件发送一个非应答信号 $\overline{A}$(高电平),使从器件释放数据线,以便主器件发出一个终止信号。

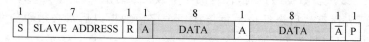

图 7.3-7　模式二时序图

模式三:主器件先向从器件写数据,再向从器件读数据,其时序图如图 7.3-8 所示。模式三在一次数据传送过程中需要改变传送方向的操作,此时,起始位和器件地址都会重复一次,但两次读写方向刚好相反。可以认为,模式三是模式一和模式二的组合。

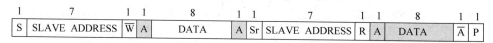

图 7.3-8　模式三时序图

4. I²C 总线的软件模拟

在实际应用中,多数 I²C 总线系统为单主结构的形式,即单片机为系统中唯一的主器件,其他串行接口芯片均为从器件。在单主结构的系统中,由于不需要总线的仲裁,I²C总线的数据传送要简单得多,利用软件模拟 I²C 总线完全可以实现主器件对从器件的读写。软件模拟 I²C 总线具有很强的实用意义,它只需要两个 I/O 引脚,能应用在任何型号的单片机系统中,可以省去一些繁杂的 I²C 总线接口的初始化工作。根据 I²C 总线的基本时序,典型的模拟子程序介绍如下。

1) I/O 引脚的初始化

假设软件模拟 I²C 总线使用 PB9 和 PB8 两个 I/O 引脚。为了增加程序的可读性,先设置一下宏定义。

```
#define SDA_HIGH()   GPIO_SetBits(GPIOB, GPIO_Pin_9)      //将 SDA 置高
#define SDA_LOW()    GPIO_ResetBits(GPIOB, GPIO_Pin_9)    //将 SDA 置低
#define SCL_HIGH()   GPIO_SetBits(GPIOB, GPIO_Pin_8)      //将 SCL 置高
#define SCL_LOW()    GPIO_ResetBits(GPIOB, GPIO_Pin_8)    //将 SCL 置低
#define SDA  GPIO_ReadInputDataBit(GPIOB, GPIO_Pin_9)     //读 SDA 引脚
void I2C_Configuration(void)
{
    RCC_AHB1PeriphClockCmd(RCC_AHB1Periph_GPIOB, ENABLE);
```

```
    GPIO_InitStructure.GPIO_Pin = GPIO_Pin_8 ｜ GPIO_Pin_9;
    GPIO_InitStructure.GPIO_Mode = GPIO_Mode_OUT;
    GPIO_InitStructure.GPIO_OType = GPIO_OType_OD;
    GPIO_InitStructure.GPIO_Speed = GPIO_Speed_50MHz;
    GPIO_InitStructure.GPIO_PuPd = GPIO_PuPd_NOPULL;
    GPIO_Init(GPIOB, &GPIO_InitStructure);
}
```

2）启动信号子程序

在 SCL 高电平期间 SDA 发生负跳变。

```
void I2Cstart()
    {
        SDA_HIGH();
        delay();
        SCL_HIGH();
        delay();
        SDA_LOW() ;
        delay();
        SCL_LOW();
        delay();
        SDA_HIGH();
    }
```

3）终止信号子程序

在 SCL 高电平期间 SDA 发生正跳变。

```
void I2Cstop()
    {
        SDA_LOW() ;
        delay();
        SCL_HIGH();
        delay();
        SDA_HIGH();
    }
```

4）发送应答位子程序

在 SDA 低电平期间 SCL 发生一个正脉冲。

```
void ack()
    {
        SDA_LOW() ;
        delay();
        SCL_HIGH();
        delay();
        SCL_LOW();
        delay();
        SDA_HIGH();
        delay();
    }
```

5）发送非应答位子程序

在 SDA 高电平期间 SCL 发生一个正脉冲。

```
void nack()
    {
        SDA_HIGH();
        delay();
        SCL_HIGH();
        delay();
        SCL_LOW();
        delay();
    }
```

6）检查应答位子程序

在检查应答位子程序中，设置了标志位 F0，当检查到正常应答位时 F0＝0，否则，F0＝1。

```
void I2Ccheck()
    {
        F0 = 0x00;
        SDA_HIGH();
        delay();
        SCL_HIGH();
        delay();
        if(SDA == 1)F0 = 0x01;
        SCL_LOW();
        delay();
    }
```

7）写1字节数据子程序

该子程序完成发送1字节数据操作。

```
void I2Cwrbyte(u8 byte)
{
    u8 i;
    for(i = 0;i < 8;i++)
    {
        if((byte&0x80) == 0x80)
        {
            SDA_HIGH();
        }
        else
        {
            SDA_LOW() ;
        }
        byte = byte << 1;
        delay();
        SCL_HIGH();
```

```
            delay();
            SCL_LOW();
            delay();
        }
    SDA_HIGH();
}
```

8）读 1 字节子程序

该子程序完成接收 1 字节数据操作。

```
u8 I2Crdbyte()
    {
        u8 i, q ,byte = 0;
        for(i = 0;i < 8;i++)
        {
            SDA_HIGH();
            SCL_HIGH();
            delay();
            q = SDA;
            delay();
            SCL_LOW();
            byte = byte << 1;
            if(q == 0x01)
            {
                byte = byte|0x01;
            }
            delay();
        }
        return byte;
    }
```

9）延时子程序

```
void delay(void)
{
    u16 time;
    time = 1000;
    while (time -- );
}
```

对于 STM32F407 单片机，由于指令执行速度极快，为了 I^2C 总线通信的可靠性，在上述子程序中加了软件延时程序 delay。

7.3.2 STM32F407 单片机的 I^2C 总线接口

用软件模拟 I^2C 的优点是方便移植，任何一个具有 I/O 端口的单片机都可以很快移植过去，其缺点是需要由单片机直接控制 I/O 引脚的电平,增加了单片机的软件开销。

STM32F407 单片机具有专门的 I²C 总线接口,原理框图如图 7.3-9 所示。只要配置好 I²C 总线接口,它就会自动根据协议要求产生总线时序,收发数据并缓存起来。单片机只要检测该 I²C 总线接口的状态和访问数据寄存器,就能完成数据收发。这种由硬件外设处理 I²C 协议的方式减轻了单片机的软件开销。STM32F407 单片机的 I²C 外设可用作通信的主器件或从器件,支持 100Kb/s 和 400Kb/s 的速率,支持 7 位、10 位设备地址,支持 DMA 数据传输,并具有数据校验功能。

SCL 和 SDA 为 I²C 的通信引脚,所有的外设都挂在这两根线上。STM32F407 单片机有多个 I²C 外设,它们的 I²C 通信信号引出到不同的 I/O 引脚上,使用时必须配置到这些指定的引脚。

SCL 线的时钟频率由 I²C 接口的时钟控制寄存器 CCR 控制,配置 CCR 寄存器可修改通信速率相关的参数。I²C 通信分为标准模式和快速模式,分别对应 100Kb/s 和 400Kb/s 的通信速率。在快速模式下可选择 SCL 的占空比:$T_L/T_H = 2$ 或 $T_L/T_H = 16/9$。SCL 的占空比会影响数据采样,但影响并不大,若不是要求非常严格,可以自由选择。

CCR 寄存器中还有一个 12 位的配置因子 CCR[11:0],它与 I²C 外设的输入时钟源共同作用,产生 SCL 时钟。STM32F407 单片机的 I²C 外设都挂载在 APB1 总线上,使用 APB1 的时钟源 PCLK1。SCL 时钟周期计算公式如表 7.3-1 所示。

表 7.3-1　SCL 时钟周期计算公式

模　　式	SCL 时钟周期($T = T_H + T_L$)	
标准模式	$T_H = CCR \times T_{PCLK1}$	$T_L = CCR \times T_{PCLK1}$
快速模式,$T_L/T_H = 2$	$T_H = CCR \times T_{PCLK1}$	$T_L = 2 \times CCR \times T_{PCLK1}$
快速模式,$T_L/T_H = 16/9$	$T_H = 9 \times CCR \times T_{PCLK1}$	$T_L = 16 \times CCR \times T_{PCLK1}$

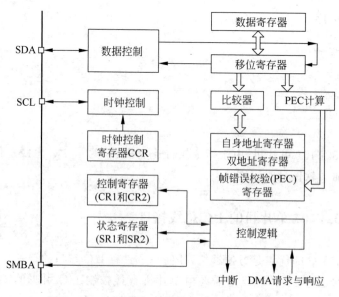

图 7.3-9　STM32F407 单片机 I²C 接口原理框图

当向外发送数据时,移位寄存器把数据逐位地通过 SDA 信号线发送出去;当从外部接收数据时,移位寄存器把 SDA 信号线采样到的数据逐位地存储到移位寄存器中。若使能了数据校验,接收到的数据会经过 PEC(Packet Error Checking)计算器运算,运算结果存储在 PEC 寄存器中。当 STM32F407 单片机工作在从器件模式时,接收到设备地址后,移位寄存器会把接收到的地址与 STM32F407 单片机自身的 I²C 地址寄存器的值作比较,以便响应主器件的寻址。STM32F407 单片机自身 I²C 地址可通过自身地址寄存器修改,支持同时使用两个 I²C 设备地址,两个地址分别存储在 OAR1 和 OAR2 两个寄存器中。

控制逻辑负责协调整个 I²C 外设。控制逻辑的工作模式通过控制寄存器 CR1 和 CR2 配置。在 I²C 外设工作时,控制逻辑会根据外设的工作状态修改状态寄存器 SR1 和 SR2,只要读取这些寄存器相关的寄存器位,就可以了解 I²C 的工作状态。此外,控制逻辑还根据要求,负责控制产生 I²C 中断信号、DMA 请求及各种 I²C 的通信信号(起始、停止、响应信号等)。

主器件发送数据的通信过程如图 7.3-10 所示,发送流程及事件说明如下:

S:起始位;P:停止位;A:应答位。

EVx= 事件(如果 ITEVFEN = 1,则产生中断)

图 7.3-10　主器件发送数据的通信过程

(1)产生起始信号 S。当发出起始信号后,产生事件 EV5,并会对 SR1 寄存器的 SB 位置 1,表示起始信号已发送。

(2)发送设备地址并等待应答信号。若有从机应答,则产生事件 EV6 及 EV8_1,这时 SR1 寄存器的 ADDR 位及 TXE 位置 1。ADDR 位为 1 表示地址已经发送,TXE 位为 1 表示数据寄存器为空。

(3)将要发送的数据写入数据寄存器 DR,这时 TXE 位置 0,表示数据寄存器非空,I²C 外设通过 SDA 信号线逐位把数据发送出去后,又会产生 EV8 事件,并将 TXE 位置 1。重复这一步骤,就可以发送多个字节数据了。

(4)发送数据完成后,控制 I²C 设备产生一个停止信号 P,这个时候会产生 EV8_2 事件,SR1 的 TXE 位及 BTF 位都置 1,表示通信结束。

如果使能了 I²C 中断,以上所有事件产生时,都会产生 I²C 中断,进入同一个中断服务程序,进入 I²C 中断服务程序后,再通过检查寄存器位来判断是哪一个事件。

主器件接收数据的通信过程如图 7.3-11 所示,接收流程及事件说明如下:

(1)产生起始信号 S。当发出起始信号后,产生事件 EV5,并会对 SR1 寄存器的 SB 位置 1,表示起始信号已经发送。

(2)发送设备地址并等待应答信号,若有从器件应答,则产生事件 EV6,这时 SR1 寄存的 ADDR 位置 1,表示地址已经发送。

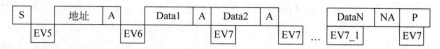

S:起始位；P:停止位；A:应答位。

EVx= 事件(如果ITEVFEN = 1，则产生中断)

图 7.3-11　主器件接收数据的通信过程

（3）从器件接收到地址后,开始向主器件发送数据。当主器件接收到这些数据后,会产生 EV7 事件,SR1 寄存器的 RXNE 位置 1,表示接收数据寄存器非空,读取该寄存器后,可对数据寄存器清空,以便接收下一次数据。此时可以控制 I^2C 发送应答信号 ACK 或非应答信号 NACK,若应答,则重复以上步骤接收数据,若非应答,则停止传输。

（4）发送非应答信号后,产生停止信号 P,结束传输。

STM32 标准库提供了 I^2C 初始化结构体及初始化函数来配置 I^2C 外设。初始化结构体及初始化函数在库文件"stm32f10x_i2c. h"及"stm32f10x_i2c. c"中。I^2C 初始化结构体定义为

```
typedef struct
{
uint32_t I2C_ClockSpeed;
uint16_t I2C_Mode;
uint16_t I2C_DutyCycle;
uint16_t I2C_OwnAddress1;
uint16_t I2C_Ack;
uint16_t I2C_AcknowledgedAddress;
} I2C_InitTypeDef;
```

结构体中的各成员说明如下:

（1）I2C_ClockSpeed。设置 I^2C 的传输速率,在调用初始化函数时,函数会根据输入的数值经过运算后把时钟因子写入 I^2C 的时钟控制寄存器 CCR。

（2）I2C_Mode。选择 I^2C 的使用方式,有 I^2C 模式、SMBus 主模式、SMBus 从模式。一般选择 I^2C 模式(I2C_Mode_I2C)。

（3）I2C_DutyCycle。设置 I^2C 的 SCL 线时钟的占空比。可选择 I2C_DutyCycle_2(2:1)或者 I2C_DutyCycle_16_9(16:9),两者之间没有太大的差别。

（4）I2C_OwnAddress1。配置的是 STM32 的 I^2C 设备自己的地址。一般 STM32 单片机作为主器件,可以不用关心这个地址的设置,随便设置一个就行。但如果 STM32 单片机作为从器件使用时,这个参数必须配置。

（5）I2C_Ack。用于 I^2C 应答设置。设置为使能则可以发送响应信号。一般配置为允许应答(I2C_Ack_Enable),改为禁止应答(I2C_Ack_Disable)往往会导致通信错误。

（6）I2C_AcknowledgeAddress。选择 I^2C 的寻址模式是 7 位还是 10 位地址。一般选择 7 位地址模式,即 I2C_AcknowledgedAddress_7bit。

配置完这些结构体成员值,调用库函数 I2C_Init 即可把结构体的配置写入寄存器中。

7.3.3 I^2C 总线扩展实例——基于 ADS1100 的电阻测量仪设计

1. 设计题目

设计一简易电阻测量仪,原理框图如图 7.3-12 所示。R_x 为被测电阻,ADS1100 为 16 位 ADC,与单片机通过 I^2C 总线连接。设计要求如下:

(1) 电阻测量的量程为 200Ω、$2k\Omega$、$20k\Omega$、$200k\Omega$ 四挡;

(2) 电阻测量的最大显示数为 19999;

(3) 电阻测量误差的绝对值不大于 $0.05\% \times$ 读数 $+6$ 个字。

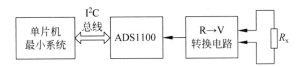

图 7.3-12 电阻测量仪原理框图

2. 设计方案

从图 7.3-12 所示的原理框图可知,先通过 $R \rightarrow V$ 转换电路将电阻值转换成直流电压,然后通过 ADC 转换成数字量,再由单片机计算得到电阻值。由于单片机内部 ADC 分辨率无法满足题目要求,因此,单片机最小系统通过 I^2C 总线扩展了一片高分辨率 ADC ADS1100。单片机最小系统负责选择量程、ADS1100 的读写、电阻值的计算并显示。

ADS1100 为全差分、自校正、16 位 Σ-$\triangle$ 型 ADC,其功能框图和引脚排列如图 7.3-13 所示。其内部包括一个 Σ-$\triangle$ 型 ADC 核、可编程增益放大器 PGA、时钟振荡器和 I^2C 总线接口。

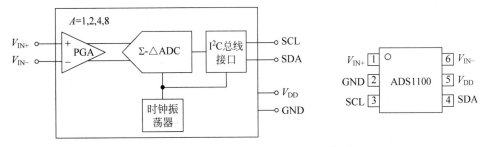

图 7.3-13 ADS1100 功能框图和引脚排列

ADS1100 分辨率与转换速率有关。转换速率越高,分辨率越低,这也是 Σ-$\triangle$ 型 ADC 特点之一。ADS1100 分辨率与转换速率之间的关系如表 7.3-2 所示。从表中可见,当采样速率设为 15SPS(Sample Per Second,每秒采样次数)时,分辨率达到 16 位,单端输入的最大转换码 32767,满足最大显示值为 19999 的设计要求。

表 7.3-2　ADS1100 分辨率与转换速率的关系表

转换速率/SPS	分辨率/位	最小转换码	最大转换码
15	16	-32768	32767
30	15	-16384	16383
60	14	-8192	8191
240	12	-2048	2047

$R \rightarrow V$ 转换电路常用的有以下两种方案。第一种方案是设计一个电流源,通过电流源将电阻值转换成电压,如图 7.3-14(a)所示;第二种方案是通过电阻分压的办法,将电阻值转换成电压,如图 7.3-14(b)所示。第一种方案虽然原理简单,软件设计也方便,但电路比较复杂,第二种方案不但电路简单,而且由于 ADS1100 采用外部电源 V_{DD} 作为参考电压,与电阻分压网络的电源相同,可以抵消由于 V_{DD} 电压漂移产生的误差,故采用第二种方案。

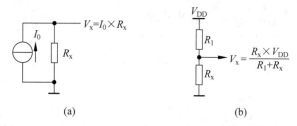

图 7.3-14　$R \rightarrow V$ 转换电路的两种方案

根据题目要求,电阻测量仪量程分为 4 挡,这意味着在每一挡量程范围内,最大显示数应达到 19999。在图 7.3-14(b)所示的方案中,如果 R_1 采用固定值,则无法保证在每一档量程内满足上述分辨率的要求。假设 R_1 阻值为 200kΩ,在 200kΩ 量程测量电阻时,测量值最大可达到 19999,那么在测量 200Ω 量程的电阻时,测量值最大只能达到 199 左右,远小于 19999。虽然 ADS1100 内部含有 PGA,但其增益只能在 1～8 倍之间调节,但 200kΩ 量程挡电阻和 200Ω 量程挡电阻阻值相差 1000 倍,仅靠 PGA 的增益调节,各量程无法达到相同的分辨率。根据上述分析,R_1 在不同的量程中应该取不同的值,由此得到如图 7.3-15 所示的设计原理图。采用 4 选 1 模拟开关切换量程,当模拟开关打在不同的位置时,被测电阻 R_x 与不同阻值的电阻串联。为了消除 ADS1100 的差模输入电阻对分压电路的影响,在分压电路和 ADS1100 之间加了一级由精密运放构成的电压跟随器。

设 R_x 为电阻测量仪的读数,R_A 为被测电阻的标准值(常用标准电阻箱的值或者高一级仪器测量的值替代),则 $\Delta R_x = R_x - R_A$ 称电阻测量的绝对误差。本设计题中,电阻测量仪的 ΔR_x 的绝对值不能超过"0.05%×R_x+6 个字"。其中"0.05%"项误差称为增益误差,其大小与读数 R_x 成正比。主要由电阻测量仪中的分压网络中电阻的误差、ADC 中 PGA 的增益误差等因素引起。"6 个字"项误差称固定误差,其大小不随读数变化而变化,主要由 ADC 的量化误差、运放失调电压等因素引起。量程(或测量范围)之间一般为 10 倍率。在量程 10%～100% 范围内的测量值均应达到误差的要求。

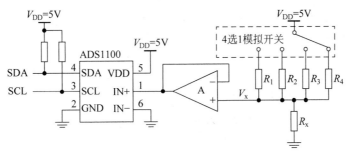

图 7.3-15　电阻测量仪设计方案原理图

3. 硬件电路设计

根据图 7.3-15 所示的设计方案原理图,通过选择合适的器件,理论计算元件参数,可得到如图 7.3-16 所示的电阻测量仪硬件原理图。图中 MAX4634 为 4 选 1 数据选择器,+5V 单电源供电,导通电阻约为 2.5Ω。

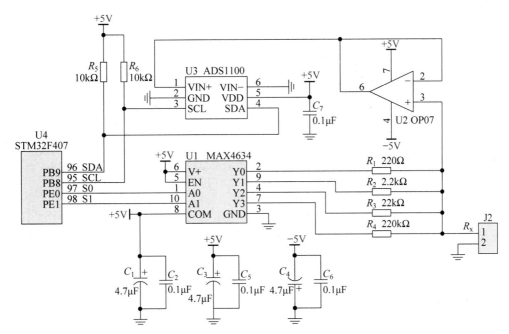

图 7.3-16　电阻测量仪硬件原理图

$R_1 \sim R_4$ 的取值应保证当被测电阻为本量程最大值时,V_x 不应超过 ADS1100 的模拟输入电压的最大值。假设 ADS1100 内部可编程放大器增益设为 2,则 V_x 不应超过 2.5V。假设量程设在 200Ω 挡,当 $R_x = 200$Ω 时,V_x 不应超过 2.5V,则要求 R_1 的值不能小于 200Ω。考虑到 R_1 电阻实际值与标称值之间存在误差,为了留有余量,故取 R_1 为 220Ω。同理,R_2、R_3、R_4 分别取值为 2.2kΩ、22kΩ 和 220kΩ。

ADS1100 既可以双端输入,也可以单端输入。当单端输入时,V_{IN-} 输入端接地,V_{IN+} 输入端加正电压。当双端输入时,输入的差分信号可以是双极性的,但对每一个输入端来说,只能输入正极性的信号。ADS1100 的转换结果采用补码的形式,与输入电压之间的关系由下式确定。

$$转换码 = -1 \times 最小转换码 \times PGA \times \frac{(V_{IN+}) - (V_{IN-})}{V_{DD}} \tag{7.3-1}$$

考虑电阻测量仪分辨率的要求,ADS1100 的采样速率设为 15SPS。以 200Ω 量程为例,ADS1100 转换的数字量与被测电阻 R_x 之间的关系为

$$D = 32767 \times PGA \times \frac{(V_{IN+} - V_{IN-})}{V_{DD}} = 32767 \times PGA \times \frac{R_x}{R_1 + R_x} \tag{7.3-2}$$

令 $K = 32767 \times PGA$,从式(7.3-2)可得

$$R_x = \frac{R_1 \times D}{K - D} \tag{7.3-3}$$

式中,R_1 和 K 均为常数,但 R_1 和 K 的标称值与实际值之间存在误差。R_1 和 K 的误差对电阻测量结果的影响如图 7.3-17 所示,R_x 与 R_1 呈线性关系,而与 K 呈非线性关系。利用图 7.3-17 所示的规律,R_1 和 K 产生的测量误差可以通过软件方法校准。

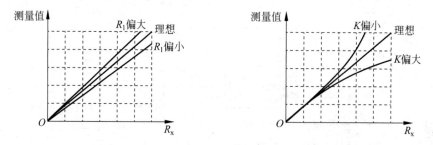

图 7.3-17 R_1 和 K 的误差对测量结果的影响

4. 单片机程序设计

单片机程序由主程序和定时器中断服务程序构成,程序流程图如图 7.3-18 所示。主程序每 0.5s 循环一次。在每一次循环中,读取 A/D 转换值,计算电阻值并显示,同时启动下一次转换。由于启动 A/D 转换到读取 A/D 转换值相隔 0.5s,因此可以直接读取 A/D 转换值,而不需要判断转换有无结束。定时器中断服务程序提供 0.5s 定时计数。

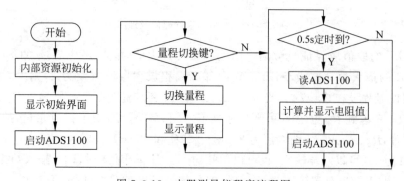

图 7.3-18 电阻测量仪程序流程图

主要子程序包括 I^2C 总线初始化子程序、启动 ADS1100 子程序、读取 ADS1100 子程序。

1) I^2C 初始化子程序

```
void I2C_Configuration(void)
{
    RCC_AHB1PeriphClockCmd(RCC_AHB1Periph_GPIOB,ENABLE);
    RCC_APB1PeriphClockCmd(RCC_APB1Periph_I2C1,ENABLE);
    GPIO_InitStructure.GPIO_Pin = GPIO_Pin_8 | GPIO_Pin_9;
    GPIO_InitStructure.GPIO_Mode = GPIO_Mode_AF;
    GPIO_InitStructure.GPIO_OType = GPIO_OType_OD;
    GPIO_InitStructure.GPIO_Speed = GPIO_Speed_50MHz;
    GPIO_InitStructure.GPIO_PuPd = GPIO_PuPd_NOPULL;
    GPIO_Init(GPIOB, &GPIO_InitStructure);
    GPIO_PinAFConfig(GPIOB,GPIO_PinSource8,GPIO_AF_I2C1);
    GPIO_PinAFConfig(GPIOB,GPIO_PinSource9,GPIO_AF_I2C1);
    I2C_InitStructure.I2C_Mode = I2C_Mode_I2C;
    I2C_InitStructure.I2C_DutyCycle = I2C_DutyCycle_2;
    I2C_InitStructure.I2C_OwnAddress1 = I2C1_SLAVE_ADDRESS7;
    I2C_InitStructure.I2C_Ack = I2C_Ack_Enable;
    I2C_InitStructure.I2C_AcknowledgedAddress = I2C_AcknowledgedAddress_7bit;
    I2C_InitStructure.I2C_ClockSpeed = I2C_Speed;
    I2C_Cmd(I2C1, ENABLE);
    I2C_Init(I2C1, &I2C_InitStructure);
}
```

2) 启动 ADS1100 子程序和读 ADS1100 子程序

ADS1100 有两个寄存器可通过 I^2C 总线访问,一个是 16 位的输出寄存器,用来存放 A/D 转换值;一个是配置寄存器,用于设定 ADC 的工作状态,或查询 A/D 转换的状态。配置寄存器的格式说明如下。

位 7	位 6	位 5	位 4	位 3	位 2	位 1	位 0
ST/$\overline{\text{DRDY}}$	0	0	SC	DR1	DR0	PGA1	PGA0

位 7 ST/$\overline{\text{DRDY}}$:该位的含义取决于读还是写。在单次转换模式,对该位写 1 启动 A/D 转换,写 0 时无效;在连续转换模式,无论写 0 还是写 1 都被忽略。如果从 ST/$\overline{\text{DRDY}}$ 位读取的值为 0,表示 ADC 的输出寄存器中有新的 A/D 转换值。

位 6~位 5:保留位,必须置 0。

位 4 SC:连续模式和单次模式选择位。当 SC 置 1 时,选择单次模式;当 SC 置 0 时,选择连续模式。

位 3~位 2 DR1~DR0:控制转换速率位。DR1 和 DR0 与转换速率的关系如表 7.3-3 所示。

位 1~位 0 PGA1~PGA0:增益控制位。PGA1、PGA0 与增益的关系如表 7.3-4 所示。

表 7.3-3　DR1 和 DR0 与转换速率的关系

DR1	DR0	转换速率/SPS
0	0	240
0	1	60
1	0	30
1	1	15

表 7.3-4　PGA1 和 PGA0 与增益的关系

PGA1	PGA0	增益
0	0	1
0	1	2
1	0	4
1	1	8

写 ADS1100 的 I^{2}C 总线时序如图 7.3-19 所示。先写 1 字节的器件地址,再写 1 字节的配置控制字。ADS1100 的器件地址高 4 位为 1001,A2A1A0 由器件标识码决定。本设计所选用的器件型号为 ADS1100A0IDBVT,A2A1A0 为 000,因此 7 位器件地址为 1001000。

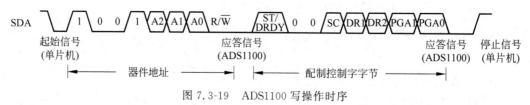

图 7.3-19　ADS1100 写操作时序

读 ADS1100 的 I^{2}C 总线时序如图 7.3-20 所示。发送器件地址以后,连续读取 3 个字节数据。读取数据的顺序是:第 1 字节为 A/D 转换值的高位字节,第 2 字节为 A/D 转换值的低位字节,第 3 字节为配置控制字。

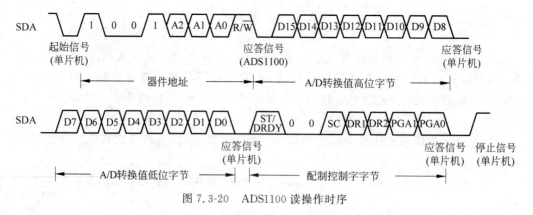

图 7.3-20　ADS1100 读操作时序

启动 ADS1100 通过将配置寄存器中的 $\overline{\text{ST/DRDY}}$ 置 1 实现。假设 ADS1100 采用单次转换模式,转换速率设为 15SPS,PGA 的增益设为 2,则根据表 7.3-3 和表 7.3-4 写

入配置寄存器的控制字为 10011101（9DH）。根据图 7.3-19 所示的时序,启动 A/D 转换子程序如下:

```
void Write_AD()
{
    I2C_GenerateSTART(I2C1,ENABLE);
     //产生起始信号
    while(!I2C_CheckEvent(I2C1,I2C_EVENT_MASTER_MODE_SELECT));
    //等待起始信号发送
    I2C_Send7bitAddress(I2C1, 0x90, I2C_Direction_Transmitter);
    //发送器件地址和方向
    while(!I2C_CheckEvent(I2C1,I2C_EVENT_MASTER_TRANSMITTER_MODE_SELECTED));
    //等待 ACK
    I2C_SendData(I2C1,0x9D);                        //发送 ADS1100 控制字
    while(!I2C_CheckEvent(I2C1, I2C_EVENT_MASTER_BYTE_TRANSMITTED));
     //等待发送完成
    I2C_GenerateSTOP(I2C1,ENABLE);                  //产生停止信号
}
```

根据图 7.3-20 所示的时序图,读取 A/D 转换值的子程序如下:

```
void Read_AD()
{
    u8 adcdath,adcdatl;
    I2C_GenerateSTART(I2C1,ENABLE);                //产生起始信号
    while(!I2C_CheckEvent(I2C1, I2C_EVENT_MASTER_MODE_SELECT));
    //等待起始信号发送
    I2C_Send7bitAddress(I2C1, 0x90, I2C_Direction_Receiver);
    //传送器件地址和选择发送方向
    while(!I2C_CheckEvent(I2C1, I2C_EVENT_MASTER_RECEIVER_MODE_SELECTED));
    //等待 ACK
    while(!(I2C_CheckEvent(I2C1, I2C_EVENT_MASTER_BYTE_RECEIVED)));
    //等待接收到数据
    adcdath = I2C_ReceiveData(I2C1);               //读取 A/D 转换值高位字节
    I2C_AcknowledgeConfig(I2C1, ENABLE);           //向 ADS1100 发送 ACK 信号
    while(!(I2C_CheckEvent(I2C1, I2C_EVENT_MASTER_BYTE_RECEIVED)));
    //等待接收到数据
    adcdatl = I2C_ReceiveData(I2C1);               //读取 A/D 转换值低位字节
    I2C_GenerateSTOP(I2C1, ENABLE);                //向 ADS1100 发送停止信号
    ADCdata = adcdath * 256 + adcdatl;
    //合并高位字节和低位字节,得到 16 位的 A/D 转换值
}
```

3）显示电阻值子程序

根据式(7.3-3)计算得到的电阻值是一个包含小数点的实数。在不同的量程下,小数点的位置是不一样的。例如,在 200Ω 量程,电阻的最大显示值为 199.99Ω;在 2kΩ 量程,电阻的最大显示值为 1.9999kΩ,等等。当测量值超出量程的最大值时,显示"---.--"。由此可见,显示程序的参数应该包括显示位置、要显示的数值、量程的最大值、小数点的位置。

```
void DISP(u16 x,u16 y,float DISDAT, float DISMAX,u8 dot)
{
    u8 i;
    u8 DISBCD[5];                          //定义一个数组,用于存放每月位显示数字的 BCD 码
    u32 DISDAT1;
    if (DISDAT > = DISMAX)
    {
      for(i = 0;i < 5;i++)
      {
        DISBCD[i] = '-';                   //显示'-'; 表示超出量程
      }
    }
    else
    {
      for(i = 0;i < dot;i++)
      {
        DISDAT = DISDAT * 10;              //把带小数部分的实数转化成整数
       }
      DISDAT1 = DISDAT;
      for(i = 0;i < 5;i++)
      {
        DISBCD[i] = DISDAT1 % 10 + 0x30;   //获得每一位 BCD 码
        DISDAT1 = DISDAT1/10;
      }
     }
    switch(dot)
    {
        case 0x01:                         //小数点后 1 位有效数字
         {
           LCD_ShowCharBig(x,y,DISBCD[4],CYAN);
           LCD_ShowCharBig(x + 16,y, DISBCD[3],CYAN);
           LCD_ShowCharBig(x + 32,y, DISBCD[2],CYAN);
           LCD_ShowCharBig(x + 48,y, DISBCD[1],CYAN);
           LCD_ShowCharBig(x + 64,y,'.',YELLOW);
           LCD_ShowCharBig(x + 80,y, DISBCD[0],CYAN);
           break;
         }
        case 0x02:                         //小数点后 2 位有效数字
         {
           LCD_ShowCharBig(x,y,DISBCD[4],CYAN);
           LCD_ShowCharBig(x + 16,y, DISBCD[3],CYAN);
           LCD_ShowCharBig(x + 32,y, DISBCD[2],CYAN);
           LCD_ShowCharBig(x + 48,y,'.',YELLOW);
           LCD_ShowCharBig(x + 64,y, DISBCD[1],CYAN);
           LCD_ShowCharBig(x + 80,y, DISBCD[0],CYAN);
           break;
         }
        case 0x03:                         //小数点后 3 位有效数字
         {
           LCD_ShowCharBig(x,y,DISBCD[4],CYAN);
           LCD_ShowCharBig(x + 16,y, DISBCD[3],CYAN);
           LCD_ShowCharBig(x + 32,y,'.',YELLOW);
```

```
        LCD_ShowCharBig(x + 48,y, DISBCD[2],CYAN);
        LCD_ShowCharBig(x + 64,y, DISBCD[1],CYAN);
        LCD_ShowCharBig(x + 80,y, DISBCD[0],CYAN);
        break;
    }
    case 0x04:                          //小数点后 4 位有效数字
    {
        LCD_ShowCharBig(x,y,DISBCD[4],CYAN);
        LCD_ShowCharBig(x + 16,y,'.',YELLOW);
        LCD_ShowCharBig(x + 32,y, DISBCD[3],CYAN);
        LCD_ShowCharBig(x + 48,y, DISBCD[2],CYAN);
        LCD_ShowCharBig(x + 64,y, DISBCD[1],CYAN);
        LCD_ShowCharBig(x + 80,y, DISBCD[0],CYAN);
        break;
    }
    }
}
```

5. 系统测试

用标准电阻箱代替电阻 R_x,通过软件校准,电阻测量精度达到了题目的要求,测量结果如表 7.3-5 所示。

表 7.3-5　电阻值测量结果　　　　　　　　　　　　　　　（单位：Ω）

200 挡	给定电阻	10	50	90	150	190
	测量值	010.04	050.02	090.00	150.00	189.99
2k 挡	给定电阻	200	500	900	1.5k	1.9k
	测量值	0.1995	0.4997	0.9000	1.5002	1.9002
20k 挡	给定电阻	2k	5k	9k	15k	19k
	测量值	01.993	04.996	09.000	15.008	19.008
200k 挡	给定电阻	20k	50k	90k	100k	190k
	测量值	019.94	049.98	090.00	100.05	190.10

电阻测量仪是一个典型的测量系统,稍加修改就可以用于电压、电流、温度等参数的测量,甚至可扩展到电感、电容的测量。

思考题

1. 如果要通过 SPI2 同时扩展两片 M25P16 芯片,应该如何分配单片机的 I/O 引脚?画出原理图。

2. 单片机从 SPI 总线器件中读 1 字节数据是通过写 1 字节数据实现的,请说明原理。

3. 请比较 I^2C 总线和 SPI 总线的特点。

4. 用文字和时序图说明 I^2C 总线数据传送的起始信号和终止信号,以及数据位的有效性规定。

5. I^2C 通信中,如果两个器件同时发起通信,I^2C 总线如何实现仲裁?

6. 乘法型 DAC(MDAC)有什么特点?为什么可以用来设计程控放大器?

7. 某 12 位 ADC,输入模拟电压范围为 0~5V,假设有一传感器输出电压为 0~1V,如果将传感器的输出直接送 ADC,那么,ADC 实际能达到的分辨率是几位?

设计训练题

设计题一　数控电流源设计

设计一数控电流源,原理框图如图 P7-1 所示。单片机通过 SPI 总线扩展 12 位串行 DAC DAC7512,DAC 的输出电压 V_{REF} 送 V/I 变换电路,V/I 变换电路输出与 V_{REF} 成正比的电流信号。主要技术指标如下:

(1) 输出电流范围 0~20mA;

(2) 可设置并显示输出电流给定值,给定电流分辨率为 0.01mA;

(3) 改变负载电阻,输出电压在 10V 以内变化时,要求输出电流变化的绝对值小于 0.05mA。

图 P7-1　数控电流源原理框图

设计题二　可校时数字钟设计

采用一片实时时钟芯片 M41T0 实现计时,LED 数码管显示时、分、秒,原理框图如图 P7-2 所示。定义 4 个功能键:KEY0 为计时/校时模式选择键;KEY1 为移位键,用于选择被校时位;KEY2 为加 1 键,用于对被校时位加 1 操作;KEY3 为减 1 键,用于对被校时位减 1 操作。设计要求如下:

(1) 显示时、分、秒,以小数点分隔;

(2) 可通过键盘对时、分、秒校时,被校时位具有闪显功能(间隔时间设为 0.3s);

(3) 具有掉电保护功能。

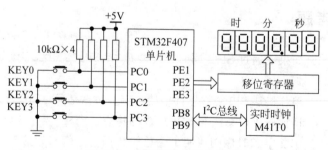

图 P7-2　可校时数字钟连接图

设计题三　简易电子秤设计

设计并制作一个以电阻应变片为称重传感器的简易电子秤,电子秤的结构如图 P7-3 所示,称重传感器固定在支架上,支架高度不大于 5cm,支架及秤盘的形状与材质不限。

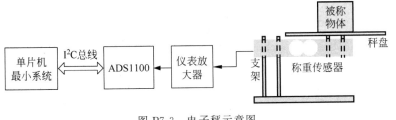

图 P7-3　电子秤示意图

要求:

(1) 电子秤可以数字显示被称物体的重量,单位克(g);

(2) 电子秤称重范围为 5.00～500g;重量小于 50g,称重误差小于 0.5g;重量在 50g 及以上,称重误差小于 1g。

第 8 章

单片机并行总线扩展技术

8.1 概述

并行总线由数据总线、地址总线和控制总线组成,其特点是要传输的数据、地址、控制信息等都是并行传输。如果要传输 8 位数据,就需要 8 根数据信号线同时传输,如果要传输 16 位的数据就需要 16 根数据信号线同时传输。除了数据线以外,还需要很多根地址线的组合来代表不同的地址空间。除此之外,还需要一些读写控制信号。

并行总线是单片机最早采用的总线结构。很多经典的处理器都采用了并行的总线结构,如 MCS-51 系列单片机就采用了 8 根并行数据线和 16 根地址线的并行总线;早期的 Intel 公司的 8086 微处理器也采用了具有 16 根并行数据线和 16 根地址线的并行总线;本书介绍的 STM32F407 单片机也具有并行总线扩展接口。

并行总线的优点是总线时序比较简单,软件设计容易,数据传送速度快。缺点是信号线数量非常多,占用大量的引脚和布线空间。虽然现在越来越多的单片机使用串行总线来扩展外设,但在本书介绍的电子系统中,一些常用的外设如 TFT 模块、编码式键盘接口、FPGA 等都需要通过并行总线扩展,因此,本书单独设立一章,专门介绍并行总线扩展技术。

8.2 STM32F407 单片机的并行总线接口

STM32F407 单片机的并行总线接口称为可变静态存储控制器(Flexible Static Memory Controller,FSMC)。FSMC 可以通过对特殊功能寄存器的设置,能够在不增加外部器件的情况下同时扩展多种不同类型的静态存储器,满足系统设计对存储容量、产品体积以及成本的综合要求。FSMC 具有以下技术特点:

(1)支持多种静态存储器类型。STM32F407 单片机通过 FSMC 可以与 SRAM、ROM、PSRAM、NOR 和 NAND 存储器直接相连。

(2)支持丰富的存储操作方法。FSMC 不仅支持多种数据宽度的异步读/写操作,而且支持对 NOR/PSRAM/NAND 存储器的同步突发访问方式。

(3)支持同时扩展多种存储器。FSMC 的映射地址空间中,不同的存储空间是独立的,可用于扩展不同类型的存储器。当系统中扩展和使用多个外部存储器时,FSMC 会通过总线延迟时间参数的设置,防止各存储器对总线的访问冲突。

(4)支持更为广泛的存储器型号。通过对 FSMC 的时间参数设置,扩大了系统中可用存储器的速度范围,为用户提供了灵活的存储芯片选择空间。

(5)支持代码从 FSMC 扩展的外部存储器中直接运行,而不需要首先调入内部 SRAM。

FSMC 结构框图如图 8.2-1 所示。FSMC 包括 4 个模块:AHB 接口(包含 FSMC 配置寄存器)、NOR 存储器控制器、NAND/PC 卡存储器控制器、外部设备接口。由于 FSMC 内部包括 NOR 和 NAND/PC 卡两个控制器,因此,FSMC 接口能够支持 NOR 和 NAND 这两类访问方式完全不同的存储器。FSMC 的一端通过内部高速总线 AHB 连接到 Cortex-M4 内核,另一端则是面向扩展存储器的外部总线。内核对外部存储器的访问信号发送到 AHB 总线后,经过 FSMC 转换为符合外部存储器时序的信号,送到外部存储器的相应引脚,实现内核与外部存储器之间的数据交互。FSMC 既能够进行信号类型的转换,又能够进行信号宽度和时序的调整,屏蔽掉不同存储类型的差异,使之对内核而言没有区别。

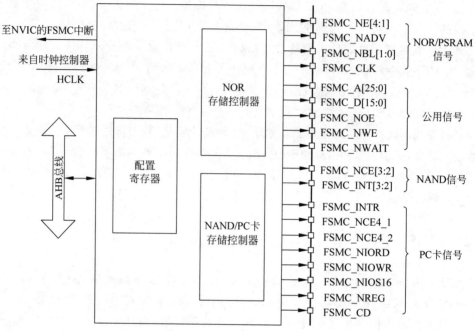

图 8.2-1　FSMC 的结构框图

要理解 FSMC 的结构和原理,首先需要了解 NOR 和 NAND 两种存储器的区别。NOR 和 NAND 均属于 FlashROM,因此,通常称为 NOR 闪存和 NAND 闪存。NOR 闪存带有 SRAM 接口,有足够的地址引脚来寻址,可以很容易地存取存储器内部的每一个字节。NAND 闪存读和写操作采用 512 字节的块,使用复杂的 I/O 口来串行地存取数据。由此可见,NOR 闪存和 NAND 闪存的总线接口有较大差别。

由于在本书介绍的通过 FSMC 扩展的外部存储器都属于 SRAM 型存储器,其接口与 NOR 闪存一致,所以只需要关心图 8.2-1 中有关 NOR 闪存控制信号线部分和公共信号线部分。表 8.2-1 所示为 FSMC 接口在 NOR 闪存模式下信号线。

表 8.2-1　FSMC 接口在 NOR 闪存模式下信号线

信号名	方向	功　能	信号名	方向	功　能
A[25:16]	O	地址总线	CLK	O	时钟信号
AD[15:0]	I/O	双向的地址/数据总线	NE[x]	O	片选信号,$x=1,2,3,4$
NOE	O	输出使能	NWAIT	I	等待信号输入
NWE	O	写使能	NBL[1]	O	高字节使能
NADV	O	地址有效	NBL[0]	O	低字节使能

表 8.2-1 中的信号线在一般情况下并不都是需要的。CLK 信号用于同步动态随机存储器 SDRAM，对 SRAM 型存储器并不需要。FSMC 接口中最多可以有 26 根地址线，其寻址空间可达 64M 字节，如果不需要太大的寻址空间，可以减少地址线的数量。如在图 6.1-2 所示的单片机最小系统原理框图中，并行总线接口只采用了 A_{17} 和 A_{16} 两根高位地址线。NE[x]为片选信号，每根片选信号线对应 64M 字节存储空间。如果由地址译码电路来产生片选信号，NE[x]信号线也可以不用。NWAIT 信号只有对 Flash 存储器操作时才用的。NBL 信号用于 16 位存储器高低字节的选择。如 16 位存储器芯片 IS62WV51216BLL 就有两根高低字节选择线 $\overline{\text{LB}}$ 和 $\overline{\text{HB}}$，当该芯片通过 FSMC 与单片机接口时，$\overline{\text{LB}}$ 和 $\overline{\text{HB}}$ 两根信号线就由 NBL[0]和 NBL[1]提供。

针对图 6.1-2 所示的单片机最小系统设定的并行总线扩展接口，FSMC 初始化程序如下所示。

```
void FSMC_init(void)
{
  GPIO_InitTypeDef   GPIO_InitStructure;
  FSMC_NORSRAMInitTypeDef   FSMC_NORSRAMInitStructure;
  FSMC_NORSRAMTimingInitTypeDef   FSMC_NORSRAMTimingInitStructure;

  RCC_AHB3PeriphClockCmd(RCC_AHB3Periph_FSMC, ENABLE);        //使能 FSMC 时钟
  RCC_AHB1PeriphClockCmd(RCC_AHB1Periph_GPIOB | RCC_AHB1Periph_GPIOD |
  RCC_AHB1Periph_GPIOE, ENABLE);

  GPIO_InitStructure.GPIO_Mode = GPIO_Mode_AF;               //复用推挽输出
  GPIO_InitStructure.GPIO_OType = GPIO_OType_PP;
  GPIO_InitStructure.GPIO_PuPd = GPIO_PuPd_NOPULL;
  GPIO_InitStructure.GPIO_Speed = GPIO_Speed_2MHz;
  GPIO_PinAFConfig(GPIOD, GPIO_PinSource0, GPIO_AF_FSMC);    //AD2
  GPIO_PinAFConfig(GPIOD, GPIO_PinSource1, GPIO_AF_FSMC);    //AD3
  GPIO_PinAFConfig(GPIOD, GPIO_PinSource4, GPIO_AF_FSMC);    //NOE
  GPIO_PinAFConfig(GPIOD, GPIO_PinSource5, GPIO_AF_FSMC);    //NWE
  GPIO_PinAFConfig(GPIOD, GPIO_PinSource8, GPIO_AF_FSMC);    //AD13
  GPIO_PinAFConfig(GPIOD, GPIO_PinSource9, GPIO_AF_FSMC);    //AD14
  GPIO_PinAFConfig(GPIOD, GPIO_PinSource10, GPIO_AF_FSMC);   //AD15
  GPIO_PinAFConfig(GPIOD, GPIO_PinSource11, GPIO_AF_FSMC);   //A16
  GPIO_PinAFConfig(GPIOD, GPIO_PinSource12, GPIO_AF_FSMC);   //A17
  GPIO_PinAFConfig(GPIOD, GPIO_PinSource14, GPIO_AF_FSMC);   //AD0
  GPIO_PinAFConfig(GPIOD, GPIO_PinSource15, GPIO_AF_FSMC);   //AD1
  GPIO_InitStructure.GPIO_Pin = GPIO_Pin_0 | GPIO_Pin_1 | GPIO_Pin_4 | GPIO_Pin_5 | GPIO_Pin_8 |
              GPIO_Pin_9 | GPIO_Pin_10 | GPIO_Pin_11 | GPIO_Pin_12 |GPIO_Pin_14 | GPIO_Pin_15;
  GPIO_Init(GPIOD, &GPIO_InitStructure);

  GPIO_PinAFConfig(GPIOE, GPIO_PinSource7, GPIO_AF_FSMC);    //AD4
  GPIO_PinAFConfig(GPIOE, GPIO_PinSource8, GPIO_AF_FSMC);    //AD5
  GPIO_PinAFConfig(GPIOE, GPIO_PinSource9, GPIO_AF_FSMC);    //AD6
  GPIO_PinAFConfig(GPIOE, GPIO_PinSource10, GPIO_AF_FSMC);   //AD7
```

```
GPIO_PinAFConfig(GPIOE, GPIO_PinSource11, GPIO_AF_FSMC);    //AD8
GPIO_PinAFConfig(GPIOE, GPIO_PinSource12, GPIO_AF_FSMC);    //AD9
GPIO_PinAFConfig(GPIOE, GPIO_PinSource13, GPIO_AF_FSMC);    //AD10
GPIO_PinAFConfig(GPIOE, GPIO_PinSource14, GPIO_AF_FSMC);    //AD11
GPIO_PinAFConfig(GPIOE, GPIO_PinSource15, GPIO_AF_FSMC);    //AD12
GPIO_InitStructure.GPIO_Pin = GPIO_Pin_7 | GPIO_Pin_8 | GPIO_Pin_9 | GPIO_Pin_10 |
          GPIO_Pin_11 | GPIO_Pin_12 | GPIO_Pin_13 | GPIO_Pin_14 | GPIO_Pin_15;
GPIO_Init(GPIOE, &GPIO_InitStructure);

GPIO_PinAFConfig(GPIOB, GPIO_PinSource7, GPIO_AF_FSMC);    //NADV
GPIO_InitStructure.GPIO_Pin = GPIO_Pin_7;
GPIO_Init(GPIOB, &GPIO_InitStructure);

FSMC_NORSRAMTimingInitStructure.FSMC_AddressSetupTime = 7;
FSMC_NORSRAMTimingInitStructure.FSMC_AddressHoldTime = 4;
FSMC_NORSRAMTimingInitStructure.FSMC_DataSetupTime = 10;
FSMC_NORSRAMTimingInitStructure.FSMC_BusTurnAroundDuration = 0;
FSMC_NORSRAMTimingInitStructure.FSMC_CLKDivision = 0;
FSMC_NORSRAMTimingInitStructure.FSMC_DataLatency = 0;
FSMC_NORSRAMTimingInitStructure.FSMC_AccessMode = FSMC_AccessMode_B;

FSMC_NORSRAMInitStructure.FSMC_Bank = FSMC_Bank1_NORSRAM1;
FSMC_NORSRAMInitStructure.FSMC_DataAddressMux = FSMC_DataAddressMux_Enable;
//地址复用
FSMC_NORSRAMInitStructure.FSMC_MemoryType = FSMC_MemoryType_NOR;
FSMC_NORSRAMInitStructure.FSMC_MemoryDataWidth = FSMC_MemoryDataWidth_16b;
FSMC_NORSRAMInitStructure.FSMC_BurstAccessMode = FSMC_BurstAccessMode_Disable;
FSMC_NORSRAMInitStructure.FSMC_WaitSignalPolarity = FSMC_WaitSignalPolarity_Low;
FSMC_NORSRAMInitStructure.FSMC_WaitSignalActive = FSMC_WaitSignalActive_BeforeWaitState;
FSMC_NORSRAMInitStructure.FSMC_WaitSignal = FSMC_WaitSignal_Disable;
FSMC_NORSRAMInitStructure.FSMC_WrapMode = FSMC_WrapMode_Disable;
FSMC_NORSRAMInitStructure.FSMC_WriteOperation = FSMC_WriteOperation_Enable;
FSMC_NORSRAMInitStructure.FSMC_AsynchronousWait = FSMC_AsynchronousWait_Disable;
FSMC_NORSRAMInitStructure.FSMC_ExtendedMode = FSMC_ExtendedMode_Disable;
FSMC_NORSRAMInitStructure.FSMC_WriteBurst = FSMC_WriteBurst_Disable;
FSMC_NORSRAMInitStructure.FSMC_ReadWriteTimingStruct =
&FSMC_NORSRAMTimingInitStructure;

FSMC_NORSRAMInit(&FSMC_NORSRAMInitStructure);
FSMC_NORSRAMCmd(FSMC_Bank1_NORSRAM1, ENABLE); //使能 FSMC Bank1_SRAM Bank
}
```

8.3 STM32F407 单片机与 FPGA 的并行接口设计

　　单片机与 FPGA 各有自己的特长,在许多电子系统中,单片机和 FPGA 通常同时使用,因此需要解决单片机和 FPGA 之间的通信问题。单片机和 FPGA 之间的通信方式分为串行通信和并行通信,与之对应的通信接口称为串行接口和并行接口。串行接口通常由时钟线和数据线组成,硬件连线简单,占用单片机和 FPGA 的 I/O 引脚较少,缺点是速度慢,软硬件设计复杂。并行接口由数据总线、地址总线、读/写控制线组成,传输速度快、软件设计简单。由于 FPGA 内部资源(如存储器)大多采用并行接口,因此,单片机与 FPGA 采用并行接口更为合理。图 8.3-1 为 STM32F407 单片机与 FPGA 并行接口的原理框图。在 FPGA 内部,单片机需要通过并行总线读写的部件主要有并行寄存器、三态缓冲器、双口 RAM、FIFO、自行设计的接口电路(如 8.5 节的简易 SPI 接口)等。

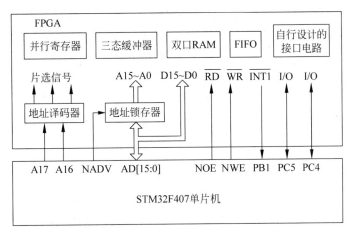

图 8.3-1　单片机与 FPGA 并行接口原理框图

在设计单片机和 FPGA 接口时,应遵循以下步骤:

(1) 理解 FSMC 的读写时序。根据 STM32F407 单片机的数据手册,FSMC 有多种读写时序,在地址和数据复用模式下的 SRAM 读写时序如图 8.3-2 所示。地址/数据复用线 AD[15:0]分时送出地址和数据信息。NADV 为地址有效信号,在 NADV 的低电平期间,地址信息有效,在 NADV 的上升沿,地址信息处于稳定状态。NOE 和 NWE 分别为读写控制信号,低电平有效。

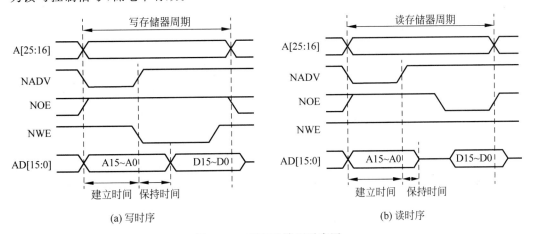

图 8.3-2　FSMC 读写时序图

（2）确定单片机与FPGA接口中应包括哪些信号线。在实际的并行接口中，图8.3-1中的信号线并不都是需要的。例如，当FPGA内部存储器的容量不超过256×8时，AD[15:8]这8根信号线就不需要了，因此，要根据实际情况确定并行接口的信号线。

（3）地址锁存器的设计。如果FPGA内部的外设需要A15～A0中的地址信号，就需要地址锁存器。地址锁存器的锁存信号由低电平有效的NADV提供。地址锁存器通常采用Verilog HDL实现，位宽和锁存信号有效电平的设置非常灵活。

（4）地址译码器的设计。地址译码器用于产生片选信号，是并行总线接口中重要的组成部分。根据需要片选信号的数量，地址译码器主要有3种设计方案，如图8.3-3所示。当FPGA内部电路只需要两根片选信号时，可直接用A16和A17作为片选信号，如图8.3-3(a)所示。当FPGA内部电路需要3根片选信号时，可采用一片2-4译码电路产生片选信号，如图8.3-3(b)所示。A16和A17作为地址译码器的输入。由于A17A16等于11的地址空间分配给单片机最小系统的键盘显示接口（参见图6.3-9），所以地址译码器的Y3输出不能用作片选信号。当FPGA内部电路需要4根片选信号时，可采用如图8.3-3(c)所示的译码电路来产生片选信号。A16和A17相或后作为地址译码器的使能控制，低位地址Ai、$A(i+1)$作为译码器的地址输入。Ai和$A(i+1)$为A15～A0中的某两根地址线，究竟选择哪两根地址线？通常的方法是排除已使用的地址线，从低位到高位选择。例如，在图6.3-8所示的TFT模块接口电路中，A0已被用作TFTRS信号，因此在图6.3-9所示的地址译码器中Ai和$A(i+1)$可使用A1和A2两根地址线。

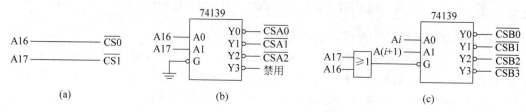

图8.3-3　并行总线接口中3种地址译码器设计方案

需要指出的是，如果外设没有单独的读或者写引脚，则地址译码器产生的片选信号需要和读信号NOE或者写信号NWE相或（非）后再送到外设，如图8.3-4所示。

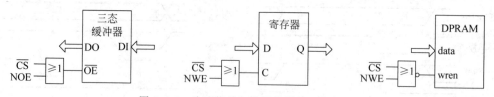

图8.3-4　片选信号与读写信号的配合使用

例8.3-1　假设STM32F407单片机需要向FPGA内部一个8位寄存器写数据，其逻辑图如图8.3-5所示。根据FSMC的读写时序图，判断能否正常工作。写出片选信号REGCS的地址。

解：不能正常工作，存在以下两个问题：

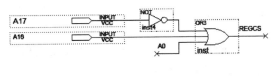
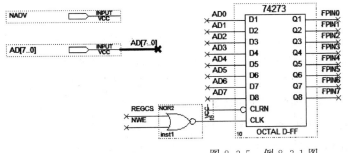
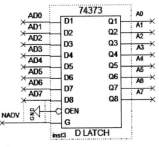

图 8.3-5　例 8.3-1 图

问题1：图中74373为地址锁存器，用于保存总线上的地址信号。由于NADV低电平时表示地址有效，所以，NADV应该反相后再加到74373的G引脚。

问题2：寄存器74273为时钟上升沿时刻接收数据。由于或非门的反相作用，片选信号REGCS和NWE相或非后产生时钟信号的上升沿将与NWE的下降沿对齐。根据图8.3-2(b)所示的时序图，NWE的下降沿时刻AD[15:0]上的信息为地址而不是数据，写入寄存器的是地址而不是数据，因此需要将图中的或非门改为或门。

参考表6.3-1所示的地址确定方法，片选信号REGCS的地址为0x60040000。

8.4　并行总线扩展实例——等精度频率计设计

1. 设计题目

利用等精度测量原理设计数字频率计，原理框图如图8.4-1(a)所示，显示界面如图8.4-1(b)所示。被测信号为频率1Hz～1MHz的标准方波信号。要求测量的频率在TFT上显示，误差≤0.1%。

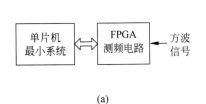

等精度频率计	等精度频率计
频率：000.00 Hz	频率：000.00 kHz
量程：1Hz~1kHz	量程：1kHz~1MHz
按KEY0　量程切换	按KEY0　量程切换

(a)　　　　　　　　(b)

图 8.4-1　等精度频率计

(a) 原理框图；(b) 显示界面

215

2. 等精度频率计的原理

频率就是周期性信号在单位时间(1s)内的变化次数。若在 1s 的时间间隔内测得这个周期性信号的重复变化次数为 N,则其频率 f 可表示为

$$f = N$$

由此可见,只要将被测信号作为计数器的时钟输入,让计数器从零开始计数,计数器计数 1s 后得到的计数值就是被测信号的频率值。利用上述思路,可以得到如图 8.4-2 所示的数字频率计原理框图。控制电路首先给出清零信号,使计数器清零。然后闸门信号置为高电平,闸门开通,被测信号通过闸门送到计数器,计数器开始计数,1s 后,将闸门信号置为低电平,计数器停止计数,此时计数器的计数值就是被测信号频率。如果将计数值直接送显示电路显示,那么在闸门开通期间,显示值将不断变化,无法看清显示值。在计数器和显示电路之间加了锁存器后,控制器在闸门关闭后给出一锁存信号,将计数值存入锁存器,显示电路根据锁存器的输出显示频率值。这样,每测量一次频率值,显示值刷新一次。图 8.4-3 给出了数字频率计各信号的时序关系。

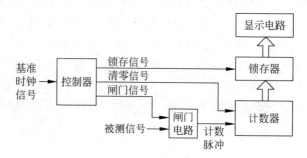

图 8.4-2　数字频率计原理框图

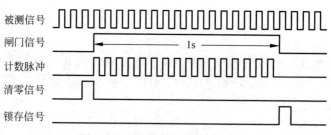

图 8.4-3　频率计控制信号时序图

这种测频方法称为直接计数测频,其特点是闸门的宽度是固定的(通常为 1s)。这种直接计数测频法的优点是原理简单,实现比较容易,缺点是被测信号频率较低时,误差较大。这里用图 8.4-4 所示的时序图对产生误差的原因进行分析。图 8.4-4(a)所示的时序图中,假设计数器采用上升沿触发,在闸门高电平期间,共有 10 个上升沿,因此,测得的频率为 10Hz。但被测信号的频率更接近于 9Hz,从而产生约 +1Hz 的误差,相对误差接近 10%。图 8.4-4(b)所示的时序图中,在闸门高电平期间,共有 9 个上升沿,因此,测得

的频率为 9Hz。但被测信号的频率更接近于 10Hz,从而产生约－1Hz 的误差,相对误差亦接近 10％。被测信号频率越低,直接计数测频法产生的相对误差越大。为了提高测频精度,通常将直接计数测频法与测周法相结合,即在被测信号频率高时,用直接计数测频法,在被测信号频率低时,先测量被测信号的周期,再换算成频率。

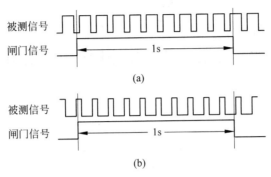

(a)

(b)

图 8.4-4　直接计数测频法产生的误差

随着单片机和 FPGA 的广泛应用,在直接计数测频法的基础上,另一种称为等精度的测频法得到广泛的应用。等精度测频法的闸门时间不是固定值,而是被测信号周期的整数倍,也即闸门信号与被测信号同步。因此,它消除了被测信号在计数过程中产生的 ±1 个数字误差,且达到了整个测试频段的等精度测量。等精度测频法的原理框图如图 8.4-5 所示。

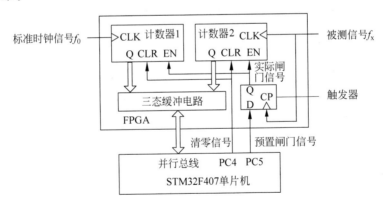

图 8.4-5　等精度测频法的原理框图

等精度测频法的时序图如图 8.4-6 所示。测频过程中,单片机首先将预置闸门信号置成高电平,但实际闸门信号并未马上变成高电平。当被测信号的上升沿到来时,实际闸门信号被 D 触发器置成高电平。此时,两个计数器分别开始对标准时钟信号和被测信号进行计数。当达到预置时间后,预置闸门信号置成低电平,然而两个计数器并未停止计数,直至被测信号的上升沿到来时,实际闸门信号被置成低电平,两个计数器同时停止计数。单片机通过并行总线读取两个计数器的计数值,就可以计算得到被测信号的频率值。

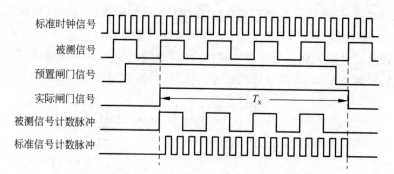

标准时钟信号
被测信号
预置闸门信号
实际闸门信号
被测信号计数脉冲
标准信号计数脉冲

图 8.4-6　等精度测频法的时序图

令两个计数器的计数值分别为 N_0 和 N_x,两者之间的关系为

$$\frac{N_x}{f_x} = \frac{N_0}{f_0} \tag{8.4-1}$$

f_0 是由晶体振荡器产生的标准时钟信号频率,f_x 是被测信号频率,f_x 可表示为

$$f_x = \frac{f_0 N_x}{N_0} \tag{8.4-2}$$

由于 f_x 信号与实际闸门信号同步,对 f_x 的计数值 N_x 不会产生误差。但标准时钟信号与实际闸门信号并不同步,因此将会产生不超过一个标准时钟信号周期的误差,也即在闸门开通的时间内对 f_0 的计数值 N_0 最多相差 ± 1,即 $|\Delta N_0| \leqslant 1$。

设被测信号的频率准确值为 f_{x0}。从式(8.4-1)可以得到

$$f_{x0} = \frac{f_0 N_x}{N_0 + \Delta N_0} \tag{8.4-3}$$

利用式(8.4-2)和式(8.4-3),可以推导得到测量相对误差为

$$\delta_f = \frac{\Delta f_{x0}}{f_{x0}} = \frac{f_x - f_{x0}}{f_{x0}} = \frac{\dfrac{f_0 N_x}{N_0} - \dfrac{f_0 N_x}{N_0 + \Delta N_0}}{\dfrac{f_0 N_x}{N_0 + \Delta N_0}} = \frac{\Delta N_0}{N_0} \tag{8.4-4}$$

由式(8.4-4)可得出以下结论:

(1) 相对误差 δ_f 与被测信号频率的大小无关;

(2) 由于 $N_0 = T_x f_0$(T_x 为实际闸门时间),要减小测量误差,提高测量精度,可以增大 T_x 或提高 f_0,即影响频率测量精度的因素是预置闸门时间的宽度与所选标准频率高低;

(3) 标准时钟信号的频率误差是 $\Delta f_0 / f_0$,由于石英晶体的频率稳定度很高,因此标准时钟信号的频率误差很小,在上述分析中忽略不计。

3. FPGA 内部电路设计

FPGA 内部电路由等精度测频和单片机接口由两部分组成。等精度测频部分如

图 8.4-7(a)所示。CLK0 为由外部有源晶振提供的 25MHz 时钟信号,经锁相环后得到 1MHz 的标准时钟信号 CLK1。CNT32 为 32 位二进制计数器,AA[31..0]和 BB[31..0]为两个计数器输出。gate 和 clr 为来自单片机 I/O 引脚的闸门信号和清零信号,Fin 为被测信号。

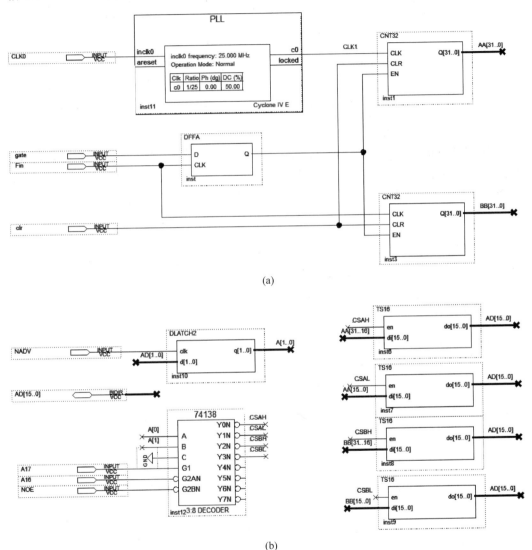

图 8.4-7　FPGA 内部电路设计

(a)等精度测频部分;(b)与单片机接口部分

图 8.4-7(b)所示的单片机接口由地址译码器、三态缓冲器、地址锁存器组成。由于地址译码器产生的 4 个片选信号全部用于读操作,因此,可以将 NOE 直接加到 74138 的使能端 G2BN,可以节省如图 8.3-4 所示电路中的或门。4 个片选信号的地址如表 8.4-1 所示。

表 8.4-1　三态缓冲器片选信号地址

信号名	A17	A16	A15	A14~A11	A10~A7	A6~A3	A2	A1	A0	
CSAH	1	0	0	0000	0000	0000	0	0	0	0
	0x60040000									
CSAL	1	0	0	0000	0000	0000	0	0	1	0
	0x60040002									
CSBH	1	0	0	0000	0000	0000	0	1	0	0
	0x60040004									
CSBL	1	0	0	0000	0000	0000	0	1	1	0
	0x60040006									

1) CNT32 模块的设计

CNT32 模块为 32 位二进制加法计数器模块,该计数器模块设置了计数、异步清零、计数使能等多种功能。异步清零功能是为了闸门开通之时计数器从零开始计数。计数使能信号实际上就是闸门信号,高电平时允许计数,低电平时停止计数。

根据 CNT32 模块的功能定义,其 Verilog HDL 代码如下:

```
module CNT32(CLK,CLR,EN,Q);

input CLK,CLR,EN;
output[31:0] Q;
reg[31:0] Q;

always @(posedge CLK or posedge CLR)
    begin
      if(CLR)
          Q <= 32'b0;
      else
        if(EN)
        begin
          Q <= Q + 32'b1;
        end
    end
endmodule
```

2) DLATCH 模块的设计

DLATCH 模块为 2 位锁存器模块,用于锁存来自单片机的低 2 位地址信息。在锁存信号的低电平期间,锁存器输出跟随输入变化,在锁存信号的上升沿,将输入值锁存,输出值保持不变。DLATCH 模块的 Verilog HDL 代码如下:

```
module DLATCH2(CLK,D,Q);
input CLK;
input [1:0]D;
output reg [1:0]Q;
always@(CLK or D)
```

```
begin
    if(CLK == 0)
        Q <= D;
end
endmodule
```

3）TS16 模块的设计

TS16 模块为 16 位的三态缓冲器模块。因为单片机数据总线宽度为 16 位，所以单片机需要分 4 次读取两个 32 位计数器的计数值，计数器和单片机并行总线之间必须设置 4 个 16 位的三态缓冲器。TS16 的 Verilog HDL 代码可参考 6.3.2 节相关内容。

4. 单片机软件设计

从等精度频率计的原理可知，单片机的主要任务是向 FPGA 内部电路发出清零信号和闸门信号，然后根据从内部电路读取的计数值计算频率并显示。其中如何发出闸门信号需要重点分析。图 8.4-8(a) 所示的时序图中，如果预置闸门的宽度 T_g 小于被测信号的周期 T，出现了实际闸门丢失的情况。图 8.4-8(b) 所示的时序图中，如果预置闸门信号的占空比大于 50%，出现了实际闸门信号比预想加宽 1 倍的现象。当被测频率很低，而标准时钟信号频率很高时，闸门过宽会导致计数器溢出。从上述分析可知，单片机发出的预置闸门信号宽度应大于最低被测频率对应的周期，同时占空比不大于 50%。为了使预置闸门信号既满足上述要求，又使频率计有较快的响应速度，将量程分为 1Hz～1kHz 和 1kHz～1MHz 两挡。在 1Hz～1kHz 量程挡，单片机发出的预置闸门信号应该是 0.5Hz、占空比为 50% 的方波；在 1kHz～1MHz 量程挡，单片机发出的预置闸门信号应该是 2Hz、占空比为 50% 的方波。

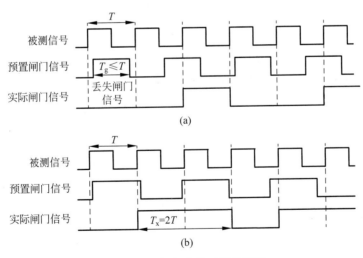

图 8.4-8　闸门信号时序分析图

单片机程序分为主程序、键盘中断服务程序和定时器中断服务程序三部分。主程序完成相关外设的初始化后，进入循环程序。在循环程序中，依次完成 32 位计数器清零，发出预置闸门信号,读取 32 位计数器的计数值,计算频率值并显示。键盘中断服务程序首先判断是否 KEY0 键有效,如果是 KEY0 键有效,则在 1Hz～1kHz 和 1kHz～1MHz 两挡量程之间切换,同时,根据当前量程设置闸门宽度。定时器中断服务程序功能十分简单,只对软件计数器加1,软件计数器用于控制闸门时间。主程序和键盘中断服务程序流程图如图 8.4-9 和图 8.4-10 所示。

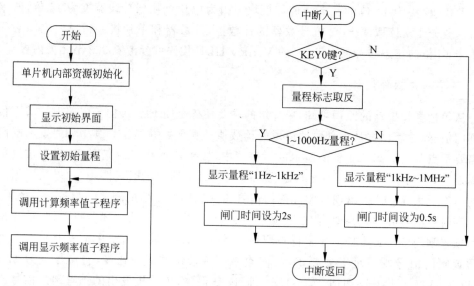

图 8.4-9　单片机主程序流程图　　　　图 8.4-10　键盘中断服务程序流程图

计算频率值子程序如下所示。

```
# define CLR_HIGH()      GPIO_SetBits(GPIOC, GPIO_Pin_4)      //清零信号置高
# define CLR_LOW()       GPIO_ResetBits(GPIOC, GPIO_Pin_4)    //清零信号置低
# define GATE_HIGH()     GPIO_SetBits(GPIOC, GPIO_Pin_5)      //闸门信号置高
# define GATE_LOW()      GPIO_ResetBits(GPIOC, GPIO_Pin_5)    //闸门信号置低
void GetFrequent()
{
    u32 A,B;
    CLR_HIGH();                                               //计数器清零
    delay_ms(1);
    CLR_LOW();
    delay_ms(1);
    GATE_HIGH();
    while (count1!= gatetimer);                               //设置闸门高电平时间

    count1 = 0;
    GATE_LOW();
    while (count1!= gatetimer);                               //设置闸门低电平时间
    count1 = 0;
```

```
A = CSAH * 65536 + CSAL;                    //读计数器值
B = CSBH * 65536 + CSBL;
Frequent = (float)B/(float)A * FSTD;        //计算频率,FSTD 为标准时钟信号频率
}
```

显示频率子程序可以参考 7.3.3 节显示电阻值子程序的设计。

5. 等精度频率计的测试

将单片机程序下载到 STM32F407 单片机中,将图 8.4-7 所示的电路下载到 FPGA 中。观察 TFT 显示界面是否如图 8.4-1 所示,按 KEY0 键,量程从初始的 1Hz~1kHz 变换为 1kHz~1MHz,频率显示的单位从"Hz"改为"kHz"。

将信号发生器输出的方波信号引到 FPGA 的 I/O 引脚。当显示的频率值和信号发生器设定的频率值一致时,说明等精度频率计达到了设计要求。测试结果如表 8.4-2 所示。

表 8.4-2　等精度频率计测试结果

给定频率	1Hz	499.97Hz	999.97Hz	1.05kHz	500.99kHz	999.99kHz
实测频率	0.99Hz	499.97Hz	999.97Hz	1.05kHz	500.99kHz	999.99kHz

上述等精度频率计如果配上 1.4 节例 1.4-3 介绍的波形变换电路,就可以实现对周期性模拟信号的测量。

8.5　并行总线扩展实例——简易 16 位 SPI 接口设计

1. 设计题目

采用 FPGA 设计一简易 16 位 SPI 接口,示意图及符号如图 8.5-1 所示。单片机通过并行总线将 16 位数据写入 SPI 接口,SPI 接口就会按照一定的时序写入目标芯片。假设目标芯片为 DAC082S085,其时序图如图 8.5-1(c)所示。

2. 方案设计

在由单片机和 FPGA 构成的电子系统中,如果要扩展 SPI 接口芯片,除了第 7 章介绍的 SPI 总线扩展方法外,还可以在 FPGA 内部设计一个简易 SPI 接口,单片机通过并行总线将数据写入 SPI 接口,SPI 接口就会按照规定的时序写入目标芯片。这种方法不会占用单片机的资源,可以充分利用 FPGA 内部多余资源,提高了设计灵活性。

本设计题要求的简易 SPI 接口只能单方向传输数据,因此电路并不复杂。简易 SPI 接口由并行寄存器、移位寄存器、控制器三部分组成,其原理框图如图 8.5-2 所示。单片机通过并行总线向 16 位并行寄存器写入 16 位数据。在写数据的过程中,片选信号/CS 和写信号/WR 相或后产生一个负脉冲。该负脉冲作为控制器的 START 信号,控制器检

测到 START 信号后发出 SEL1 和 SEL0 信号,控制 16 位移位寄存器依次完成并行置数和移位操作。

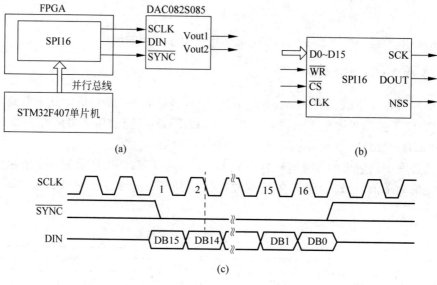

图 8.5-1　简易 16 位 SPI 接口

(a) 示意图;(b) 符号;(c) DAC082S085 时序图

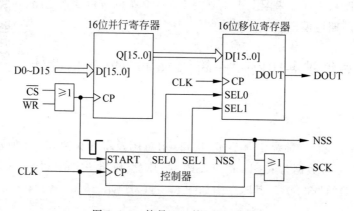

图 8.5-2　简易 SPI 接口原理框图

　　控制器为一同步状态机,定义了 20 个状态 S0~S19,S0 为初始状态,用于检测 START 信号,只有检测到 START 信号低电平,才能进入下一个状态,否则一直在 S0 状态等待。在 S0~S2 状态,将 SEL1 和 SEL0 置成 00,使移位寄存器处于保持状态;在 S3 状态,将 SEL1 和 SEL0 置成 10,使移位寄存器处于并行置数状态,这时,并行寄存器中的数据送入移位寄存器;在 S4~S19 状态,将 SEL1 和 SEL0 置成 01,使移位寄存器处于移位状态,同时,将 NSS 置成低电平,完成 16 位数据的传送。控制器的时序图如图 8.5-3 所示。需要指出的是,START 信号低电平的宽度应大于 1 个 CP 脉冲周期,小于 3 个 CP 脉冲周期。

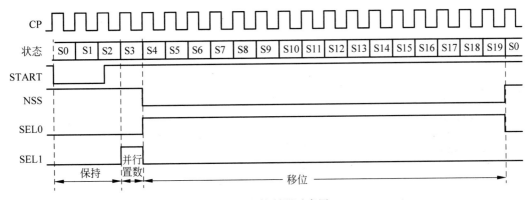

图 8.5-3 控制器时序图

3. 底层模块及顶层原理图设计

图 8.5-2 中各底层模块采用 Verilog HDL 语言描述,下面给出其程序代码。

1) 16 位并行寄存器 REG16

```
module REG16(CLK,D,Q);
input[15:0] D;
input CLK;
output[15:0] Q;
reg[15:0] Q;
always @(posedge CLK)
    begin
      Q <= D;
    end
endmodule
```

2) 16 位移位寄存器 SREG16

```
module SREG16(CP,S,D,DOUT);
input[15:0] D;
input CP;
input[1:0] S;
output DOUT;
reg[15:0] Q;
always @(posedge CP)
    begin
        case(S)
            2'b01: Q <= {Q[14:0],1'b1};
            2'b10: Q <= D;
        endcase
    end
assign DOUT = Q[15];
endmodule
```

3) 状态机 Control

```
module CONTROL(CP,START,SEL1,SEL0,NSS);
input CP,START;
output SEL1,SEL0,NSS;
reg SEL1,SEL0,NSS;
reg[4:0] CURRENT_STATE;
reg[4:0] NEXT_STATE;
parameter S0 = 5'b00000,S1 = 5'b00001,S2 = 5'b00011,S3 = 5'b00010; //状态编码为 Gray 码
parameter S4 = 5'b00110,S5 = 5'b00111,S6 = 5'b00101,S7 = 5'b00100;
parameter S8 = 5'b01100,S9 = 5'b01101,S10 = 5'b01111,S11 = 5'b01110;
parameter S12 = 5'b01010,S13 = 5'b01011,S14 = 5'b01001,S15 = 5'b01000;
parameter S16 = 5'b11000,S17 = 5'b11100,S18 = 5'b10100,S19 = 5'b10000;
always @(CURRENT_STATE  or  START)
    begin
        case(CURRENT_STATE)
        S0:
        begin SEL1 = 1'b0;SEL0 = 1'b0;NSS = 1'b1;
        if (START == 1'b0) NEXT_STATE = S1; else NEXT_STATE = S0;end
        S1: begin SEL1 = 1'b0;SEL0 = 1'b0;NSS = 1'b1;NEXT_STATE = S2;end
        S2: begin SEL1 = 1'b0;SEL0 = 1'b0;NSS = 1'b1;NEXT_STATE = S3;end
        S3: begin SEL1 = 1'b1;SEL0 = 1'b0;NSS = 1'b1;NEXT_STATE = S4;end
        S4: begin SEL1 = 1'b0;SEL0 = 1'b1;NSS = 1'b0;NEXT_STATE = S5;end
        S5: begin SEL1 = 1'b0;SEL0 = 1'b1;NSS = 1'b0;NEXT_STATE = S6;end
        S6: begin SEL1 = 1'b0;SEL0 = 1'b1;NSS = 1'b0;NEXT_STATE = S7;end
        S7: begin SEL1 = 1'b0;SEL0 = 1'b1;NSS = 1'b0;NEXT_STATE = S8;end
        S8: begin SEL1 = 1'b0;SEL0 = 1'b1;NSS = 1'b0;NEXT_STATE = S9;end
        S9: begin SEL1 = 1'b0;SEL0 = 1'b1;NSS = 1'b0;NEXT_STATE = S10;end
        S10: begin SEL1 = 1'b0;SEL0 = 1'b1;NSS = 1'b0;NEXT_STATE = S11;end
        S11: begin SEL1 = 1'b0;SEL0 = 1'b1;NSS = 1'b0;NEXT_STATE = S12;end
        S12: begin SEL1 = 1'b0;SEL0 = 1'b1;NSS = 1'b0;NEXT_STATE = S13;end
        S13: begin SEL1 = 1'b0;SEL0 = 1'b1;NSS = 1'b0;NEXT_STATE = S14;end
        S14: begin SEL1 = 1'b0;SEL0 = 1'b1;NSS = 1'b0;NEXT_STATE = S15;end
        S15: begin SEL1 = 1'b0;SEL0 = 1'b1;NSS = 1'b0;NEXT_STATE = S16;end
        S16: begin SEL1 = 1'b0;SEL0 = 1'b1;NSS = 1'b0;NEXT_STATE = S17;end
        S17: begin SEL1 = 1'b0;SEL0 = 1'b1;NSS = 1'b0;NEXT_STATE = S18;end
        S18: begin SEL1 = 1'b0;SEL0 = 1'b1;NSS = 1'b0;NEXT_STATE = S19;end
        S19: begin SEL1 = 1'b0;SEL0 = 1'b1;NSS = 1'b0;NEXT_STATE = S0;end
        default: begin SEL1 = 1'b0;SEL0 = 1'b0;NSS = 1'b1;NEXT_STATE = S0;end
        endcase
    end
always @(posedge (CP) )
    begin
        CURRENT_STATE <= NEXT_STATE;
    end
endmodule
```

Control 的仿真结果如图 8.5-4 所示。该仿真结果与图 8.5-3 所示的时序图一致,说明 Control 模块设计正确。

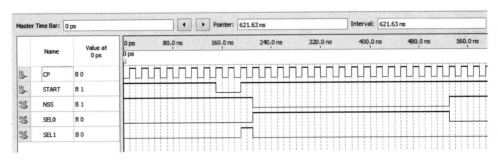

图 8.5-4　状态机 Contol 的仿真结果

SPI 接口的顶层原理图如图 8.5-5 所示。

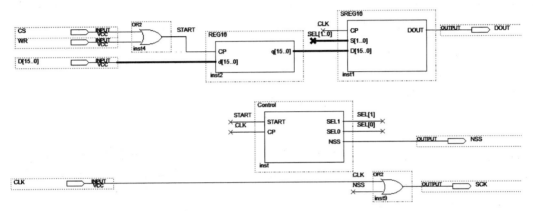

图 8.5-5　16 位 SPI 接口顶层原理图

SPI 接口的仿真结果如图 8.5-6 所示。从图中可以看到,当向 SPI 接口并行写入 0x5678 数据后,DOUT 依次送出 0101 0110 0111 1000,高位在前,低位在后,与图 8.5-1 (c)所示的时序图一致,说明 SPI 接口达到设计要求。

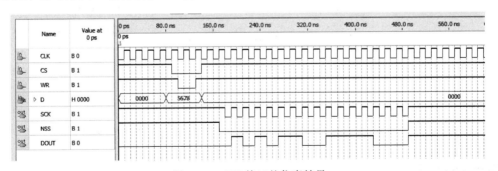

图 8.5-6　SPI 接口的仿真结果

本节介绍的简易 SPI 接口设计扩展了 FPGA 的应用范围,建立了单片机和串行接口芯片的桥梁。在第 10 章介绍的 DDS 信号发生器中,将给出简易 SPI 接口的实际应用。

思考题

1. 单片机的并行总线包括哪三种类型？

2. 将 STM32F407 单片机 FSMC 接口对应的 I/O 引脚填入表 T8-1 中。

表 T8-1

信号名	对应的单片机引脚	信号名	对应的单片机引脚
CLK		NWE	
A[17:16]		NADV	
AD[15:0]		NOE	

3. 在并行总线接口中，为了获得低位地址，为什么要用锁存器而不用寄存器？

4. 写出图 8.3-3 所示地址译码器片选信号地址。

5. 寄存器的 CLK 为什么要由片选信号和写信号相或后产生？

6. 在等精度频率计中，单片机发出的闸门信号有什么要求？

7. 在 16 位 SPI 接口设计中，状态机的状态编码为什么要用 Gray 码？

8. 图 8.5-1(c)所示的时序图中，DIN 的数据在 SCLK 的下降沿时刻写入目标器件。如果改成在 SCLK 的上升沿时刻写入，在图 8.5-5 所示的原理图上应如何修改？

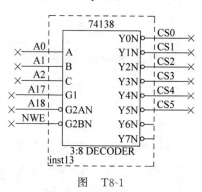

图 T8-1

9. 为了将数据依次写入 6 个数据寄存器，用 3 线-8 线译码器 74138 设计地址译码器，原理图如图 T8-1 所示。假设 FSMC 采用 16 位的数据线宽度，请问以下给出的片选信号 CS0～CS5 地址是否正确？

```
#define CS0  (*((volatile unsigned short *) 0x60040000))
#define CS1  (*((volatile unsigned short *) 0x60040001))
#define CS2  (*((volatile unsigned short *) 0x60040002))
#define CS3  (*((volatile unsigned short *) 0x60040003))
#define CS4  (*((volatile unsigned short *) 0x60040004))
#define CS5  (*((volatile unsigned short *) 0x60040005))
```

设计训练题

设计题一　数字移相器设计

设计一个数字移相器，输入为 1kHz 方波信号 CLK1，输出为同频率方波信号 CLK2，要求 CLK1 和 CLK2 之间可步进移相 180°，步进间距为 2°。示意图如图 P8-1 所示。

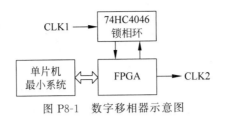

图 P8-1　数字移相器示意图

提示：数字移相器原理框图如图 P8-2 所示。CNT180A 为 180 进制计数器，与锁相环(74HC4046)配合，将 CLK1 倍频 180 倍，得到时钟信号 CLK3。CNT180B 为具有异步清零、使能控制的 180 进制计数器，在时钟信号 CLK3 的控制下计数。REGA 为 8 位寄存器，用于存放来自单片机的相移控制字 A，其不大于 90。移相角度等于 A 的两倍。CMP8 为 8 位数值比较器，将 CNT180B 的计数值 B 与寄存器 REG8 的值 A 比较，当 $A < B < A + 90$ 时，CLK2 输出高电平。每次单片机向 REGA 写一数据的同时，对 D 触发器和 CNT180B 清零。时序图如图 P8-3 所示。

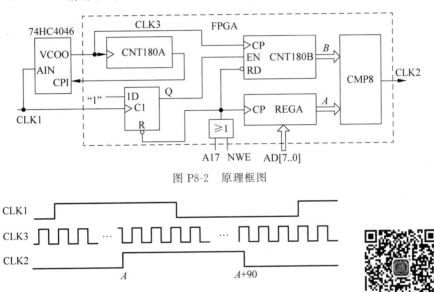

图 P8-2　原理框图

图 P8-3　数字移相器时序图

设计题二　简易 SPI 接口功能测试实验

设计实验，验证简易 SPI 接口功能。实验原理框图如图 P8-4 所示。单片机每次通过 SPI 接口向移位寄存器传送两字节的显示段码，从而在 LED 数码管上显示相应的数字。SPI 接口通过并行总线与单片机接口，通过 SPI 总线与移位寄存器连接。移位寄存器的时序如图 P8-5 所示。

单片机程序实现以下功能：按 KEY0 键，送"01"段码，按 KEY1 键，送"23"段码，按 KEY2 键，送"45"段码，按 KEY3 键，送"67"段码，按 KEY4 键，送"89"段码。同时规定地址 A17 和 A16 同时为低电平时选中 SPI 接口。请设计 SPI 接口，实现按 KEY0 键时，数码管显示"01"……按 KEY4 键时，数码管显示"89"。

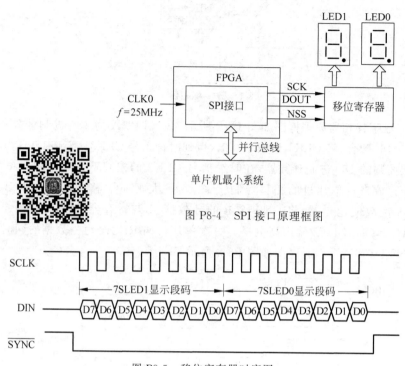

图 P8-4　SPI 接口原理框图

图 P8-5　移位寄存器时序图

设计题三　基于 AD9854 的 DDS 信号发生器

原理框图如图 P8-6 所示。设计要求如下：

（1）正弦波输出频率范围：1kHz～10MHz。

（2）具有频率设置功能。

（3）产生模拟幅度调制（AM）信号：在 1～10MHz 范围内调制度 ma 可在 10%～100% 之间程控调节，步进量 10%，正弦调制信号频率为 1kHz，调制信号自行产生。

（4）产生模拟频率调制（FM）信号：在 100kHz～10MHz 频率范围内产生 10kHz 最大频偏，且最大频偏可分为 5kHz/10kHz 二级程控调节，正弦调制信号频率为 1kHz，调制信号自行产生。

（5）产生二进制 PSK、ASK 信号：在 100kHz 固定频率载波进行二进制键控，二进制基带序列码速率固定为 10Kb/s，二进制基带序列信号自行产生。

图 P8-6　基于 AD9856 的 DDS 信号发生器原理框图

第

9

章

数字化语音存储与回放系统

9.1 设计题目

设计一个数字化语音存储与回放系统,其系统框图如图 9.1-1 所示。设计要求如下:语音录放时间≥250s;语音输出功率≥0.5W,回放语音质量良好;设置"录音""放音"键,能显示录放时间。

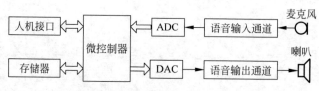

图 9.1-1 数字化语音存储与回放系统框图

9.2 方案设计

语音存储与回放系统基本工作原理是,语音信号通过麦克风转化为电信号,经放大、滤波处理后送 ADC,在单片机控制下将语音信号转化为数字信号并存放在外部存储器中;回放时,从存储器中取出数字化的语音信号,经 DAC 转化成模拟信号,滤波放大后驱动扬声器发出声音。由于 STM32F407 单片机内含 12 位 DAC 和 12 位 ADC,因此,采用 STM32F407 单片机可以简化语音存储回放系统硬件电路设计。如图 9.2-1 所示为以 STM32F407 为核心的语音存储与回放系统原理框图。

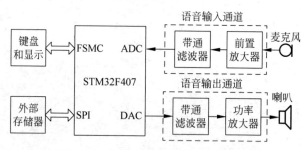

图 9.2-1 语音存储回放系统原理框图

语音输入通道由前置放大电路、带通滤波器构成。由于麦克风输出的语音信号是毫伏级的微弱信号,因此需要通过前置放大器将麦克风输出的语音信号放大。带通滤波器的作用是保证语音信号中的有用成分通过,滤除语音信号中的低频和高频干扰成分,防止采样后信号频谱混叠。

语音输出通道包括带通滤波器、音频功率放大电路。带通滤波器主要起到对 DAC 输出的模拟信号平滑的作用,并滤除信号中的低频成分。功率放大电路对语音信号进行功率放大,驱动喇叭。

STM32F407 单片机是语音存储回放系统的核心部件,主要完成人机接口控制、片内

ADC 和 DAC 控制、数据存储等功能。

对语音信号进行 A/D 转换时,需要考虑的技术指标有采样频率和量化位数。采样率的确定应遵循奈奎斯特采样定理。声音信号频带越宽,要求采样频率越高。在通信系统中,语音信号的采样频率通常为 8kHz。一些高保真的音响系统,如 CD 激光唱盘,采样频率为 44kHz,使得音质与原始声音相差无几。表 9.2-1 列出了不同音质与采样频率的关系。

表 9.2-1　不同音质与采样频率关系

音　质	频率范围	采样频率
电话音质	300Hz～3400Hz	8kHz
短波段收音机音质	50Hz～7kHz	9.025kHz
FM 收音机音质	20Hz～15kHz	22.05kHz
CD 音质	10Hz～20kHz	44.1kHz

量化位数是指模拟语音信号转换为二进制数字量后的位数。量化位数越多,量化误差就越小,数字化后的语音信号就越接近原始信号,但所需要的存储空间也越大。

为了获得较好的声音回放质量,同时,也使单片机在一个采样周期内有充裕的时间对采集的数据进行处理,如数据存储、压缩等操作,语音信号的采样频率采用 8kHz。根据采样定理,该采样频率可满足恢复 4kHz 以内的语音信号。为了节省存储空间和简化程序设计,语音信号的量化位数设为 8 位。

根据上述确定采样频率和量化位数,STM32F407 单片机 1s 采集的数据量为 8000B。根据设计要求,语音录放时间应大于 250s,因此需要 2MB 的存储容量。显然,STM32F407 内部数据存储器无法满足要求,必须扩展外部数据存储器。随着集成电路技术的发展,单片大容量数据存储器已十分常见。在选择外部数据存储器时,主要考虑存储器与单片机的接口方式和读写操作是否方便。根据存储器与单片机的接口方式,分为并行存储器和串行存储器两种类型。并行存储器的优点是读写速度快,读写方便,但体积大,与单片机之间的硬件连线复杂。串行存储器的优点是硬件连接简单、体积小,但读写操作较为复杂,速度较慢。本章内容将介绍串行存储器的扩展方法及软件设计。

语音存储与回放系统可分为单片机子系统、大容量存储器、模拟子系统。由于单片机子系统直接采用第 6 章介绍的单片机最小系统,因此本章重点介绍单片机内部 ADC 和 DAC 的原理和使用方法、模拟子系统设计、串行大容量存储器接口设计和单片机软件设计。

9.3　STM32F407 单片机的 ADC

STM32F407 单片机内含 3 个 12 位逐次逼近型 ADC,是单片机最常用的片内外设。本节内容将简要介绍 ADC 的硬件结构、主要寄存器的功能以及基本编程方法。

1. ADC 的基本结构

ADC 的基本结构如图 9.3-1 所示。ADC 的核心单元是图中间的 A/D 转换器。

V_{REF+} 和 V_{REF-} 为 A/D 转换器的参考电压。在单片机最小系统中，V_{REF+} 和 V_{DDA} 接 +3.3V，V_{REF-} 和 V_{SSA} 接地，得到 ADC 的输入电压范围为 0~3.3V。

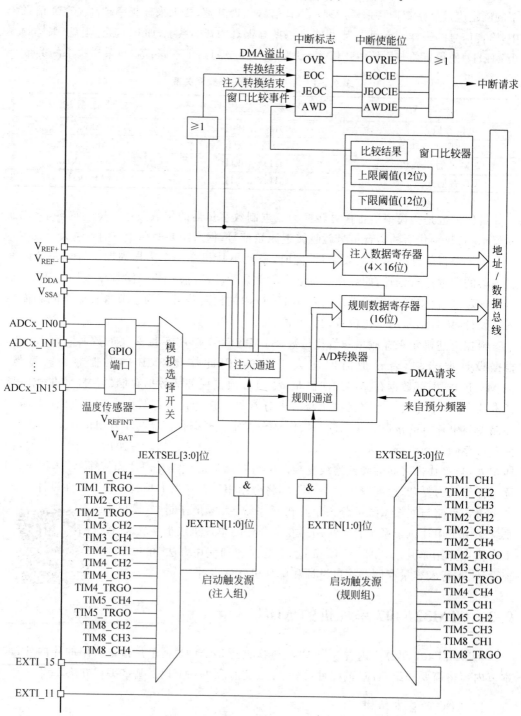

图 9.3-1　STM32F407 单片机 ADC 原理框图

ADC 总共有 19 个通道,包括 16 个外部输入通道 ADCx-IN0～ADCx-IN15 和 3 个内部源输入通道,模拟信号经过这些通道送到 A/D 转换器。ADCx-IN0～ADCx-IN15 对应着不同的 I/O 引脚,其对应关系如表 9.3-1 所示。

表 9.3-1 ADC1～ADC3 的通道与引脚对应关系表

通道号	ADC1	ADC2	ADC3	通道号	ADC1	ADC2	ADC3
通道 0	PA0	PA0	PA0	通道 10	PC0	PC0	PC0
通道 1	PA1	PA1	PA1	通道 11	PC1	PC1	PC1
通道 2	PA2	PA2	PA2	通道 12	PC2	PC2	PC2
通道 3	PA3	PA3	PA3	通道 13	PC3	PC3	PC3
通道 4	PA4	PA4	PF6	通道 14	PC4	PC4	PF4
通道 5	PA5	PA5	PF7	通道 15	PC5	PC5	PF5
通道 6	PA6	PA6	PF8	通道 16	温度传感器	连到 Vss	连到 Vss
通道 7	PA7	PA7	PF9	通道 17	内部参考电压	连到 Vss	连到 Vss
通道 8	PB0	PB0	PF10	通道 18	V_{BAT}	连到 Vss	连到 Vss
通道 9	PB1	PB1	PF3				

ADC 的转换分为 2 个通道组:规则通道组和注入通道组。一般情况下只使用规则通道。如果使用注入通道,注入通道的转换可以打断规则通道的转换。如果在规则通道转换时有注入通道要转换,那么规则通道要等注入通道转换完成后,再回到规则通道的转换流程。

A/D 转换器通过触发信号启动转换。触发方式有 EXTI 外部触发、定时器触发或者软件触发。当 A/D 转换器接收到触发信号后,在来自 ADC 预分频器 ADCCLK 时钟的驱动下,对输入通道的信号采样,并进行 A/D 转换。A/D 转换可以单次、连续、扫描或者间断模式执行。A/D 转换的结果可以左对齐或右对齐方式存储在 16 位数据寄存器中。ADC 中的窗口比较器允许应用程序检测输入电压是否超出用户定义的高/低阈值。

ADC 完成一次转换需要的时间由两部分组成,一部分为采样时间,一部分为与分辨率有关的 A/D 转换时间。ADC 的采样时间和分辨率都是可编程的,可见,ADC 的转换速率不是固定的,根据数据手册,ADC 达到 12 位分辨率时的最高转换速率为 2.4MHz。

2. ADC 的寄存器

ADC 内部含有多个寄存器,功能也比较复杂,这里对 ADC 寄存器只作简要介绍,详细的介绍请参考 STM32F4 的数据手册。

1) ADC 控制寄存器(ADC_CR1 和 ADC_CR2)

31	30	29	28	27	26	25	24	23	22	21	20	19	18	17	16
			Reserved		OVRIE	RES[1:0]		AWDEN	JAWDEN				Reserved		
					rw	rw	rw	rw	rw						

15	14	13	12	11	10	9	8	7	6	5	4	3	2	1	0
DISCNUM[2:0]			JDISCEN	DISCEN	JAUTO	AWDSGL	SCAN	JEOCIE	AWDIE	EOCIE	AWDCH[4:0]				
rw	rw	rw	rw	rw	rw	rw	rw	rw	rw	rw	rw	rw	rw	rw	rw

SCAN 位：该位用于设置扫描模式,由软件设置和清除。如果设置为 1,则使用扫描模式,如果为 0,则关闭扫描模式。在扫描模式下,由 ADC_SQRx 或 ADC_JSQRx 寄存器选中的通道被转换。如果设置了 EOCIE 或 JEOCIE,只在最后一个通道转换完毕后才会产生 EOC 或 JEOC 中断。

RES[1:0]：用于设置 ADC 的分辨率。

00：12 位；01：10 位；10：8 位；11：6 位。

31	30	29	28	27	26	25	24	23	22	21	20	19	18	17	16
Reserved	SWST ART	EXTEN		EXTSEL[3:0]				Reserved	JSWST ART	JEXTEN		JEXTSEL[3:0]			
	rw	rw	rw	rw	rw	rw	rw		rw	rw	rw	rw	rw	rw	rw

15	14	13	12	11	10	9	8	7	6	5	4	3	2	1	0
Reserved				ALIGN	EOCS	DDS	DMA	Reserved					CONT		ADON
				rw	rw	rw	rw						rw		rw

EXTEN[1:0]：用于规则通道的外部触发使能设置。通过软件将这些位置 1 和清零可选择外部触发极性和使能规则组的触发。

00：禁止触发检测；01：上升沿上的触发检测。

10：下降沿上的触发检测；11：上升沿和下降沿上的触发检测。

CONT：连续转换,此位通过软件置位和复位。

0：单次转换模式；1：连续转换模式。

ADON：A/D 转换开/关。此位通过软件置位和复位。

0：禁止 ADC,进入低功耗模式；1：使能 ADC。

2）ADC 通用控制寄存器（ADC_CCR）

31	30	29	28	27	26	25	24	23	22	21	20	19	18	17	16
Reserved								TSVREFE	VBATE	Reserved				ADCPRE	
								rw	rw					rw	rw

15	14	13	12	11	10	9	8	7	6	5	4	3	2	1	0
DMA[1:0]		DDS	Res.	DELAY[3:0]				Reserved			MULTI[4:0]				
rw	rw	rw		rw	rw	rw	rw				rw	rw	rw	rw	rw

TSVREFE 位：是内部温度传感器和 V_{REFINT} 通道使能位。

ADCPRE[1:0]：用于设置 ADC 输入时钟分频。00～11 分别对应 PCLK2/2、PCLK2/4、PCLK2/6 和 PCLK2/8 分频。

MULTI[4:0]：多重 ADC 模式选择。

00000：独立模式；

00001～01001：双重模式,ADC1 和 ADC2 一起工作,ADC3 独立；

00001：规则同时＋注入同时组合模式；

00010：规则同时＋交替触发组合模式；

00011：保留；

00101：仅注入同时模式；

00110：仅规则同时模式；

00111：仅交错模式；

01001：仅交替触发模式；

10001～11001：ADC1、ADC2 和 ADC3 一起工作；

10001：规则同时＋注入同时组合模式；

10010：规则同时＋交替触发组合模式；

10011：保留；

10101：仅注入同时模式；

10110：仅规则同时模式；

10111：仅交错模式；

11001：仅交替触发模式。

其他所有组合均需保留且不允许编程。如果 ADC 采用独立模式,设置 MULTI[4..0]这 5 位为 0 即可。

3）ADC 采样时间寄存器（ADC_SMPR1 和 ADC_SMPR2）

这两个寄存器用于设置通道 0～18 的采样时间,每个通道占用 3 位。

31	30	29	28	27	26	25	24	23	22	21	20	19	18	17	16
Reserved					SMP18[2:0]			SMP17[2:0]			SMP16[2:0]			SMP15[2:1]	
					rw	rw	rw	rw	rw	rw	rw	rw	rw	rw	rw
15	14	13	12	11	10	9	8	7	6	5	4	3	2	1	0
SMP15_0	SMP14[2:0]			SMP13[2:0]			SMP12[2:0]			SMP11[2:0]			SMP10[2:0]		
rw	rw	rw	rw	rw	rw	rw	rw	rw	rw	rw	rw	rw	rw	rw	rw

31	30	29	28	27	26	25	24	23	22	21	20	19	18	17	16
Reserved			SMP9[2:0]			SMP8[2:0]			SMP7[2:0]			SMP6[2:0]			SMP5[2:1]
			rw	rw	rw	rw	rw	rw	rw	rw	rw	rw	rw	rw	rw
15	14	13	12	11	10	9	8	7	6	5	4	3	2	1	0
SMP5_0	SMP4[2:0]			SMP3[2:0]			SMP2[2:0]			SMP1[2:0]			SMP0[2:0]		
rw	rw	rw	rw	rw	rw	rw	rw	rw	rw	rw	rw	rw	rw	rw	rw

SMPx[2:0]：通道 x 采样时间选择。通过软件写入这些位可分别为各个通道选择采样时间。在采样周期期间,通道选择位必须保持不变。

000：3 个周期；001：15 个周期；010：28 个周期；011：56 个周期；100：84 个周期；101：112 个周期；110：144 个周期；111：480 个周期。

4）ADC 规则序列寄存器（ADC_SQR1～3）

该寄存器总共有 3 个,这几个寄存器的功能差不多。这里仅介绍 ADC_SQR1。

31	30	29	28	27	26	25	24	23	22	21	20	19	18	17	16
Reserved								L[3:1]				SQ16[4:1]			
								rw	rw	rw	rw	rw	rw	rw	rw
15	14	13	12	11	10	9	8	7	6	5	4	3	2	1	0
SQ16_0	SQ15[4:0]					SQ14[4:0]					SQ13[4:0]				
rw	rw	rw	rw	rw	rw	rw	rw				rw	rw	rw	rw	rw

L[3:0]:规则通道序列长度。通过软件写入这些位可定义规则通道转换序列中的转换总数。0000:1 次转换;0001:2 次转换……1111:16 次转换。

SQ16[4:0]:规则序列中的第 16 次转换。通过软件写入这些位,将通道编号(0～18)分配为转换序列中的第 16 次转换;

SQ15[4:0]:规则序列中的第 15 次转换;

SQ14[4:0]:规则序列中的第 14 次转换;

SQ13[4:0]:规则序列中的第 13 次转换;

L[3:0]用于存储规则序列长度,如果只用一个,就设置这几个位的值为 0。其他的 SQ13～16 则存储了规则序列中第 13～16 个通道编号(0～18)。需要说明的是,如果选择的是单次转换,则只有一个通道在规则序列里面,这个序列就是 SQ1,至于 SQ1 里面哪个通道,完全由用户自己设置,通过 ADC_SQR3 的最低 5 位设置。

5) ADC 规则数据寄存器(ADC_DR)

该寄存器用于存放规则序列中的 A/D 转化结果。

31	30	29	28	27	26	25	24	23	22	21	20	19	18	17	16
Reserved															

15	14	13	12	11	10	9	8	7	6	5	4	3	2	1	0
DATA[15:0]															
r	r	r	r	r	r	r	r	r	r	r	r	r	r	r	r

DATA[15:0]:规则数据。这些位只读,数据有左对齐和右对齐两种方式,通过 ADC_CR2 的 ALIGN 位设置。

6) ADC 状态寄存器(ADC_SR)

31	30	29	28	27	26	25	24	23	22	21	20	19	18	17	16
Reserved															

15	14	13	12	11	10	9	8	7	6	5	4	3	2	1	0
Reserved										OVR	STRT	JSTRT	JEOC	EOC	AWD
										rc_w0	rc_w0	rc_w0	rc_w0	rc_w0	rc_w0

EOC 位:通过判断该位来决定是否此次规则通道的 A/D 转换已经完成。

3. ADC 的编程

在语音存储回放系统中,语音信号从 ADC1 的通道 0 输入,其对应的 I/O 引脚为 PA0。为了实现 8kHz 的采样频率,采用 TIM2 溢出触发 A/D 转换,通过 ADC 中断读取转换结果。

1) ADC 的初始化程序

```
void ADC_init(void)
{
  RCC_AHB1PeriphClockCmd(RCC_AHB1Periph_GPIOA, ENABLE);
  RCC_APB2PeriphClockCmd(RCC_APB2Periph_ADC1, ENABLE);               //使能 ADC1 时钟
```

```
    GPIO_InitStructure.GPIO_Pin = GPIO_Pin_0;                       //PA0 通道 0
    GPIO_InitStructure.GPIO_Mode = GPIO_Mode_AN;                    //模拟输入
    GPIO_InitStructure.GPIO_PuPd = GPIO_PuPd_NOPULL ;               //不带上下拉
    GPIO_Init(GPIOA, &GPIO_InitStructure);                          //注 1
    ADC_CommonInitStructure.ADC_Mode = ADC_Mode_Independent;        //注 2
    ADC_CommonInitStructure.ADC_TwoSamplingDelay =
                    ADC_TwoSamplingDelay_5Cycles;                   //注 3
    ADC_CommonInitStructure.ADC_DMAAccessMode =
                    ADC_DMAAccessMode_Disabled;                     //注 4
    ADC_CommonInitStructure.ADC_Prescaler = ADC_Prescaler_Div4;    //注 5
    ADC_CommonInit(&ADC_CommonInitStructure);
    ADC_InitStructure.ADC_Resolution = ADC_Resolution_12b;         //注 6
    ADC_InitStructure.ADC_ScanConvMode = DISABLE;                  //注 7
    ADC_InitStructure.ADC_ContinuousConvMode = DISABLE;            //注 8
    ADC_InitStructure.ADC_ExternalTrigConvEdge =
                    ADC_ExternalTrigConvEdge_RisingFalling;        //注 9
    ADC_InitStructure.ADC_ExternalTrigConv = ADC_ExternalTrigConv_T2_TRGO;
                                                                    //注 10
    ADC_InitStructure.ADC_DataAlign = ADC_DataAlign_Right;         //注 11
    ADC_InitStructure.ADC_NbrOfConversion = 1;                     //注 12
    ADC_Init(ADC1, &ADC_InitStructure);                            //ADC1 初始化函数
    ADC_RegularChannelConfig(ADC1, ADC_Channel_0, 1,
                    ADC_SampleTime_56Cycles);                      //注 13
    ADC_ITConfig(ADC1, ADC_IT_EOC, ENABLE);                        //使能 EOC 中断
    ADC_Cmd(ADC1,ENABLE);                                          //使能 ADC1
}
```

注 1：对用于 ADC 输入的 I/O 引脚，应设置为模拟输入模式，而不是复用功能，也不需要调用 GPIO_PinAFConfig 函数来设置引脚映射关系。

注 2：该参数用来设置是独立模式还是多重模式，这里选择独立模式。

注 3：该参数用来设置两个采样阶段的延迟周期数。

取值范围为 ADC_TwoSamplingDelay_5Cycles ~ ADC_TwoSamplingDelay_20Cycles。实际上这个参数只在双重和三重交替模式，在独立模式中不需要设置。

注 4：该参数用于禁止或者使能相应的 DMA 模式。

注 5：该参数用来设置 ADC 预分频器的分频系数。ADC1 的时钟 ADCCLK 是 PCLK2 经过分频产生的。ADCCLK 允许的最高频率为 36MHz，典型值为 30MHz。这里该参数设置为 ADC_Prescaler_Div4，表示对 PCLK2 进行 4 分频，从而得到 ADCCLK 的频率为 21MHz。

注 6：该参数用来设置 ADC 转换分辨率，可选的分辨率有 12 位、10 位、8 位和 6 位。

注 7：该参数用来选择是否使用扫描。可选参数为 ENABLE 和 DISABLE。如果是单通道 A/D 转换，则选择 DISABLE；如果是多通道 A/D 转换则选择 ENABLE。

注 8：该参数用来选择连续转换还是单次转换，这里设置为 DISABLE，则是单次转换。如果设置为 ENABLE，即连续转换。两者的区别在于连续转换直到所有的数据转换完成后才停止转换，而单次转换则只转换一次数据就停止，要再次触发转换才可以。所

以如果需要一次性采集 1024 个数据或者更多,则采用连续转换。

注 9:该参数用于外部触发极性选择。如果使用外部触发,可以选择以下触发极性:禁止触发检测、上升沿触发检测、下降沿触发检测,以及上升沿河下降沿触发检测。

注 10:该参数用于选择触发模式。

这里选择参数 ADC_ExternalTrigConv_T2_TRGO,表示采用 TIM2 溢出启动 A/D 转换。如果采用软件触发 A/D 转换,应选择参数 ADC_ExternalTrigConv_None。

注 11:该参数用来设置数据对齐方式。

有两种选择:ADC_DataAlign_Right,ADC_DataAlign_Left,表示右对齐和左对齐。

注 12:该参数用来设置规则序列的长度,由于是单次转换,所以值设为 1 即可。

注 13:该函数用来绑定 ADC 通道转换顺序和时间。该函数接收 4 个形参,第 1 个形参选择 ADC1、ADC2 或 ADC3;第 2 个形参选择通道,共可选 18 个通道;第 3 个形参为转换顺序,可选 1~16;第 4 个形参为采样周期选择,这里选择 ADC_SampleTime_56Cycles,表示设置了 56 周期的采样时间。

ADC 的总转换时间 T_{covn} 可以由下式计算:

$$T_{covn} = 采样时间 + 分辨率 \times 时钟周期 \tag{9.3-1}$$

根据上述 ADC 初始化程序可知,ADCCLK 为 21MHz,采样时间设置 56 个周期,分辨率为 12 位,则得到 $T_{covn} = (56+12)/21 = 3.24\mu s$。

对于每个要转换的通道,采样时间建议尽量长一点,以获得较高的准确度,但这样会降低 ADC 的转换速率。同样,为了获得高的分辨率,也会降低 ADC 转换速率。

2) ADC 的中断服务程序

```
void ADC_IRQHandler(void)
{
        ADC_ClearITPendingBit(ADC1, ADC_IT_EOC);    //清除中断标志位
        ADCDAT = ADC_GetConversionValue(ADC1);      //获取 A/D 转换结果
        ADCDAT8 = ADCDAT >> 4;                       //取高 8 位数据
        WR_flash(flashaddr,ADCDAT8);                 //将高 8 位数据写入存储器
        flashaddr++;                                 //存储器地址加 1
         …
}
```

9.4 STM32F407 单片机的 DAC

STM32F407 单片机内含两个 12 位电压输出型 DAC。DAC 可以配置成 8 位或者 12 位模式。DAC 工作在 12 位模式时,数据可以设置成左对齐模式和右对齐模式。在双 DAC 模式下,2 个 DAC 可以独立进行转换,也可以同时进行转换并同步更新 2 个通道的输出。DAC 还具有噪声波形和三角波形生成功能。

1. DAC 的基本结构

DAC 原理框图如图 9.4-1 所示。图中 V_{DDA} 和 V_{SSA} 为 DAC 模拟部分供电,V_{REF+} 为

DAC 参考电压的输入引脚。DAC_OUTx 就是 DAC 的输出通道。DAC 输出电压是受 DORx 寄存器直接控制的,但是软件不能直接往 DORx 寄存器写入数据,而是通过 DHRx 间接地传给 DORx 寄存器,实现对 DAC 输出的控制。

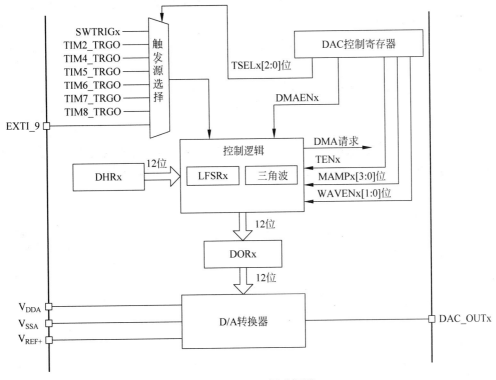

图 9.4-1　DAC 原理框图

2. DAC 的寄存器

DAC 有多个寄存器,这里只介绍最主要的一个寄存器,即控制寄存器 DAC_CR。

31 30 29	28	27 26 25 24	23 22	21 20 19	18	17	16
保留	DMAEN2	MAMP2[3:0]	WAVE2[1:0]	TSEL2[2:0]	TEN2	BOFF2	EN2

15 14 13	12	11 10 9 8	7 6	5 4 3	2	1	0
保留	DMAEN1	MAMP1[3:0]	WAVE1[1:0]	TSEL1[2:0]	TEN1	BOFF1	EN1

WAVE1[1:0]:DAC 通道 1 噪声/三角波生产使能。

00:关闭波形生产;01:使能噪声波形发生器;1x:使能三角波发生器。

TSEL1[2:0]:DAC 通道 1 触发选择。

000:TIM6 TRGO 事件;001:TIM8 TRGO 事件;010:TIM7 TRGO 事件;

011:TIM5 TRGO 事件;100:TIM2 TRGO 事件;101:TIM4 TRGO 事件;

110:外部中断线 9;111:软件触发。

TEN1：DAC 通道 1 触发使能。

0：关闭 DAC 通道 1 触发。写入 DAC_DHRx 的数据在 1 个 APB1 时钟周期后传入寄存器 DAC_DOR1；

1：使能 DAC 通道 1 触发。写入 DAC_DHRx 的数据在 3 个 APB1 时钟周期后传入寄存器 DAC_DOR1。

BOFF1：关闭 DAC 通道 1 输出缓存。0：使能 DAC 通道 1 输出缓存；1：关闭 DAC 通道 1 输出缓存。

EN1：DAC 通道 1 使能。0：关闭 DAC 通道 1；1：使能 DAC 通道 1。

3. DAC 的编程

DAC 的编程主要涉及 DAC 的初始化，以及执行向 DAC 写数据的指令。由于在语音存储回放系统中使用了 DAC1，因此以下只介绍对 DAC1 的初始化。

```
void DAC_init(void)
{
  RCC_AHB1PeriphClockCmd(RCC_AHB1Periph_GPIOA, ENABLE);         //使能 GPIOA 时钟
  RCC_APB1PeriphClockCmd(RCC_APB1Periph_DAC, ENABLE);          //使能 DAC 时钟
  GPIO_InitStructure.GPIO_Pin =   GPIO_Pin_4 ;                 //注 1
  GPIO_InitStructure.GPIO_Mode = GPIO_Mode_AN;
  GPIO_InitStructure.GPIO_PuPd = GPIO_PuPd_NOPULL;
  GPIO_Init(GPIOA,&GPIO_InitStructure);
  DAC_InitStructure.DAC_Trigger = DAC_Trigger_None;            //注 2
  DAC_InitStructure.DAC_WaveGeneration = DAC_WaveGeneration_None;  //注 3
  DAC_InitStructure.DAC_LFSRUnmask_TriangleAmplitude = DAC_LFSRUnmask_Bit0;  //注 4
  DAC_InitStructure.DAC_OutputBuffer = DAC_OutputBuffer_ Enable;  //注 5
  DAC_Init(DAC_Channel_1, &DAC_InitStructure);
  DAC_Cmd(DAC_Channel_1, ENABLE);                             //使能 DAC1
  DAC_SetChannel1Data(DAC_Align_12b_L,0x1000);
}
```

注 1：DAC1 从 PA4 引脚输出。

注 2：该参数用来设置是否使用触发功能，这里选择不使用触发功能，意味着什么时候开始 D/A 转换由软件选择。

注 3：该参数用来选择：不使用波形发生器 DAC_WaveGeneration_None、使能噪声波形发生器 DAC_WaveGeneration_Noise、使能三角波发生器 DAC_WaveGeneration_Triangle。

注 4：该参数用来设置屏蔽幅值选择器，这个变量只有在使用波形发生器时才有用，这里设置为 0，即 DAC_LFSRUnmask_Bit0。

注 5：DAC 内部集成了一个缓冲器，用于增加 DAC 的驱动能力。如果参数选为 DAC_OutputBuffer_Enable，则输出缓冲器开启，如图 9.4-2(a)所示。如果参数选为 DAC_OutputBuffer_Disable，则 DAC 输出缓冲器关闭(被旁路)，如图 9.4-2(b)所示。当输出缓冲器开启时，驱动能力增加，但输出电压范围为 $0.2V \sim (V_{DDA} - 0.2V)$，即最低输

出电压达不到 $0\mathrm{V}$，最高输出电压达不到 V_{DDA}，这是因为内部缓冲器不是轨对轨输出。当输出缓冲器关闭时，输出电压范围为 $0\mathrm{V}\sim V_{\mathrm{DDA}}$，但驱动能力很小。如果既需要尽量大的输出动态范围，又有一定的驱动能力，可在 DAC 与负载之间加一级电压跟随器，如图 9.4-2(b) 所示。

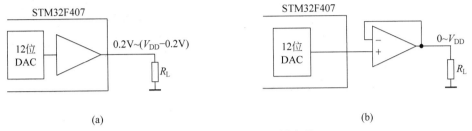

图 9.4-2　DAC 内部的缓冲器

（a）内部缓冲器开启；（b）内部缓冲器关闭

单片机在完成初始化程序的基础上，就可以向 DAC 写数据了。假设向 DAC 写的数据存放在 DACDAT 中，则通过软件向 DAC1 写数据的指令为：

```
DAC_SetChannel1Data(DAC_Align_12b_L,DACDAT);
```

9.5　模拟子系统设计

根据图 9.2-1 所示的语音存储回放系统原理框图可知，模拟子系统分为语音输入通道和语音输出通道两部分。

1. 语音输入通道电路设计

麦克风（MIC）是将声音信号转化为电信号的传感器，其电路模型如图 9.5-1 所示。麦克风由一个电容元件和场效应管构成的放大器组成。电容随机械振动发生变化，从而产生与声波成比例的变化电压。麦克风在使用时需要通过一个外接电阻 R_1 连接到电源对其进行偏置。R_1 的阻值决定了麦克风电路的输出电阻和增益，通常取值为 $1\sim10\mathrm{k}\Omega$。麦克风输出的电信号比较微弱，信号幅值为 $1\sim20\mathrm{mV}$。

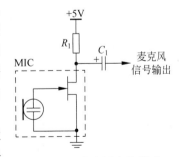

图 9.5-1　麦克风电路模型

由于麦克风输出的电信号比较微弱，需要设计前置放大器对麦克风输出的电信号进行放大。前置放大电路有两种设计方案。一种设计方案是针对双麦克风设计的前置放大器，该前置放大器由一级差分放大电路和一级增益可调反相放大器组成，原理图如图 9.5-2 所示。图中运放采用低噪声双运放 TL082。差分放大电路的增益为 $A_1=-R_4/R_3$。反相放大器的增益为 $A_2=-R_6/R_5$。

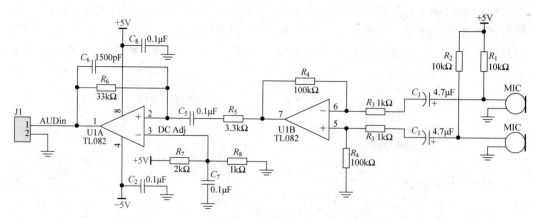

图 9.5-2 双麦克风前置放大电路原理图

声音的拾取选用两个特性基本相同的麦克风,将它们背对背地安装,如图 9.5-3 所示。声源到达两麦克风的距离分别为 L_1 和 L_2,背景声音(噪声)到达两麦克风的距离分别为 L_3 和 L_4。由于声源离麦克风的距离相对较近,$L_1 \neq L_2$,声源在麦克风上产生的语音信号属于差分信号,通过差分电路得到放大;而背景声音离麦克风的距离相对较远,可以认为 $L_3 \approx L_4$,因此,背景声在麦克风上产生的信号对差分放大电路来说相当于共模信号,从而被有效地抑制。

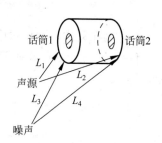

图 9.5-3 双麦克风消除背景噪声的示意图

采用双麦克风方案的缺点是,制作比较复杂,而且由于差分放大器输入阻抗比较小,而麦克风上拉电阻 R_1 阻值较大,引起前置放大器输入信号衰减。

为了简化电路设计,在语音存储回放系统中,采用单麦克风的前置放大器设计方案,其原理图如图 9.5-4 所示。R_1、R_2 和 MIC 组成的电路相当于一个内阻很大、信号比较微弱的信号源。为了获得理想的放大效果,前置放大器应采用高输入阻抗的同相放大器,图中由 U1B 运放构成,增益约为 40。由于前置放大器增益较大,电源中的噪声也会随声音信号被前置放大器放大。为了提高信噪比,将 MIC 的上拉电阻分成 R_1、R_2 两部分,其中 R_1 与 C_1、C_2 构成的低通滤波器,以滤除电源中的高频噪声。C_3 为隔直电容,R_3 为前置放大电路的输入电阻。R_3 的阻值不宜太大,以免放大电路的低频截止频率太低而影响隔直效果。

语音输入通道需要带通滤波器,一方面滤除通带外的低频信号,减少 50Hz 的工频干扰;另一方面滤除通带外的高频噪声,避免采样后引起的混叠失真。由于语音存储回放系统对音质没有太高的要求,根据表 9.2-1,语音信号的频率范围选为 300Hz～3.4kHz,这也是带通滤波器的通带范围。带通滤波器电路有多种设计方案。例如,2.2.5 节例 2.2-5 设计的 2 阶带通滤波电路就可直接用于语音信号的滤波。这里为了简化电路,采用了单个运放构成的带通滤波电路,由图 9.5-4 中 U1A 组成。为了对前置放大器输出的信号进

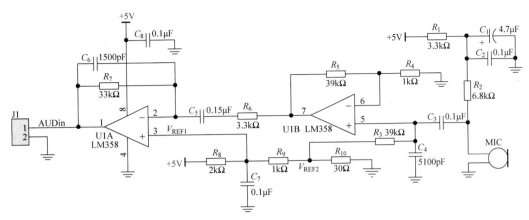

图 9.5-4　模拟量输入通道原理图

一步放大,带通滤波器通带增益设为 10。通带增益由 R_6、R_7 比值决定。低频截止频率由 C_5、R_6 确定,其估算公式为

$$f_L = \frac{1}{2\pi R_6 C_5} = \frac{1}{2\pi \times 3.3 \times 10^3 \times 0.15 \times 10^{-6}} \approx 322(\text{Hz})$$

高频截止频率由 C_6、R_7 确定,其估算公式为

$$f_H = \frac{1}{2\pi R_7 C_6} = \frac{1}{2\pi \times 33 \times 10^3 \times 1500 \times 10^{-12}} \approx 3.2(\text{kHz})$$

图 9.5-4 所示的电路采用+5V 单电源供电,一方面要选择单电源运放,这里选择通用双运放 LM358,另一方面。需要给运放提供合适的偏置电压。R_8、R_9 和 R_{10} 构成的分压电路可提供两路偏置电压输出: V_{REF1} 约为 1.7V,V_{REF2} 约为 0.05V。不难分析,U1B 运放的静态输出电压约为 2V,U1A 运放的静态输出电压约为 1.7V,保证滤波器输出语音信号的幅值在 STM32F407 单片机 ADC1 的满量程范围之内。

2. 语音输出通道设计

当语音回放时,语音信号从 STM32F407 单片机的 DAC 输出。DAC 输出的语音信号既包含了直流分量,也包含由于最小分辨电压产生的高频噪声。因此在语音输出通道应设置带通滤波电路。为了能提供 0.5W 的输出功率,语音输出信号还需通过功放电路进行功率放大。

为了简化电路设计,语音输出通道采用了将滤波电路和功放电路合二为一的设计方案,其原理图如图 9.5-5 所示。

TPA701 为 TI 公司出品的 700mW 低电压音频功率放大器,采用+5V 单电源供电,输出级不需要耦合电容。语音输出通道电路的增益由电阻 R_1 和 R_2 决定,其关系如式(9.5-1)所示。

$$G = -2 \times \frac{R_2}{R_1} \tag{9.5-1}$$

低频截止频率由 C_1、R_1 确定,其估算公式为

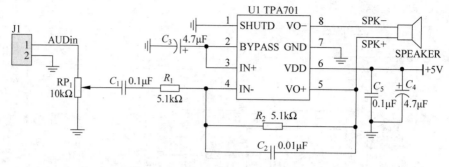

图 9.5-5　语音输出通道电路原理图

$$f_{\mathrm{L}}=\frac{1}{2\pi R_1 C_1}=\frac{1}{2\pi\times 5.1\times 10^3\times 0.1\times 10^{-6}}\approx 312(\mathrm{Hz})$$

高频截止频率由 C_2、R_2 确定,其估算公式为

$$f_{\mathrm{H}}=\frac{1}{2\pi R_2 C_2}=\frac{1}{2\pi\times 5.1\times 10^3\times 0.01\times 10^{-6}}\approx 3.12(\mathrm{kHz})$$

RP1 用于调节音量大小。

9.6　M25P16 的接口设计

根据语音存储回放系统的设计方案,外部数据存储器采用串行接口的大容量存储器。这里选用一款十分常用的存储器芯片 M25P16。M25P16 是 ST 公司出品的 16M 位(2M×8)大容量串行闪烁存储器,采用高速 SPI 总线与 MCU 接口,电源电压为 2.7～3.6V。M25P16 与 STM32F407 单片机接口原理图如图 9.6-1 所示。通过初始化程序将 SPI 总线配置到 PB13、PB14、PB15、PB12 引脚,分别与 M25P16 的时钟输入端 C、数据输出端 Q、数据输入端 D 和片选信号 $\overline{\mathrm{S}}$ 相连。M25P16 的 $\overline{\mathrm{W}}$ 为写保护引脚,用于防止芯片内某些区域的数据被擦除或修改,当 $\overline{\mathrm{W}}$ 接高电平时,写保护功能无效。M25P16 的 $\overline{\mathrm{HOLD}}$ 引脚为保持信号,设成低电平时用于暂停芯片的串行通信。

1. M25P16 工作原理与操作指令

M25P16 的内部功能框图如图 9.6-2 所示。I/O 移位寄存器是 M25P16 与单片机交换数据的接口,实现数据串/并转换。256 字节数据缓冲器用于暂存单片机的读写数据。FlashROM 存储矩阵是 M25P16 的非易失性存储体,分为 32 个扇区,每个扇区由 256 页组成,每一页包含 256 字节,因此,整个存储体包含 8192 页或 2097152 字节。

单片机对 M25P16 的操作主要有擦除操作、写操作、读操作。

擦除操作就是将 FlashROM 存储单元中的字节数据变为 FFH,以便进行写操作。擦除操作分整片擦除和扇区擦除。

写操作也称为编程操作。根据 FlashROM 的工作机理,写操作时只能将存储单元中的 1 变为 0,而不能将 0 变为 1,因此,写操作前必须保证所写单元的数据是 FFH,也就是说必须经过擦除操作。

M25P16 属于只读存储器,其读操作与随机存储器的读操作基本相同。

根据 M25P16 的数据手册,M25P16 的写操作和擦除操作的时间参数如表 9.6-1 所示。

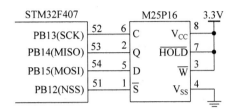

图 9.6-1　STM32F407 单片机与 M25P16 的接口

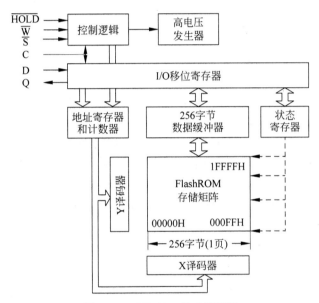

图 9.6-2　M25P16 的功能框图

表 9.6-1　M25P16 写操作和擦除操作时间参数

符号	名　称	典　型　值	最大值	单位
t_W	写状态寄存器时间	1.3	15	ms
t_{PP}	页编程时间(256 字节)	0.64	5	ms
	页编程时间($n=1\sim4$)	0.01		
	页编程时间($n=5\sim255$)	$\text{int}(n/8)\times0.02$		
t_{SE}	扇区擦除时间	0.6	3	s
t_{BE}	整片擦除时间	13	40	s

单片机对 M25P16 的操作是通过一系列的指令来实现的。M25P16 共有 12 条指令,这里只介绍几条与本系统软件设计相关的指令,详细介绍请读者参考 M25P16 的数据

手册。

1) 写允许指令(WREN)

写允许指令的功能是将 M25P16 内部状态寄存器中的 WEL(Write Enable Latch)位置 1,以便单片机对 M25P16 进行擦除、页编程和写状态寄存器等操作。写允许指令由一个字节的操作码 06H 组成。

2) 写状态寄存器命令(WRSR)

M25P16 内部有一状态寄存器,该寄存器既可读也可写,每一位功能定义如下。

位 7	位 6	位 5	位 4	位 3	位 2	位 1	位 0
SRWD	—	—	BP2	BP1	BP0	WEL	WIP

位 7 SRWD:状态寄存器写保护位。SRWD 位与 M25P16 写保护引脚 $\overline{W}$ 一起可实现 M25P16 的多种保护模式。

位 6~5:未用。

位 4~2 BP2~BP0:块保护位。用来定义芯片内部防擦除或修改的数据存储区域。当 BP2~BP0＝000 时,所有存储空间的数据可擦除可修改;当 BP2~BP0＝111 时,所有存储空间不可擦除或修改。M25P16 初次使用时,必须将块保护位 BP2~BP0 清零,以便对其写入数据。

位 1 WEL:写允许位。WEL＝0,芯片不接受写状态寄存器、写数据、擦除等操作指令;WEL＝1,允许写状态寄存器、写数据、擦除等操作指令。

位 0 WIP:写 FlashROM 操作指示位。当 WIP＝0 时,表示写操作已完成,处于空闲状态;当 WIP＝1 时,表示正在写操作,即处于忙的状态。

写状态寄存器命令由 1 字节的操作码 01H 和 1 字节的操作数组成,操作数为需要写入状态寄存器的数据。

3) 读状态寄存器命令(RDSR)

读状态寄存器的主要目的是通过写操作指示位(WIP)来判断 M25P16 的写操作是否完成。由于写操作最终要将数据写入 M25P16 内部的 Flash 存储单元,因此需要比较长的时间(具体参数见表 9.6-1)。单片机只有在 M25P16 上一次写操作完成后才能进行下一次写操作。读状态寄存器命令先写 1 字节的操作码 05H,然后读取状态寄存器中的内容。

4) 页编程指令(PP)

页编程指令功能是将数据写入存储器。指令格式是:第 1 字节为操作码(02H),第 2~4 字节为内部 FlashROM 存储地址(高位在前,低位在后),后面紧跟要写入数据字节。其时序如图 9.6-3 所示。

M25P16 的存储地址由 3 字节组成,但由于 M25P16 的存储地址为 21 位,因此高 3 位地址 A23~A21 是无用的。在使用页编程指令时,应注意以下几点:

(1) 页编程指令每次可写入的数据为 1~256 字节,写入的数据如果超过 256 字节,则只有最后传送的 256 字节数据有效。如果写入的数据不足 256 字节,则这些数据写入

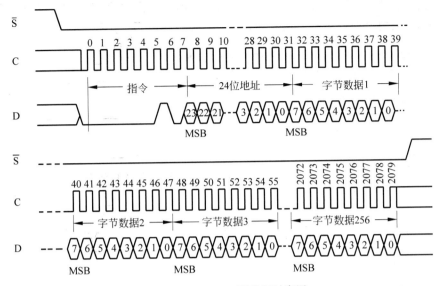

图 9.6-3 M25P16 页编程时序图

指定的地址,位于同一页中的其他地址的数据保持不变。

（2）数据缓冲器每写入 1 字节的数据,地址自动加 1,当地址超出 FFH 后,多余的数据写入从 00H 开始的存储单元中。

（3）页编程指令的执行时间分两部分,一部分是单片机通过 SPI 总线将操作码、地址、数据送入 M25P16 所需要的时间,这一部分时间取决于 SPI 总线时钟频率和单片机的指令执行速度;另一部分时间为 M25P16 内部的写操作时间。当片选信号 $\overline{S}$ 由低电平变为高电平时,M25P16 自动地将数据缓冲器中的数据写入 Flash 存储单元中。M25P16 正在内部写操作时,单片机不能向其数据缓冲区传送数据。虽然对 M25P16 允许一次写 1~256 字节,但由于每次写操作之前需要送命令和地址,因此一次写 256 字节效率最高。

5）读字节指令（READ）

读字节指令的功能是将存储器中的数据读出。读字节指令格式是：第 1 字节为操作码 03H,第 2~4 字节为存储地址,后面跟的是读出的数据,数据数量不受限制,每读一个数据,存储地址自动加 1。

6）整片擦除指令（BE）

整片擦除指令的功能是将芯片内的所有数据擦除,由 1 个字节的操作码组成,操作码为 C7H。

2. M25P16 基本编程

与 M26P16 相关的编程包括 SPI 接口的初始化和 M26P16 的擦除、读、写操作等子程序的设计。

1）单片机 SPI 接口初始化子程序

SPI 接口的初始化程序与参考例 7.2-2 所介绍的初始化程序有两处不同：SPI 总线

数据帧的长度不同;时钟相位 CPHA 参数的设置不同。具体地,在例 7.2-2 初始化程序的基础上,只需要修改以下两条语句即可。

```
SPI_InitStructure.SPI_DataSize = SPI_DataSize_8b;
SPI_InitStructure.SPI_CPHA = SPI_CPHA_2Edge;
```

2)向 M25P16 送字节子程序

```
u8 SPI_FLASH_SendByte(u8 byte)
{
    SPI_I2S_SendData(SPI2, byte);
    while (SPI_I2S_GetFlagStatus(SPI2, SPI_I2S_FLAG_RXNE) == RESET);
    return SPI_I2S_ReceiveData(SPI2);
}
```

3)向 M25P16 送写使能命令子程序

```
void SPI_FLASH_WriteEnable(void)
{
    SPI_FLASH_CS_LOW();                    //片选信号置低
    SPI_FLASH_SendByte(WREN);              //发送写指令
    SPI_FLASH_CS_HIGH();                   //片选信号置高
}
```

4)等待 M25P16 写操作完成子程序

```
void SPI_FLASH_WaitForWriteEnd(void)
{
    u8 FLASH_Status = 0;
    SPI_FLASH_CS_LOW();
    SPI_FLASH_SendByte(RDSR);              //发送"读状态"指令
    do
    {
        FLASH_Status = SPI_FLASH_SendByte(Dummy_Byte);
    }
    while ((FLASH_Status &WIP_Flag) == SET);   //等待写 Flash 完成
    SPI_FLASH_CS_HIGH();
}
```

5)M25P16 初始化子程序

M25P16 初始化子程序的主要目的是通过写状态字消除 M25P16 的写保护,使得所有存储单元可以被单片机读写。根据 M25P16 状态寄存器的定义,只要将状态字中的 BP2~BP0 置 0,然后写入 M25P16 即可。M25P16 初始化子程序流程图如图 9.6-4 所示。由于状态字被写入 M25P16 中的 Flash 存储单元需要 1.3ms 时间(参见表 9.6-1),可以通过读状态字来判断写操作是否完成。M25P16 的源程序为:

```
void M25P16_Init(void)
{
    SPI_FLASH_WriteEnable();               //送写允许命令
    SPI_FLASH_CS_LOW();
```

```
    SPI_FLASH_SendByte(WRSR);                    //送"写状态"命令
    SPI_FLASH_SendByte(0x00);                    //将 BP2~BP0 置 0
    SPI_FLASH_CS_HIGH();
    SPI_FLASH_WaitForWriteEnd();                 //等待写 Flash 完成
}
```

6) M25P16 整片擦除子程序

M25P16 整片擦除子程序流程图如图 9.6-5 所示,源代码如下:

```
void Erase_All(void )
{
    SPI_FLASH_WriteEnable();                     //送写允许命令
    SPI_FLASH_CS_LOW();
    SPI_FLASH_SendByte(BE);                      //送整片擦除命令
    SPI_FLASH_CS_HIGH();
    SPI_FLASH_WaitForWriteEnd();                 //等待写 Flash 完成
}
```

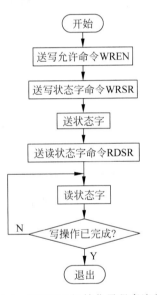

图 9.6-4　M25P16 初始化子程序流程图

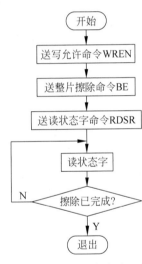

图 9.6-5　M25P16 整片擦除子程序流程图

　　整片擦除需要约 15s,因此,写入擦除命令以后,需要等待擦除完成。整片擦除完成后,M25P16 存储矩阵中的所有数据置成 FFH。

7) M25P16 写 1 字节数据子程序

单片机向 M26P16 写 1 字节数据子程序流程图如图 9.6-6 所示。M25P16 的地址为 21 位,因此需要定义一个无符号长整型数据变量来存放 21 位地址。

```
void WR_flash(u32 addr,u8 data_byte)
{
    SPI_FLASH_WriteEnable();                     //送写允许命令
    SPI_FLASH_CS_LOW();
    SPI_FLASH_SendByte(WRITE);                   //送写存储器命令
```

```
    SPI_FLASH_SendByte((addr &0xFF0000) >> 16);        //送高地址字节
    SPI_FLASH_SendByte((addr &0xFF00) >> 8);           //送中地址字节
    SPI_FLASH_SendByte(addr &0xFF);                     //送低地址字节
    SPI_FLASH_SendByte(data_byte);                      //写1字节数据
    SPI_FLASH_CS_HIGH();
    return ;   }
```

8）M25P16 读 1 字节数据子程序

读 1 字节数据子程序流程图如图 9.6-7 所示。Addr 存放 M25P16 的 21 位地址。从 M25P16 读取的 1 字节数据通过函数值返回。读 M25P16 数据的速度取决于 SPI 总线的同步时钟频率。

```
void  Read_Flash(u32 addr)
{
    SPI_FLASH_WriteEnable();                            //送写允许命令
    SPI_FLASH_CS_LOW();
    SPI_FLASH_SendByte(READ);                           //送读存储器指令
        SPI_FLASH_SendByte((addr &0xFF0000) >> 16);
        SPI_FLASH_SendByte((addr &0xFF00) >> 8);
        SPI_FLASH_SendByte(addr &0xFF);
        DACDAT8 = SPI_FLASH_SendByte(Dummy_Byte);      //读1字节数据
        SPI_FLASH_CS_HIGH();
    }
```

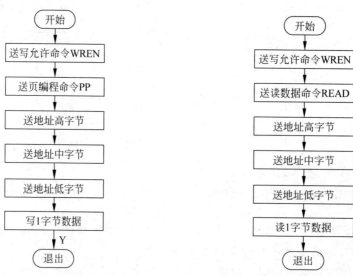

图 9.6-6　M25P16 写 1 字节数据流程图　　　图 9.6-7　M25P16 读 1 字节数据流程图

9.7　系统软件设计

语音存储回放系统软件的基本功能是通过按键控制系统实现录音和放音。录音时，采集语音信号并存入 M25P16；放音时，从 M25P16 中读取数据送 DAC。在给出程序流程图之前,需要分析以下问题。

1. 人机接口的功能设计

语音存储与回放系统的人机接口功能比较简单。按照功能要求只需要 3 个功能键:"擦除"键、"录音"键、"放音"键。"擦除"键的功能是将 M25P16 中的数据整片擦除,以便进行录音操作。"录音"键的功能是启动 A/D 转换,以 8kHz 的频率采集语音信号,并将数据写入 M25P16 中。"放音"键的功能是从 M25P16 中读出数据,依次送 DAC 输出语音信号。

语音存储与回放系统初始界面如图 9.7-1 所示。K0~K2 键分别定义为擦除、录音和放音 3 个功能键。通过不同的颜色来表示擦除、录音和放音 3 种工作状态。显示界面最下面的 3 位数字表示擦除、录音和放音的时间。

语音存储与回放
K0 擦除
K1 录音
K2 放音
059

图 9.7-1 初始界面

2. 键处理程序设计

当键有效时,单片机通过执行 INT0 中断服务程序读取键值,根据读取的键值,执行相应的键处理程序。键处理程序既可放在 INT0 中断服务程序中,也可以放在主程序中。由于单片机在执行中断服务程序时,无法响应同级别的中断。从提高程序实时性角度来说,中断服务程序执行的时间越短越好。因此,INT0 中断服务程序只负责读取键值并将键有效标志置 1,而将键处理程序安排在主程序中。

3. A/D 和 D/A 的控制

为了精确控制采样频率,STM32F407 单片机的 ADC 和 DAC 由定时器控制。其中 ADC 由定时器 TIM2 溢出启动,通过 ADC 中断服务程序读取 A/D 转换值。DAC 由定时器 TIM1 控制,在定时器 TIM1 中断服务程序中向 DAC1 写 1 字节语音数据,将数字化的语音信号转换成模拟信号。

4. M25P16 的读写方案

从表 9.6-1 可知,单片机向 M25P16 一次连续写一页数据大约需要 0.64ms 时间,效率最高,因此,可以将采集的语音数据先存放在 STM32F407 内部的 SRAM 中,待采满 256 字节数据,再调用 M25P16 页编程子程序将 SRAM 中的数据写入 M25P16。单片机向 M25P16 写 1 字节数据大约需要 0.01ms 时间,而语音信号的采样周期为 0.125ms,因此,也可以每采集 1 字节数据就直接写入 M25P16 中,这种方法程序设计简单,因此,采用此方案。

5. 擦除、录音和放音计时

为了能有良好的人机交互,在擦除、录音和放音的过程中应显示时间。可以利用单片机内部 TIM3 来实现计时。定义一个秒寄存器用于存放时间。只要将 TIM3 的计数允许位置 1 或置 0,就可以实现计时的启动或停止。

6. STM32F407 单片机内部资源的使用

在语音存储与回放系统中,需要使用 STM32F407 单片机的 ADC、DAC、SPI、定时器 TIM1～TIM3 等资源,因此,在主程序的初始化程序中,需要对这些内部资源初始化。

根据上述分析。语音存储与回放系统的软件由主程序、键盘中断服务程序、ADC 中断服务程序、定时器 TIM1 中断服务程序、定时器 TIM3 中断服务程序组成。

主程序的流程图如图 9.7-2 所示。在主程序中完成初始化然后循环检测有无按键输入,并根据键值作相应处理。

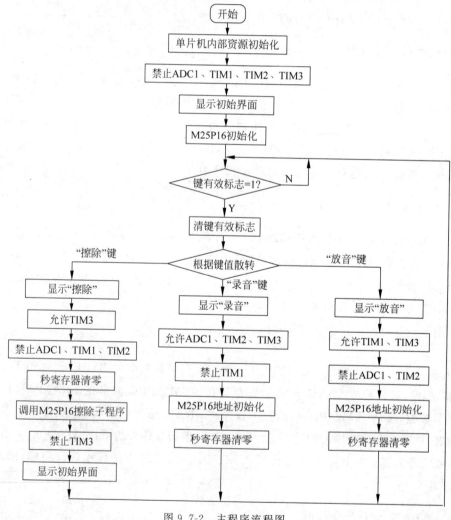

图 9.7-2 主程序流程图

键盘中断服务程序比较简单,当有键按下时,单片机最小系统的键盘接口向单片机提出中断请求,单片机通过键盘中断服务程序读取4位键值,并将键有效标志置1。

ADC中断服务程序流程图如图9.7-3所示。将A/D转换的结果直接写入M25P16,可以调用前面介绍的M25P16写1字节数据子程序来实现。当M25P16数据存满以后,停止录音,回到初始界面。ADC中断服务程序每隔0.125ms执行一次,因此ADC0中断服务程序的执行时间不能超过0.125ms。

TIM1中断服务程序流程图如图9.7-4所示。定时器TIM1每隔0.125ms中断一次,单片机从M25P16读1字节数据写入DAC,将其转换成模拟信号。当M25P16数据读完以后,停止放音,回到初始界面。

TIM3中断服务程序流程图如图9.7-5所示。定时器TIM3每隔10ms中断一次,中断100次后,秒寄存器加1,并显示时间。

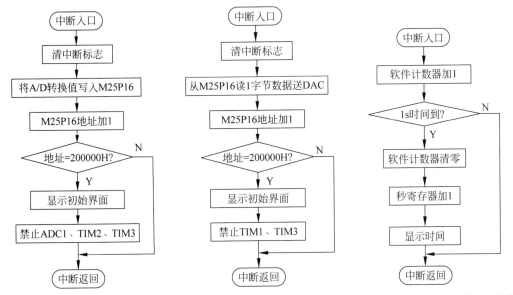

图9.7-3 ADC中断服务子程序 图9.7-4 TIM1中断服务子程序 图9.7-5 TIM3中断服务子程序

在语音存储回放系统中,共有4个中断源,对这4个中断源设置优先级,从低到高依次为键盘中断、TIM3中断、TIM1中断、ADC中断。

9.8 系统调试

语音存储与回放系统包括模拟部分的调试和单片机部分的调试。两部分的调试可分开进行。

1. 语音输入通道测试

调试时将声音播放器对准麦克风播放音乐或直接对准麦克风讲话,用示波器观测

图 9.5-4 所示语音输入通道的输出信号。由于语音输入通道的增益无法调节，可以通过调整声音播放器与麦克风之间的距离，使语音信号的电压范围处在 0～3.3V 之间。图 9.8-1 为语音输入通道输出的语音信号。

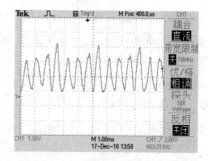

图 9.8-1 语音输入通道输出的语音信号

2. 单片机软件调试

用 ST_LINK 仿真器将单片机最小系统与 PC 相连，采用 STM32 单片机的集成开发环境 IAR 进行调试。主要步骤如下：

（1）调试键盘显示程序。将程序通过 ST_LINK 下载到 STM32F407 单片机，观察 TFT 模块显示的初始界面是否正确。分别按 K0、K1 和 K2 键，对应的菜单颜色是否改变，时间显示是否正确。

（2）根据图 9.6-1 所示的原理图，将 M25P16 与 STM32F407 单片机连接。按"擦除"键，经过大约 15s 后，TFT 模块显示返回初始界面。这一步调试非常关键，因为 M25P16 能正常擦除的话，说明 SPI 总线和 M25P16 工作正常。如果 M25P16 擦除不正常，可检查硬件连线是否正确，SPI 初始化是否正确，M25P16 的初始化程序和擦除程序有没问题。需要注意的是，由于 SPI 总线的时钟信号频率较高，M25P16 与单片机之间的连接线应尽量短，否则影响读写可靠性。

（3）测试 STM32F407 单片机的 ADC 和 DAC。利用信号发生器输出频率 100Hz、幅值范围为 0～3.3V 的正弦信号，送到 PA0，采集 1min，然后回放信号，用示波器观测 PA4 输出的信号，如果能观测到连续稳定的正弦信号，说明单片机部分工作正常了。

3. 联机调试

将语音输入通道的输出与单片机 PA0 相连，单片机 PA4 的输出与语音输出通道相连，将音频功放电路与 0.5W、8Ω 喇叭相连。按"录音"键，连续录音，直至录音结束。再按"放音"键，应从喇叭听到清晰的回放声音。图 9.8-2 所示为 STM32F407 单片机 DAC 输出的语音信号。

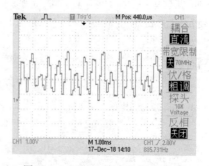

图 9.8-2 DAC 输出的语音信号

思考题

1. STM32F407 单片机的 ADC 转换时间由哪两部分组成,与分辨率有关系吗?

2. STM32F407 单片机的 DAC 内部集成了输出缓冲器,使用该缓冲器时应注意什么?

3. 用 STM32F407 单片机的 DAC 产生频率为 84kHz 三角波,应如何编写 DAC 的初始化程序?

4. 如果把声音传感器(MIC)看成是一个信号源,该信号源有什么特点?

5. 在语音前置放大电路中,如何有效抑制电源中的噪声?

6. 在语音功放电路中,采用了一片集成功放 TPA701,该功放有何特点? 能否通过网络找到可以替代的芯片?

7. 如果 STM32F407 单片机的 ADC 由外部输入脉冲触发,触发脉冲应该从什么引脚输入? 该引脚应该如何初始化? ADC 的初始化程序应该如何修改?

8. 在语音存储回放系统中,如果将采样频率提高 1 倍,是否可行? 采样频率的提高对系统性能有哪些影响? 请作简要分析。

设计训练题

设计题一 双音频信号发生器

利用单片机内部的 DAC 产生 800Hz 和 1kHz 两种频率正弦信号,要求频率误差小于 ± 1Hz。两种频率信号每隔 1.5s 轮流切换。每个正弦周期采样点设定为 128。将 DAC 产生的信号送音频功放电路产生报警音。双音频信号发生器原理框图如图 P9-1 所示。

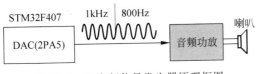

图 P9-1 双音频信号发生器原理框图

设计提示:在程序中先建立 256 字节正弦函数表,然后在定时器的控制下依次将表格中的数据送单片机 DAC2。将 DAC2 连接到功放电路,驱动喇叭发出报警声,也可以用示波器观测 DAC2 输出波形。

设计题二 低频信号测量系统

设计并制作一个低频信号测量系统,其框图如图 P9-2 所示。

(1) 设计程控放大器,通过按键控制,能将频率为 $50 \sim 200$Hz、峰峰值为 $50 \sim 150$mV 的正弦波 v_1 转变成峰峰值为 3V 的正弦信号,峰峰值的相对误差小于 1%;

(2) 通过按键触发,对 v_2 的信号按 2kHz 采样率、字长 8 位进行采样,存储 60s 内信号波形。

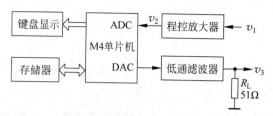

图 P9-2　设计题二原理框图

（3）系统进行采集时,能实时显示输入信号 v_1 的频率和电压峰峰值,测量相对误差小于 1％;

（4）设计 4 阶低通滤波器,截止频率为 500Hz,通带增益为 1。将存储器中的采集数据通过 DAC 回放,经过滤波器后, v_3 波形无明显失真。

（5）增加自动增益控制功能,当输入信号峰峰值在 150～500mV 范围内变化时, v_3 电压峰峰值控制在 2.8V＜ v_3 ＜3V,并显示当前系统的增益 (v_3/v_1) 。

设计题三　音频信号分析仪

设计制作一个可分析音频信号频率成分,并可测量正弦信号失真度的仪器,原理框图如图 P9-3 所示。

（1）输入阻抗:50Ω。

（2）输入信号电压范围(峰峰值):100mV～5V。

（3）输入信号包含的频率成分范围:20Hz～10kHz。

（4）频率分辨率:20Hz(可正确测量被测信号中,频差不小于 20Hz 的频率分量的功率值)。

（5）检测输入信号的总功率和各频率分量的频率和功率,检测出的各频率分量的功率之和不小于总功率值的 95％;各频率分量功率测量的相对误差的绝对值小于 10％,总功率测量的相对误差的绝对值小于 5％。

（6）分析时间:5s。应以 5s 周期刷新分析数据,信号各频率分量应按功率大小依次存储并可回放显示,同时实时显示信号总功率和至少前两个频率分量的频率值和功率值,并设暂停键保持显示的数据。

（7）判断输入信号的周期性,并测量其周期。

（8）测量被测正弦信号的失真度。

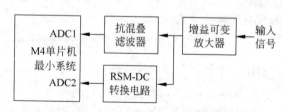

图 P9-3　音频信号分析仪原理框图

第10章

DDS信号发生器

10.1　设计题目

采用 DDS 技术设计一个信号发生器,其系统框图如图 10.1-1 所示。

图 10.1-1　DDS 信号发生器系统框图

设计要求如下:

(1) 能产生正弦波、方波和三角波 3 种周期性波形;

(2) 正弦波输出信号频率范围为 $1\sim999999$Hz,方波、三角波输出信号频率范围为 $1\sim99999$Hz,给定频率可通过键盘设定,频率分辨率为 1Hz;

(3) 输出信号电压峰峰值 $V_{opp}\geqslant8$V,信号幅值和直流偏移量可数控调节;

(4) 具有显示输出波形类型、重复频率等功能。

10.2　方案设计

DDS 信号发生器有多种设计方案。第一种设计方案是 4.3 节介绍的以 FPGA 为核心的设计方案,该设计方案的不足之处是由于缺乏单片机,频率调节不方便,很难做到输出信号频率的连续调节。第二种设计方案是采用单片机和专用 DDS 芯片的设计方案,本书第 8 章的设计题三就是采用专用 DDS 芯片来设计信号发生器。该设计方案硬件电路简单,性能优良,缺点是不能产生任意信号。第三种设计方案是单片机＋FPGA 的设计方案。该方案是在方案一的基础上,将波形数据 ROM 改成双口 RAM,同时增加了单片机控制功能。通过单片机向双口 RAM 送不同的波形数据,向频率控制字寄存器传送频率控制字,就可产生不同波形、不同频率的信号,再配合模拟电路,就可以达到题目提出的功能和指标。

DDS 信号发生器硬件电路由单片机最小系统、FPGA 最小系统、模拟量输出通道三部分组成,系统框图如图 10.2-1 所示。

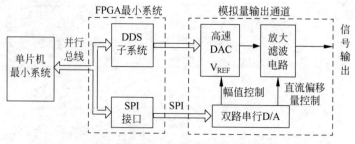

图 10.2-1　DDS 信号发生器系统框图

该设计方案说明如下：

（1）单片机最小系统的硬件电路设计可参考第 6 章相关内容。人机接口中的 TFT 模块用于显示波形类型和信号频率，4×4 矩阵式键盘用于选择输出信号波形，设置给定频率，调节输出信号幅值和直流偏移量。

（2）FPGA 最小系统的硬件电路设计可参考 4.2 节相关内容。DDS 子系统主要用于实现 DDS 信号发生器中的频率字寄存器、相位累加器、双口 RAM、与单片机的并行接口等功能电路。其中双口 RAM 用于存放波形数据，写端口与单片机并行总线相连，读端口与高速 D/A 相连。SPI 接口用于控制双路串行 DAC，其详细设计可参考 8.5 节有关内容。

（3）模拟量输出通道由高速 DAC、放大滤波电路组成。模拟量输出通道在 DDS 信号发生器中扮演着十分重要的角色，许多技术指标需要通过模拟量输出通道来达到。

（4）为了实现输出模拟信号幅值、直流偏移量的数控调节，采用一片双路串行 DAC，实现输出信号幅值的数控调节。

DDS 信号发生器的技术指标除了与模拟量输出通道相关之外，还与 DDS 子系统的时钟频率、相位累加器的位数、波形数据表的长度和字长等参数有关，因此，应全面分析 DDS 信号发生器技术指标与 DDS 子系统参数之间的关系，然后根据 DDS 信号发生器技术指标来确定 DDS 子系统的参数。DDS 信号发生器的主要技术指标有：

（1）输出信号带宽。当频率控制字 $M=1$ 时，输出信号的最低频率为

$$f_{out(min)} = \frac{f_{clk}}{2^N} \tag{10.2-1}$$

式中，f_{clk} 为参考时钟频率，N 为相位累加器的位数。当 N 取值很大时，最低输出频率可以达到很低，甚至可以认为输出信号的最低频率为零频。

输出信号的最高频率由参考时钟频率和一个周期波形采样点数决定。当参考时钟频率为 f_{clk}，采样点数为 X 时，则输出信号最高频率为

$$f_{out(max)} = \frac{f_{clk}}{X} \tag{10.2-2}$$

（2）输出信号频率稳定度。输出信号的频率稳定度等同于参考时钟的频率稳定度。由于参考时钟一般由晶体振荡器产生，因此，输出信号频率可以达到很高的稳定度。

（3）输出信号频率分辨率。频率分辨率由下式决定：

$$\Delta f = \frac{f_{clk}}{2^N} \tag{10.2-3}$$

式中，只要 N 取得足够大，输出信号可以达到很高的频率分辨率。如果参考时钟频率为 40MHz，相位累加器位数取 32，可求得最小频率步进值为

$$\Delta f = \frac{f_{clk}}{2^N} = \frac{40 \times 10^6}{2^{32}} = 0.00931(Hz)$$

（4）输出信号的质量。

有限字长效应是数字系统不可避免的问题。由于 DDS 信号发生器采用全数字设计，不可避免地产生采样带来的镜像频率分量、D/A 产生的幅度量化噪声、非线性机理造

成的谐波分量、相位累加运算截断带来的相位噪声等。DDS 信号发生器输出信号的质量可用信号的失真度(Total Harmonic Distortion,THD,也称总谐波系数)来表示。假设输出信号为正弦波,THD 与采样点数 X 和 DAC 字宽 n 有密切关系,其近似的数学关系为

$$THD = \sqrt{\left(1 + \frac{1}{6 \times 2^{2n}}\right)\left(\frac{\pi/X}{\sin(\pi/X)}\right)^2 - 1} \times 100\% \qquad (10.2\text{-}4)$$

假设波形存储器和 DAC 选用 8 位字宽,一个周期的采样点数取 256,根据式(10.2-4),输出信号的失真度为 0.72%。DDS 信号发生器的输出信号在一个周期内的采样点数随输出频率的增高而减少。如果系统时钟频率取 40MHz,则当输出正弦信号的频率达到 1MHz 时,一个周期的采样点数为 40,此时输出信号的失真度约为 3.4%。可见,随着输出信号频率增加,一个周期的采样点数减少,输出正弦信号明显失真。

改善 DDS 信号质量的主要方法有:增加波形存储器和 DAC 的字宽;增加每个周期中数据的采样点数,在输出信号最高频率一定的前提下,增加每个周期中数据的采样点数必须提高参考时钟频率。除此之外,可以通过低通滤波器来改善输出信号质量。

针对设计题目中提出的技术指标,综合考虑器件的成本和硬件系统的复杂度,DDS子系统的参数确定如下:

(1) 参考时钟频率:40MHz;

(2) 频率控制字的位宽:32 位;

(3) 相位累加器的位宽:32 位;

(4) 波形存储器的地址位宽:8 位;

(5) 波形存储器的数据位宽:8 位。

10.3 DDS 子系统设计

根据图 10.2-1 所示的 DDS 信号发生器设计方案,参考前面 4.3.2 节介绍的 DDS 原理,可以得到如图 10.3-1 所示的 DDS 子系统原理框图。

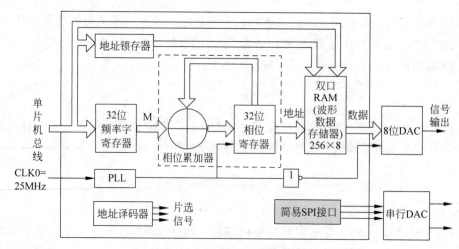

图 10.3-1 DDS 子系统原理框图

DDS 子系统的基本组成包括频率字寄存器、相位累加器、波形数据存储器。根据设计题目要求,DDS 信号发生器应能产生多种波形,这就要求单片机可以向波形数据存储器传送不同的波形数据,因此,波形数据存储器应采用双口 RAM。双口 RAM 中的一个端口与单片机并行总线相连,接收来自单片机的波形数据,另一个端口与 DAC 相连。DDS 子系统的参考时钟频率为 40MHz,而 FPGA 外部参考时钟为 25MHz,因此还需要采用锁相环模块,将时钟频率从 25MHz 提升到 40MHz。由于 DDS 子系统和 SPI 核都需要与单片机的并线总线连接,所以图中还包括了地址译码器,用于产生片选信号。

图 10.3-1 中主要模块的设计说明如下。

1. 锁相环(PLL)

由于 FPGA 外部输入的参考时钟 CLK0 频率为 25MHz,而 DDS 子系统的参考时钟频率要求 40MHz,因此需要通过 FPGA 内部锁相环 PLL 将外部参考时钟 CLK0 经分频和倍频后产生一路频率为 40MHz 的参考时钟 CLK2,CLK2 用于 DDS 子系统参考时钟和双口 RAM 的同步时钟、高速 DAC 的时钟。PLL 产生的另一路时钟 CLK1,频率为 10MHz,用于 SPI 接口的时钟。

2. 波形数据存储器

DDS 子系统的波形数据存储器采用了双端口 RAM。双端口 RAM 可以通过 QuartusⅡ软件调用 LPM 宏单元 LPM_RAM_DP 元件实现。LPM_RAM_DP 元件是参数化双端口 RAM,其端口说明见表 10.3-1。

表 10.3-1   LPM_RAM_DP 宏模块的端口说明

类　　别	端 口 名 称	功 能 描 述
输入端口	data[7..0]	输入数据
	wren	写使能,高电平有效
	wraddress[7..0]	写地址
	rdaddress[7..0]	读地址
	clock	同步时钟,正边沿触发
输出端口	q[7..0]	输出数据

3. 地址锁存器

在图 10.3-1 中,单片机向双口 RAM 写波形数据时,需要提供 8 位地址,因此,需要一个 8 位地址锁存器获取低 8 位地址。地址锁存器的 Verilog HDL 代码可参考 6.3 节有关内容。

4. 相位累加器

相位累加器的 Verilog HDL 代码可参考 4.3.3 节有关内容。

5. 频率字寄存器

由于频率控制字采用 32 位字宽,而单片机的数据总线为 16 位字宽,因此,频率字寄存器需要由两个 16 位寄存器构成。单片机通过两次写操作将 32 位频率字送到频率字寄存器。16 位寄存器的 Verilog HDL 代码可参考 8.5 节有关内容。

6. 地址译码器

地址译码器产生双口 RAM、频率字寄存器和 SPI 接口的片选信号。

在完成个模块设计的基础上,利用 Quartus Ⅱ 软件可以得到如图 10.3-2 所示的 DDS 子系统顶层原理图。图中 PLL 为锁相环,DLATCH8 为 8 位地址锁存器,两个 REG16 为频率字寄存器,PHASE-ACC 为相位累加器,DPRAM 为双口 RAM。除此之外,还包括了 SPI 接口,不过这里只是把它当作已经设计完成的模块直接调用。由于 DDS 子系统和 SPI 核都需要与单片机的并线总线连接,所以图中还包括了地址译码器,用于产生片选信号。

Cyclone Ⅳ 系列 FPGA 内部的嵌入式存储器块属于同步型 SRAM,即输入输出端口均设有寄存器。同步型 SRAM 具有两种基本类型:流水线型和直通型。两者之间的差异是,直通型 SRAM 仅在输入端上设有寄存器,而数据直接送至输出端;流水线型 SRAM 输入和输出端口均设有寄存器。流水线型 SRAM 所提供的工作频率和带宽通常高于直通型 SRAM。在要求较高宽带,而对初始延迟不是很敏感时,一般优先采用流水线型 SRAM,因此,DDS 子系统的双端口 RAM 采用了流水线型同步 SRAM。同步时钟由锁相环输出的时钟 CLK2 提供。

图 10.3-2 中的双口 RAM 的写端口与单片机并行总线相连,单片机通过并行总线将波形数据写入双口 RAM。双口 RAM 的读端口与相位累加器和高速 DAC 相连,其地址信号来自相位累加器输出的高 8 位,数据输出送高速 DAC。

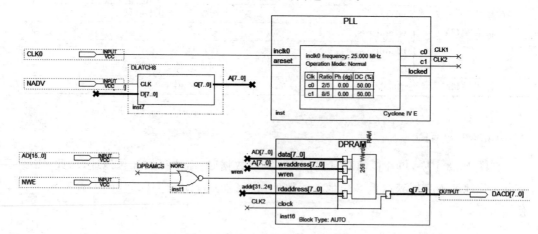

图 10.3-2　DDS 子系统顶层原理图

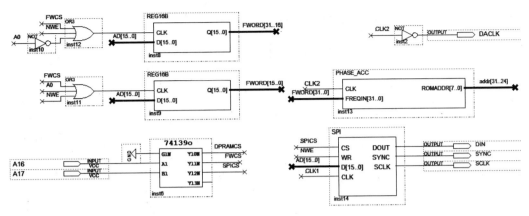

图 10.3-2 （续）

根据图 10.3-2 所示的地址译码器原理图,各片选信号的地址如表 10.3-2 所示。

表 10.3-2 各片选信号对应的地址

信号名	A17	A16	A15	A14～A11	A10～A7	A6～A3	A2	A1	A0	
DPRAMCS	0	0	0	0000	0000	0000	0	0	0	0
	0x60000000									
FWCS	0	1	0	0000	0000	0000	0	0	0	0
	0x60020000									
SPICS	1	0	0	0000	0000	0000	0	0	0	0
	0x60040000									

10.4 模拟量输出通道设计

DDS 信号发生器的模拟量输出通道由高速 DAC 和放大电路组成。模拟量输出通道设计原则是采用最合适的模拟集成器件来实现,以简洁的电路来达到题目要求的技术指标。

10.4.1 高速 DAC 电路设计

高速 DAC 是在 DDS 信号发生器中十分关键的部件,它用来完成波形重建。由于 DDS 子系统参考时钟频率为 40MHz,波形存储器的字宽为 8 位,因此应选用转换速率 40MHz 以上的 8 位 DAC。满足该要求的 DAC 品种较多,本设计选用 100MHz 8 位 DAC AD9708。AD9708 是 ADI 公司的出品的 TxDAC 系列高速 DAC,其内部功能框图和引脚排列如图 10.4-1 所示。AD9708 的数字部分含有一个输入数据寄存器和开关阵列。模拟部分包括电流源阵列、1.2V 带隙参考电压源和一个基准电压放大器。AD9708 的引脚功能说明如表 10.4-1 所示。

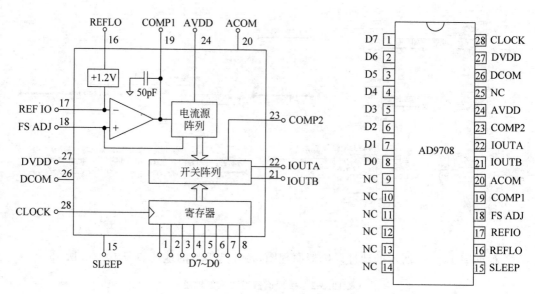

图 10.4-1　AD9708 的功能框图和引脚排列

表 10.4-1　AD9708 引脚功能说明

引　脚	名　称	功　能　说　明
1～8	D7～D0	8 位数据输入
9～14,25	NC	无连接
15	SLEEP	低功耗模式输入端,高电平有效。内部含下拉电阻,悬空时,低功耗模式失效
16	REFLO	接地时,采用内部 1.2V 参考电压源;接电源时,禁止内部参考电压源
17	REFIO	参考电压源输入/输出端。可以作为外部参考电压源输入端
18	FS ADJ	满量程电流输出调节
19	COMP1	噪声衰减模式设置端。为了降低内部噪声,该引脚接 $0.1\mu F$ 电容到模拟电源输入端
20	ACOM	模拟地
21	IOUTB	DAC 电流互补输出端,当数字量为 00H 时,输出满量程电流
22	IOUTA	DAC 电流输出端,当数字量为 FFH 时,输出满量程电流
23	COMP2	开关驱动电路偏置控制。该引脚接 $0.1\mu F$ 去耦电容到地
24	AVDD	模拟电源输入端(+2.7～+5.5V)
26	DCOM	数字地
27	DVDD	数字电源输入端(+2.7～+5.5V)
28	CLOCK	时钟输入端,上升沿时刻接收数据

　　AD9708 的工作时序如图 10.4-2 所示,通过时钟信号 CLOCK 的上升沿将 8 位数据存入 AD9708 内部寄存器,AD9708 的电流输出随之刷新。

　　在 DDS 信号发生器中,AD9708 由 FPGA 直接控制。AD9708 的 8 位数据线和时钟线与 FPGA 的 I/O 引脚直接相连即可,如图 10.4-3 所示。

　　AD9708 属于电流输出型 DAC,其电流输出 I_{OUTA} 和 I_{OUTB} 与 8 位输入数字量 D 的

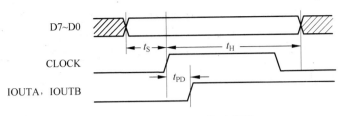

图 10.4-2 AD9708 工作时序图

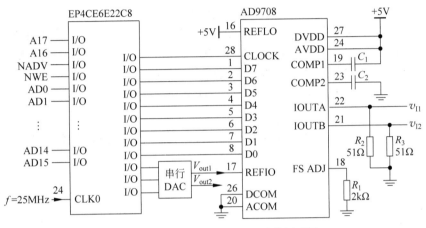

图 10.4-3 AD9708 与 FPGA 连接原理图

关系为

$$I_{\text{OUTA}} = \frac{D}{256} \times I_{\text{OUTFS}} \tag{10.4-1}$$

$$I_{\text{OUTB}} = \frac{255 - D}{256} \times I_{\text{OUTFS}} \tag{10.4-2}$$

式中,I_{OUTFS} 为满量程输出电流,其范围为 $2\sim20\text{mA}$,由外接电阻 R_1 和参考电压 V_{REFIO} 设定,其关系为

$$I_{\text{OUTFS}} = 32 \times \frac{V_{\text{REFIO}}}{R_1} \tag{10.4-3}$$

通过电阻 R_2、R_3 将 I_{OUTA} 和 I_{OUTB} 转换成电压 v_{l1} 和 v_{l2}。v_{l1} 和 v_{l2} 为互补电压信号,其信号幅值可由下式估算。

$$v_{l1} = I_{\text{OUTA}} \times R_2 = \frac{D}{256} \times 32 \times \frac{V_{\text{REFIO}}}{R_1} \times R_2$$

$$v_{l2} = I_{\text{OUTB}} \times R_3 = \frac{255 - D}{256} \times 32 \times \frac{V_{\text{REFIO}}}{R_1} \times R_3 \tag{10.4-4}$$

V_{REFIO} 可由片内 $+1.2\text{V}$ 参考电压源提供,也可由片外参考电压源提供,取决于 REFLO 引脚的电平。当 REFLO 接低电平时,AD9708 使用片内参考电压源;当 REFLO 接高电平时,AD9708 使用片外参考电压源。图 10.4-3 中的 AD9708 使用外部参考电压时,外部参考电压源来自串行 D/A 的一路输出电压。从式(10.4-4)可知,v_{l1} 和

v_{12} 不但与 AD9708 输入的数字量成正比,而且与参考电压成正比。通过改变串行 D/A 的输出电压,可实现 DDS 信号发生器输出模拟信号幅值的数字控制。

根据 AD9708 的数据手册,v_{11} 和 v_{12} 的电压值不能超过 1.5V,否则会引起失真。在如图 10.4-3 所示的 R_1、R_2、R_3 取值确定后,根据式(10.4-4),AD9708 外加的参考电压不能超过 2V。

10.4.2　放大滤波电路设计

DDS 信号发生器输出信号的幅值、直流偏移量调节、滤波都需要通过模拟电路来实现。由于 AD9708 输出的模拟信号为差分信号,因此,需要通过差分放大电路将差分信号转换成单端信号,然后再通过一级放大电路实现直流偏移量的调节。图 10.4-4 所示为由高速 DAC 和模拟电路组成的模拟量输出通道原理图。

为了实现输出模拟信号幅值和直流偏移量的数控调节,采用了双路串行 D/A 转换器 DAC082S085,输出的两路直流电压分别控制输出信号的幅值和直流偏置。

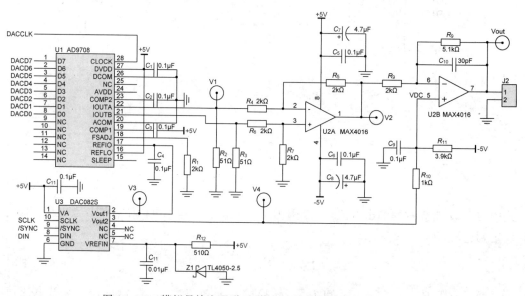

图 10.4-4　模拟量输出通道(幅值和直流偏置数控调节)原理图

DAC082S085 内含两个 8 位 DAC,轨对轨电压输出,特别适合用于放大电路中增益和直流偏置的数控调节。图 10.4-5 为 DAC082S085 的内部框图。

DAC082S085 为 SPI 总线接口的 DAC,每次传送 16 位数据,其工作时序可参考第 8 章图 8.5-1(c)。16 位数据定义如图 10.4-6 所示。16 位数据的高两位 A1A0 用来选择通道,OP1 和 OP0 用来选择操作方式。

由于 DAC082S085 的参考电压为 2.5V,所以,V_{out1} 和 V_{out2} 的电压范围为 0~2.5V。DAC082S085 的 V_{out1} 作为 AD9708 的外部参考电压。DAC082S085 的 V_{out2} 经过 R_{10} 和 R_{11} 的电阻分压后得到的 V_{DC},送 U2B 的同相输入端,控制输出信号的直流偏置。R_{10} 和

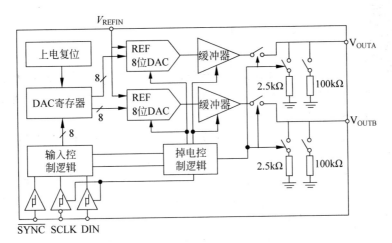

图 10.4-5　DAC082S085 的内部框图

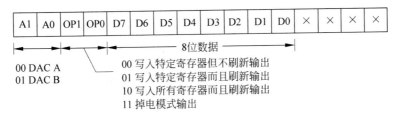

图 10.4-6　DAC082S085 的 16 位数据定义

R_{11} 的电阻网络如图 10.4-7 所示。V_{DC} 的最大值和最小值计算如下。

$$V_{DC(min)} = \frac{R_{10}}{R_{10}+R_{11}} \times (-5V - V_{out2}) + V_{out2} = \frac{1}{1+3.9} \times (-5V - 0V) + 0V \approx -1V$$

$$V_{DC(max)} = \frac{R_{10}}{R_{10}+R_{11}} \times (-5V - V_{out2}) + V_{out2} = \frac{1}{1+3.9} \times (-5V - 2.5V) + 2.5V \approx 1V$$

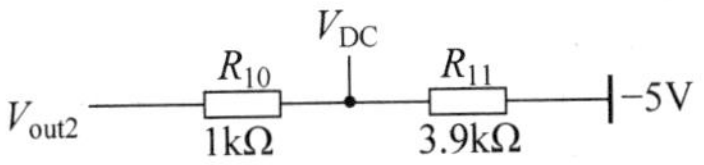

图 10.4-7　DAC082S085 的内部框图

从上述计算可知,V_{DC} 的电压范围为 $-1 \sim 1V$。V_{DC} 从 U2B 的同相输入端输入,U2B 构成的电路相当于一个同相放大器,增益(R_9/R_8+1)约为 3.5,从而在 U2B 输出端产生 $+3.5 \sim -3.5V$ 范围可调的偏置电压。

由于任何 DAC 都有一个最小分辨电压,因此,AD9708 输出的正弦信号(即 R_2、R_3 上的电压信号)从微观上看是一系列以参考时钟频率抽样的电压阶跃信号,尤其是当输出信号频率增加到一定程度时,一个周期中采样点数将逐渐减少,输出信号的波形变差。为了改善波形质量,需要采用低通滤波器对 DAC 输出的电压信号进行平滑滤波。为了简化电路,采用了 RC 滤波,即在 RP1 上并联一只 30pF 的电容 C_{10} 来实现。

10.5 系统软件设计

虽然在 DDS 信号发生器中，FPGA 担任了重要角色，但许多功能要依赖单片机来实现。如波形选择、输出信号频率给定、输出信号幅值和直流偏移量控制等。本节讨论 DDS 信号发生器的单片机软件设计。

根据 DDS 信号发生器的功能，设计了如图 10.5-1 所示的 4 种 TFT 模块显示界面。界面 1 为波形选择界面，界面 2～界面 4 为给定频率输入界面。在给定频率输入界面中，6 个小方框所示的位置用于显示输入给定频率值。给定频率范围为 1～999999Hz。为了操作方便，允许输入给定频率的位数为 1～6 位，用 Hz 键结束频率输入。例如当给定频率为 1Hz 时，只需要通过按键输入“1”，再按 Hz 键即可。

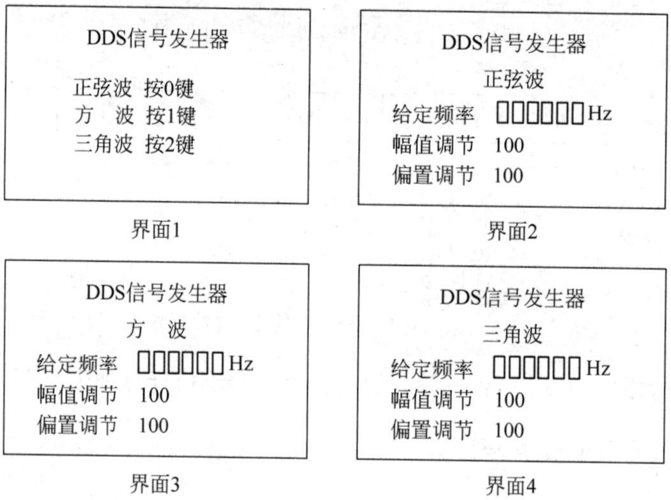

DDS信号发生器
正弦波 按0键
方　波 按1键
三角波 按2键
界面1
DDS信号发生器
正弦波
给定频率 □□□□□□Hz
幅值调节 100
偏置调节 100
界面2
DDS信号发生器
方　波
给定频率 □□□□□□Hz
幅值调节 100
偏置调节 100
界面3
DDS信号发生器
三角波
给定频率 □□□□□□Hz
幅值调节 100
偏置调节 100
界面4

图 10.5-1　界面 1～界面 4 示意图

键盘主要用于选择信号波形、输入给定频率值、控制输出信号的幅值和直流偏移量。由于按键数量比较多，键盘采用 4×4 矩阵式键盘。各按键的定义如图 10.5-2 所示。0 键～9 键用于输入频率，其中 0 键～2 键还用于选择输出波形。Hz 键用于给定频率的确认键。波形选择键用于重新进入界面 1 所示的波形选择模式。A＋键用于增加信号幅值，A－键用于减少信号幅值，D＋键用于增加直流偏移量，D－键用于减少直流偏移量。

0
1
2
3
4
5
6
7
8
9
Hz
波形选择
A+
A−
D+
D−

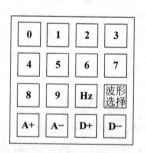

图 10.5-2　键盘定义

DDS 信号发生器的控制程序由主程序和键盘中断服务程序两部分组成。主程序完成初始化和键值处理功能，而键盘中断服务程序十分简单，只完成键值读入，然后将键有效标志置 1 即可。以下主要讨论主程序设计。

根据图 10.5-2 所示的键盘定义，0 键～2 键是双功能键，既用来输入给定频率，又用来选择输出波形。为了区分 0 键～2 键的功能，在主程序中定义了两种工作模式：波形选择模式和频率输入模式。在波形选择模式下,0 键～2 键用于选择输出波形。其中 0 键用于选择正弦波,键有效时将 256 字节正弦波波形数据发送到 FPGA 中的双口 RAM 中;1 键用于选择方波,键有效时将 256 字节方波波形数据发送到 FPGA 中的双口 RAM 中;2 键用于选择三角波,键有效时将 256 字节三角波波形数据发送到 FPGA 中的双口 RAM 中。在频率输入模式下,0 键～2 键用于输入给定频率值。

由于输入给定频率的位数允许在 1～6 变化,通过 Hz 键来结束给定频率的输入,因此,Hz 键不但用来显示频率的单位,也起到确认键的功能。当 Hz 键有效时,程序将输入的 1～6 位给定频率值转换为 4 字节频率控制字,然后发送到 FPGA 的频率控制字寄存器。由于键盘输入的给定频率值为非压缩型 BCD 码,应先将其转化为二进制数,再根据式(10.5-1)将给定频率转化为 4 字节的频率控制字。当相位累加器字宽 N 取 32,参考时钟频率 f_{clk} 取 40MHz 时,频率控制字可以由下式计算得到:

$$M = \frac{2^N}{f_{clk}} \times f_{out} = \frac{2^{32}}{40 \times 10^6} \times f_{out} = 107.374 \times f_{out} \tag{10.5-1}$$

式中,f_{out} 为由二进制数表示的给定频率,乘以系数 107.374,就可得到 4 字节的频率控制字。

主程序流程图如图 10.5-3 所示。主程序完成初始化以后就循环检测有无按键输入,当有按键输入时,根据键值执行相应的功能。在主程序中设置了一个模式标志位,用于选择波形选择模式还是频率输入模式,并在初始化中设为波形选择模式。

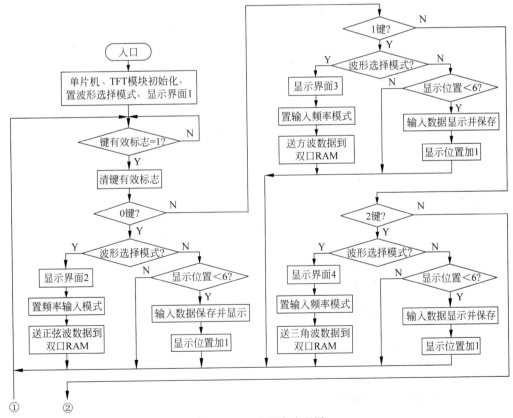

图 10.5-3 主程序流程图

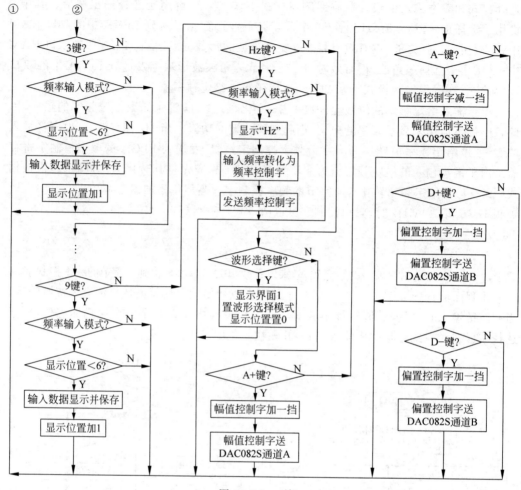

图 10.5-3 （续）

以下是主程序几个关键子程序代码。

1）片选地址定义

```
# define DPRAM   ( * ((volatile unsigned short * ) 0x60000000))
# define FWREGL  ( * ((volatile unsigned short * ) 0x60020000))
# define FWREGH  ( * ((volatile unsigned short * ) 0x60020002))
# define SPIDAT  ( * ((volatile unsigned short * ) 0x60040000))
```

2）向 FPGA 内部频率字寄存器中传送 4 字节频率字

```
void Sendfreword()
  {
    FWREGL = (u16)freword;
    FWREGH = (u16)(freword >> 16);
  }
```

3）向 FPGA 内部双口 RAM 送波形数据

```
void Sendwavedat(const unsigned char wavedat[256])
{
    u8 i;
    for(i = 0;i <= 255;i++)
    {
        ( * (volatile unsigned short * )(0x60000000 + (i << 1))) = wavedat[i];
    }
}
```

4）向 DAC082S 的 A 通道写数据

```
void Write_DAC_A(u8 dat)
  {
    u16 dacdat;
    dacdat = dat;
    dacdat = (dacdat << 4)|0x1000;
    SPIDAT = dacdat;}
```

5）向 DAC082S 的 B 通道写数据

```
void Write_DAC_B(u8 dat)
{
    u16 dacdat;
    dacdat = dat;
    dacdat = (dacdat << 4)|0x5000;
    SPIDAT = dacdat;
}
```

10.6 系统调试

　　系统调试是电子系统设计中十分重要的一个环节。调试的目的一是排除硬件和软件存在的故障,提高分析问题和解决问题的能力;二是加深对 DDS 信号发生器工作原理的理解;三是测试系统功能和指标是否达到设计要求。DDS 信号发生器属于软硬结合、数模结合的综合电子系统。调试的步骤是先硬件后软件,先功能后指标。

　　1. 硬件电路的初步测试

　　对 DDS 信号发生器调试时需要以下测试仪器:数字万用表(DT9202)、数字存储示波器(TDS2012)、PC、ST-LINK 仿真器、USB-Blaster 下载电缆。

　　使用示波器时,需要考虑示波器的探头对电路的影响。示波器探头上有一个衰减选择开关:×10 和 ×1。当选择 ×1 挡时,信号是没经衰减进入示波器的,而选择 ×10 挡时,信号是衰减 1/10 后再送到示波器的。选择 ×1 挡时,探头的输入电阻约为 1MΩ,输入电容约为 30pF;选择 ×10 挡时,探头的输入电阻约为 10MΩ,输入电容约为几 pF。可见,选择×10挡时,探头的输入电阻更大,带宽更宽。在测试驱动能力较弱的信号波形或测量频率较高的信号波形时,探头选择×10挡可获得更好的测量效果,这时,示波器上读得的信号电压值应该再乘以10。

硬件电路上电以后,先检测电源系统工作是否正常,芯片有无发热现象。DDS信号发生器中单片机和FPGA的电源包括＋3.3V、2.5V、＋1.2V三种电压,模拟部分电源则有±5V两种电压。用万用表测量电源电压是否与额定电压相符,也可用示波器观测电源纹波的大小。用示波器观测FPGA最小系统中有源晶振Y1输出时钟信号波形。正常时,示波器上应稳定地显示频率为25MHz的方波信号。需要指出的是,方波信号是由一个基频正弦信号和一系列高次谐波信号叠加而成。受示波器带宽的限制,方波信号中的高次谐波被示波器的输入通道衰减了,因此,在示波器上显示的25MHz的方波信号看起来可能更像正弦波。

2. 单片机人机接口功能的测试

根据图10.5-3所示的程序流程图编写单片机程序,用ST-LINK仿真器将单片机与PC机联机调试。依次测试以下软件功能:①上电或复位时能否显示图10.5-1所示的界面1。②分别按0键、1键、2键,观察能否进入图10.5-1所示的界面2、界面3和界面4。按波形选择键能否回到界面1。③在界面2、界面3或界面4中,能否正常输入频率。

3. 单片机控制串行D/A功能的测试

为了控制输出信号的幅值和直流偏置,在模拟量输出通道中采用了串行D/A转换器DAC082S085。单片机通过FPGA内部的SPI接口与DAC082S085连接。因此,在测试时,应将单片机程序和FPGA设计代码分别下载到STM32F407单片机和FPGA芯片中。按A＋键、A－键、D＋键和D－键,用示波器或万用表测试DAC082S085两路模拟输出电压是否按规律增减。这一步测试很重要,因为这一步成功,表示图10.3-1所示FPGA内部的地址锁存器、地址译码器、锁相环、SPI总线接口等部件工作均正常。

4. 单片机向DDS子系统传送数据功能测试

在DDS信号发生器中,单片机需要向FPGA传送32位频率控制字和256字节的波形数据。这一功能的测试需要单片机与DDS子系统的联机测试。调试过程既涉及单片机软件,也涉及FPGA内部的逻辑电路,掌握正确的测试方法和测试次序十分重要。

1) 频率控制字传送功能的测试

运行单片机程序,通过按键选择"正弦波",给定频率"2000Hz"。根据式(10.5-1)可计算得到32位频率字为000346DCH。单片机通过并行总线分两次将频率字送入频率字寄存器。

根据DDS子系统的工作原理,频率字寄存器的输出作为相位累加器phase-acc的输入,相位累加器的地址最高位addr[31]输出与给定频率一致的方波信号。因此,测试addr[31]的信号,就可以判断单片机传送的频率字是否正确。将addr[31]锁定到FPGA

最小系统任何一根未用的 I/O 引脚,用示波器观察该 I/O 引脚的信号,正常时应观测到与给定频率(2kHz)一致的方波信号。如没有观察到 addr[31] 的方波信号或者方波信号频率不对,可将相位累加器 Verilog HDL 代码中的"ACC <= ACC + FREQIN;"语句改为

```
ACC <= ACC + 32'b 0000 0000 0000 0011 0100 0110 1101 1100;
```

上述语句中的常数就是输出频率为 2kHz 时对应的 32 位频率控制字,用它代替来自频率字寄存器的值。重新编译下载后,测试 addr[31] 信号。如能观察到 2kHz 方波,基本可以判定单片机向 DDS 子系统传送频率字有误。将 phase-acc 的 Verilog HDL 代码中修改的语句重新恢复到原来的语句,从软件和硬件两方面排除单片机向 DDS 子系统传送频率字时存在的问题,如程序中片选信号地址有没有错误,频率字寄存器的逻辑电路是否正确(不妨参考例 8.3-1)。

上述调试中,将 FPGA 内部关键信号临时锁定到 FPGA 的未用 I/O 引脚,通过示波器观测信号迅速找到问题所在,这是针对 FPGA 内部电路的一种有效测试方法。

2)波形数据传送功能测试

当单片机将 256 字节波形数据送入双口 RAM 后,双口 RAM 中的数据就会出现DACD[7..0] 引脚。选择数据信号的最低位 DACD[0],用示波器观测其信号,正常时应观测到数字信号。如观测到直流电平,则可能单片机未能正确地向双口 RAM 传送波形数据,应从双口 RAM 的接口逻辑和单片机软件两方面检查。

3)高速 DAC 测试

观测图 10.4-4 中 R_2、R_3 上的信号波形,如观察到频率为 2kHz、峰峰值约 1V 正弦信号,说明高速 DAC 正常。由于 DAC 的参考电压由外部提供,因此,测试时应通过DAC082S 提供一定的参考电压。如未能检测到正弦信号,应检查有无引脚接触不良,DAC 芯片有无损坏。

5. 模拟子系统测试

当 R_2、R_3 上的信号波形正常以后,说明单片机、FPGA 和高速 D/A 工作正常,就可以着手对模拟子系统进行测试。用示波器依次观测以下波形:图 10.4-4 中运放 U2A 第1 引脚波形,正常时应观测到直流分量基本为 0V 的正弦信号波形,说明差分放大器工作正常;图 10.4-4 中运放 U2B 第 7 引脚波形,正常时应观测到正弦信号波形,说明反相放大器工作正常。

6. 输出信号幅值和直流偏置的数控调节

测试放大电路增益调节范围和直流偏置调节范围。输出信号设为 1kHz 正弦信号,按 A+ 键和 A- 键,观测输出信号的幅值有无变化;按 D+ 键和 D- 键,观测模拟放大电路输出信号的直流偏置有无变化。

7. 系统主要功能指标测试

（1）用示波器测量反相放大器模拟输出端的正弦波信号、方波信号、三角波信号，测试结果如图 10.6-1 所示。

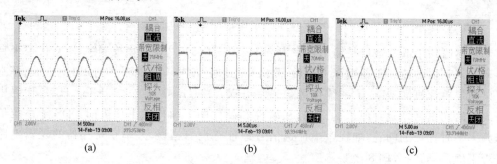

(a)   (b)   (c)

图 10.6-1　实测波形

(a) 正弦波（$f=999999$Hz）；(b) 方波（$f=99999$Hz）；(c) 三角波（$f=99999$Hz）

（2）用键盘输入频率值，测试输出信号的频率值。表 10.6-1 所示为 DDS 信号发生器给定频率与实测频率对照表。

表 10.6-1　给定频率与实测频率对照表

给定频率/Hz	实测频率/Hz		
	正弦波	方波	三角波
100	99.9923	99.9917	99.9900
1k	999.953	999.954	999.970
10k	9.99954k	9.99954k	9.99960k
100k	99.9954k	99.9954k	99.9954k
999.999k	999.955k		

思考题

1. DDS 信号发生器输出信号的幅值和直流偏置是如何实现数字控制的？

2. 在 DDS 子系统参数不变的前提下，如果将正弦信号的输出频率增加到 5MHz，根据式（10.2-4），计算输出信号的失真度。

3. 列举 DDS 信号发生器的 3 种设计方案，比较优缺点。

4. 用 Quartus Ⅱ 软件验证，32 位相位累加器代码综合后，需要消耗多少 FPGA 资源？

5. 参考图 10.4-4，当 V3 的值为 2.0V 时，估算输出信号的峰峰值（不考虑 C_{10} 的影响）。

6. 写出图 10.3-2 中地址锁存器 DLATCH8 的 Verilog HDL 的代码。

7. 你认为 DDS 技术有哪些不足之处？

设计训练题

设计题一 程控滤波器设计

设计一程控低通/高通滤波器,示意图如图 P10-1 所示。

(1) 滤波器可设置为低通滤波器,其 -3dB 截止频率 f_c 在 $1\sim20\text{kHz}$ 范围内可调,调节的频率步进为 1kHz。

(2) 滤波器可设置为高通滤波器,其 -3dB 截止频率 f_c 在 $1\sim20\text{kHz}$ 范围内可调,调节的频率步进为 1kHz.

(3) 截止频率的误差均不大于 10%。

图 P10-1 程控滤波器示意图

提示:采用 DDS 技术产生方波信号,用上述方波信号控制 LTC1068-100 低通滤波器即可。

设计题二 三相正弦信号发生器设计

电路组成框图如图 P10-2 所示。

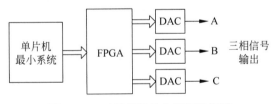

图 P10-2 三相信号发生器原理框图

(1) 输出三路频率相同的正弦波信号,波形无明显失真,频率可调范围 $1\text{Hz}\sim30\text{kHz}$,频率步进 1Hz。

(2) 在上述信号频率范围内,任两相间的相位差在 $0°\sim359°$ 范围内可任意预置,相位差步进 $1°$。

第11章

高速数据采集系统

11.1 设计题目

设计一高速数据采集系统,系统框图如图 11.1-1 所示。该系统由 FPGA 控制高速 ADC 采集模拟信号。输入模拟信号为频率 200kHz、峰峰值 0.1～10V 的正弦信号。要求实现以下功能:

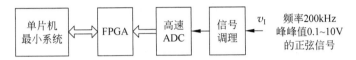

图 11.1-1　高速数据采集系统系统框图

(1) 信号调理电路的增益和直流偏置能够通过单片机按键调节;

(2) A/D 采样频率设为 20MHz,每次连续采集 256 点数据,单片机读取 256 点数据后在 TFT 模块上回放显示信号波形,采集→显示→采集→…,不断循环;

(3) 增加同步触发功能,使采集的信号在 TFT 上能够稳定地显示;

(4) 测量输入正弦信号的频率、峰峰值等参数。

11.2 方案设计

数据采集系统(Data Acquisition System,DAS)在自动测试、生产控制、通信、信号处理等领域占有极其重要的地位,也是电子系统设计中的一个重要分支。数据采集系统通常可分为两类,一类是基于个人计算机的数据采集系统,一类是基于单片机的数据采集系统。基于单片机的数据采集系统又可分为低速数据采集系统和高速数据采集系统。在低速数据采集系统中,单片机直接控制 ADC,数据采集一般要经过启动 A/D 转换、读取 A/D 转换值、将数据存入存储器、修改存储器地址指针、判断数据采集是否完成等过程。由于数据采集的功能主要通过软件来实现,因此,其采样速率一般在 1MHz 以下。第 9 章介绍的语音存储与回放系统就属于低速数据采集系统。随着 SoC(System on Chip)单片机的快速发展,现在已经可以在一片芯片上集成一个可以采集多路模拟信号的 A/D 转换子系统和 CPU 核,使整个数据采集系统几乎可以用单芯片实现,从而使数据采集系统体积小,性价比高。在高速数据采集系统中,单片机不再直接承担 A/D 转换的控制、数据的读出和存储工作,这些操作由专门的高速数字电路来完成。通过高速数字电路,实现 A/D 转换中的数据和存储器之间的直接传输。高速数据采集系统在存储示波器、脉冲信号的参数测量等领域得到广泛应用,这也是本章主要讨论的内容。

高速数据采集系统一般分为数据采集和数据处理两部分。在数据采集时,必须以很高的速度采集数据,但在数据处理时并不需要以同样的速度来进行。因此,高速数据采集需要有一个数据缓存单元,先将采集的数据有效地存储,然后根据系统需求进行数据处理。

高速数据采集系统通常由单片机、高速缓存、高速 ADC 组成,其中高速缓存是关键部件。高速缓存的构成通常有 3 种方案。第一种是高速 SRAM 切换方式。高速 SRAM 只有一组数据、地址和控制总线,可通过三态门分别接到 ADC 和单片机上。当 A/D 采样时,SRAM 由三态门切换到 ADC 一侧,以使采样数据写入其中。当 A/D 采样结束后,SRAM 再由三态门切换到单片机一侧进行读写。这种方式的优点是 SRAM 可随机存取,大容量的高速 SRAM 也有现成的产品可供选择,但硬件电路较复杂。第二种是双口 RAM 方式。双口 RAM 具有两组独立的数据、地址和控制总线,因而可从两个端口同时读写而互不干扰,并可将采样数据从一个端口写入,而由单片机从另一个端口读出。双口 RAM 也能达到很高的传输速度,并且具有随机存取的优点。第三种是 FIFO 方式。FIFO 是一种先进先出存储器,它就像数据管道一样,数据从管道的一头流入,从另一头流出,先进入的数据先流出。FIFO 具有两套数据线而无地址线,可在其一端写操作而在另一端读操作,数据在其中顺序移动,因而能够达到很高的传输速度和效率。

FPGA 为实现高速数据采集提供了一种理想的实现途径。利用 FPGA 高速性能和本身集成的几万个逻辑门和嵌入式存储器块,把数据采集系统中的数据缓存和控制电路全部集成在一片 FPGA 芯片中,大大减小了系统的体积,提高了灵活性。

根据上述分析,高速数据采集系统采用如图 11.2-1 所示的设计方案。高速数据采集系统由单片机最小系统、FPGA 最小系统和模拟量输入通道三部分组成。为了实现设计题目的第(1)项功能,在模拟量输入通道中,信号调理电路输出信号的直流偏置将由单片机的 DAC 控制,信号调理电路的增益由模拟开关来控制,模拟开关由单片机的 I/O 引脚控制。

输入正弦信号经过调理电路后同时送高速 ADC 和高速电压比较器。电压比较器将周期性的模拟信号转化成同频率的方波信号。电压比较器输出的方波信号可用于输入信号的频率测量,或者用于数据采集的同步触发。

高速 ADC 在 ADCCLK 的控制下采样模拟信号,输出的数字量依次存入 FPGA 内部的 FIFO 存储器中。每次采集完 256 字节数据后,单片机从 FIFO 存储器中读取数据,并将 256 字节数据在 TFT 模块上回放显示波形。

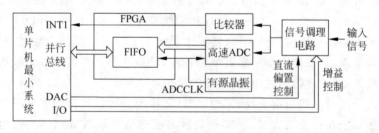

图 11.2-1　高速数据采集系统设计方案

在图 11.2-1 所示的设计方案中,高速 A/D 转换器的转换时钟 ADCCLK 由 FPGA 内部锁相环 PLL 产生。FPGA 最小系统中的有源晶振提供 25MHz 的参考时钟 CLK0。该参考时钟经过 PLL 后可以得到不同频率的时钟信号。从图 4.1-12 可知,每个 PLL 可以产生 5 路不同频率的时钟信号,配合数据选择器可以实现不同的 A/D 转换速率。需要指出的是,由于时钟信号只能从 FPGA 的 I/O 输出,其高电平只能达到 3.3V。如果高速 A/D 转换器采用 3.3V 供电,那么 FPGA 与高速 A/D 转换器直接连接不会有什么问题。如果高速 A/D 转换器采用 5V 供电,那么就要注意 FPGA 与高速 A/D 转换器逻辑电平是否兼容。

11.3 模拟量输入通道设计

模拟量输入通道由高速 ADC 和信号调理电路组成。信号调理电路将输入的模拟信号放大、提供直流偏置、抗混叠滤波,以满足 ADC 对模拟输入信号的要求。由于不同型号 ADC 对输入模拟信号的电压范围要求不同,因此,应先确定高速 ADC 的型号,再设计信号调理电路。

11.3.1 高速 ADC 电路设计

将模拟信号转化为数字信号实际上是模拟信号时间离散化和幅度离散化的过程。通常时间离散化由跟踪保持(T/H)电路来实现,而幅度离散化则由 ADC 来实现。随着集成度的提高,大多数高速 ADC 将跟踪保持电路也集成在内部。在选择 ADC 时,主要考虑以下几个方面:

(1) 转换速率。A/D 的转换速率取决于模拟信号的采样频率。采样频率必须满足奈奎斯特采样定理,即采样频率至少是信号频率的两倍以上。本设计题目中,已规定了采样频率为 20MHz,因此,ADC 的转换速率应不低于 20MHz。

(2) 量化位数。根据 A/D 转换的原理,A/D 转换过程中不可避免地存在量化误差。量化误差取决于量化位数,n 位的 ADC,其量化误差为 $1/2^{n+1}$,位数越多量化误差越小。本设计题目对 ADC 的位数没有特别的要求,可选用 8~12 位的高速 ADC。

(3) 模拟输入信号的电压范围。模拟输入信号的电压范围是 ADC 的一个重要指标,模拟输入信号电压只有处在 ADC 的满量程输入电压范围内,才能得到与之成正比的数字量。

(4) 参考电压 V_{REF}。A/D 转换的过程就是不断将被转换的模拟信号和参考电压 V_{REF} 相比较的过程,因此,参考电压的准确度和稳定度对转换精度至关重要。选用内部含有参考电压源的 ADC,可以简化电路设计。

(5) 数字接口的逻辑电平。ADC 工作时通常由单片机或 FPGA 控制,因此,选择 ADC 时,应考虑接口的方便性和逻辑电平的兼容。

根据上述 ADC 的选择原则,综合考虑性价比和通用性,本设计选择 TI 公司的 12 位、20MHz 高速 ADC ADS805。ADS805 采用+5V 电源电压,流水线结构,内部含有跟踪保持电路和参考电压源。具有宽的动态范围,输入电压范围可设置成 2V 峰峰值和 5V 峰峰值。ADS805 内部功能框图及引脚图如图 11.3-1 所示。

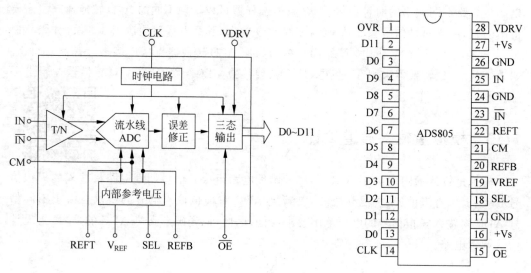

图 11.3-1　ADS805 内部功能框图及引脚图

ADS805 的引脚说明如表 11.3-1 所示。

表 11.3-1　ADS805 引脚功能表

引脚	名称	功 能 说 明	引脚	名称	功 能 说 明
1	OVR	超量程指示	15	$\overline{OE}$	数据输出使能
2	D11	数据位(MSB)	16	+Vs	+5V 电源
3	D10	数据位	17	GND	地
4	D9	数据位	18	SEL	输入量程选择
5	D8	数据位	19	VREF	参考电压选择
6	D7	数据位	20	REFB	内部底端参考电压
7	D6	数据位	21	CM	共模电压输出端
8	D5	数据位	22	REFT	内部顶端参考电压
9	D4	数据位	23	$\overline{IN}$	模拟信号反相输入端
10	D3	数据位	24	GND	模拟地
11	D2	数据位	25	IN	模拟信号同相输入端
12	D1	数据位	26	GND	地
13	D0	数据位	27	+Vs	+5V 电源
14	CLK	转换时钟输入	28	VDRV	输出逻辑电平选择端

　　ADS805 的时序图如图 11.3-2 所示。从 ADS805 的工作时序可以看出,A/D 转换是在外部时钟控制下工作的。每一个时钟脉冲,ADS805 输出 1 字节数据,但采样时刻到有效数据输出有 6 个时钟周期的延迟。

　　ADS805 内部参考电压源电路如图 11.3-3 所示。ADS805 内部含有带隙参考电压源,通过 SEL 引脚的简单连接,V_{REF} 可以提供 1V 和 2.5V 两种参考电压。V_{REF} 通过参

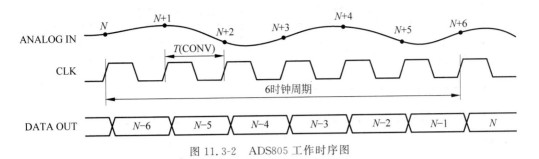

图 11.3-2　ADS805 工作时序图

考源驱动电路从 REFT 和 REFB 引脚输出两路参考电压,这两路参考电压可提供 2mA 的驱动能力,可用于其他电路的基准电压;CM 引脚输出的参考电压,虽然也可用于其他电路,但该参考电压几乎没有驱动能力。

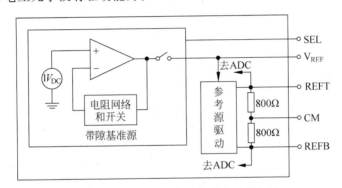

图 11.3-3　ADS805 内部参考电压源电路

ADS805 有单端输入和差分输入两种工作方式。当反相电压输入端 $\overline{\text{IN}}$ 与固定电压相连时,ADS805 工作在单端输入方式。模拟输入电压的范围取决于 V_{REF} 的电压,其关系为

$$V_{\text{FS}} = 2 \times V_{\text{REF}}$$

图 11.3-4 所示为输入电压范围分别为 0~5V 和 1.5~3.5V 的两种连接方式。

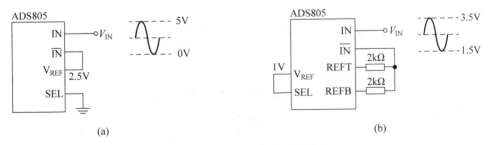

图 11.3-4　不同量程的两种接法

(a) 输入电压范围为 0~5V;(b) 输入电压范围为 1.5~3.5V

采用图 11.3-4(b)接法时,输入电压的范围为 1.5~3.5V。这时,输入电压和输出数字量的对应关系如表 11.3-2 所示。

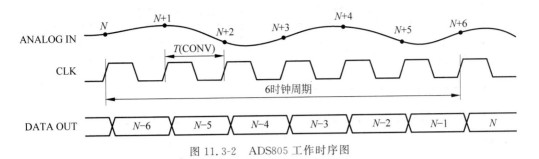

表 11.3-2　单端输入时输入电压和输出数字量对应表

单端输入电压($\overline{\text{IN}}=2.5\text{V}$)	输出数字量	单端输入电压($\overline{\text{IN}}=2.5\text{V}$)	输出数字量
3.5V	111111111111	2.25V	011000000000
3.25V	111000000000	2V	010000000000
3V	110000000000	1.75V	001000000000
2.75V	101000000000	1.5V	000000000000
2.5V	100000000000		

ADS805 与 FPGA 的连接十分简单,其原理图如图 11.3-5 所示。ADS805 的数据引脚和输出使能引脚与 FPGA 的 I/O 引脚相连。从 ADS805 的数据手册可知,ADS805 采用 +5V 电源供电时,ADS805 的输入时钟信号的高电平要求大于 3.5V。由于 FPGA 的 I/O 引脚高电平电压只有 3.3V,为了解决电平不匹配的问题,在 FPGA 的 I/O 引脚和 ADS805 的时钟引脚之间加一个 +5V 供电的反相器,很好地解决了问题。反相器可采用单与非门芯片 74HC1GT00 实现。

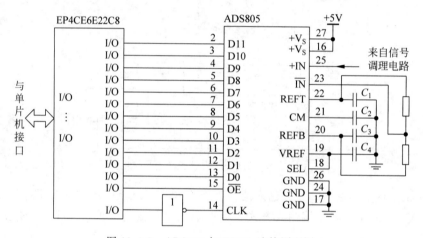

图 11.3-5　ADS805 与 FPGA 连接原理图

11.3.2　信号调理电路设计

根据图 11.3-5 所示的原理图,ADS805 要求模拟输入信号电压范围为 1.5～3.5V,而设计题目给出的输入模拟信号为峰峰值在 0.1～10V 范围可调的正弦信号。为了使 ADC 获得规定的分辨率,必须通过信号调理电路将输入模拟信号归整到 ADC 的满量程输入电压范围内。具体地说,就是要对输入模拟信号进行放大和直流偏移量调整。

信号调理电路由增益可调放大器、直流偏置可调放大器、低通滤波器几部分组成。图 11.3-6 所示为采用宽带运放构成的信号调理电路原理图。

U1B 构成增益 8 挡可调放大器。该放大器输入阻抗为 R_1,通过 8 选 1 的模拟开关 CD4051,放大器增益可设置为 $-R_2/R_1$,$-R_3/R_1$,…,$-R_9/R_1$。模拟开关的地址码由单片机的 I/O 引脚提供。

U1A 构成直流偏置可调、增益为 -1 的反相放大器。J3 口的 V_{DC} 由单片机内部的

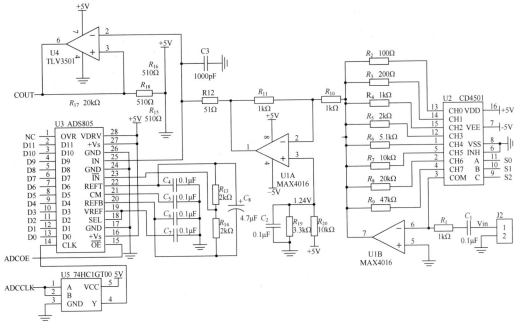

图 11.3-6　由宽带运放构成的信号调理电路原理图

DAC 提供。V_{DC} 送 U1A 的同相输入端。将 V_{DC} 当作输入信号，U1A 构成的电路可视为增益为 2 的同相放大器。假设 V_{DC} 的调节范围为 0～3.3V，放大器输出端的直流偏移量可在 0～6.6V 范围内调节。通过调节信号调理电路的增益和直流偏置，可以使峰峰值为 0.1～10V 的正弦信号转换成电压范围为 1.5～3.5V 的正弦信号，满足高速 ADC 的要求。

为了抑制 ADC 输入信号中的高频干扰信号，采用了由 R_{12} 和 C_6 构成的简单 RC 低通滤波器。低通滤波器的截止频率可以由式(11.3-1)估算。

$$f_c = \frac{1}{2\pi R_{12}C_6}$$

(11.3-1)

为了满足频率最高为 200kHz 正弦信号放大的要求，信号调理电路应该有足够的带宽。运算放大器采用集成双运放 MAX4016。MAX4016 单位增益带宽为 150MHz，当放大器的增益为 100 时，带宽为 1.5MHz，完全可以满足输入信号带宽要求。

图 11.3-6 所示的原理图中的高速电压比较器 TLV3501 将输入的模拟信号转换成同频率方波信号 COUT。为了提高抗干扰能力，高速电压比较器接成迟滞电压比较器，V_{T+} 约为 2.56V，V_{T-} 约为 2.44V。电压比较器电路的详细设计可参考第 1 章例 1.4-3。

11.4 FIFO 数据缓冲电路设计

根据高速数据采集系统的设计方案，数据缓冲电路采用 FIFO(First In First Out)存储器。FIFO 是一种具有先进先出特点的数据缓冲器，特别适用于高速数据采集系统的缓存。FIFO 的容量由深度(Depth)和宽度(Width)来表示。宽度表示 FIFO 一次读写操

作的数据位；深度表示 FIFO 可以存储多少个 N 位的数据（如果宽度为 N）。如果 FIFO
由 FPGA 实现，其深度和宽度是可以选择的。由于设计题目要求每次采集 256 点的数据，因此，FIFO 的深度应该选为 256。虽然 ADS805 的分辨率为 12 位，但考虑到本设计题只要求将采集的数据在 TFT 上显示，8 位的分辨率已能满足要求，所以 FIFO 的宽度采用 8 位。综上所述，FIFO 的容量设为 256×8 即可。FIFO 数据缓冲电路原理框图如图 11.4-1 所示。FIFO 各信号功能如表 11.4-1 所示。

表 11.4-1 FIFO 信号功能说明

信 号 名	功 能
wrclk	上升沿时钟信号，用于同步 data、wrreq、wrfull 等信号
rdclk	上升沿时钟信号，用于同步 q、rdreq、rdempty 等信号
data	当 wrreq 有效时，写入 FIFO 的数据
wrreq	写操作请求信号
rdreq	读操作请求信号
q	当 rdreq 有效时，从 FIFO 读出的数据
wrfull	wrfull 有效时，表示 FIFO 中数据已满，不能再写操作
rdempty	rdempty 有效时，表示 FIFO 中数据已空，不能再读操作了

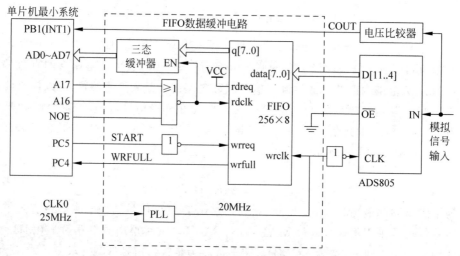

图 11.4-1 FIFO 数据缓冲电路原理框图

FIFO 写端口的数据线与高速 ADC 的数据线直接相连，FIFO 的写时钟和高速 ADC 采用同一时钟信号 ADCCLK。在 ADCCLK 的控制下，高速 ADC 输出的数字量以 20MHz 的速率依次存入 FIFO 中。

FIFO 的读端口与单片机并行总线相连。由于 FIFO 的数据输出端口没有三态输出功能，为了能与单片机数据总线连接，数据输出端口加了三态缓冲器。地址译码器的片选信号和读信号相或非后作为 FIFO 的读时钟信号和三态缓冲器的使能信号。由于 FIFO 数据读取是按顺序的，因此不需要地址信息。

FIFO 数据缓冲电路各信号时序关系如图 11.4-2 所示。单片机通过 PC5 发出低电平有效的 START 信号，将 wrreq 置成高电平。在 wrreq 高电平期间，ADC 输出的数据在 wrclk 的控制下写入 FIFO。由于 FIFO 的存储容量为 256×8，FIFO 存满 256 字节数据后，wrfull(写满)信号置成高电平。wrfull 信号送单片机 PC4 引脚，单片机通过不断查询 PC4 引脚电平，来判断数据采集是否完成。一旦检测到 PC4 引脚为高电平，单片机应立即将 START 信号置成高电平，防止 ADC 输出的数据继续写入 FIFO。单片机通过外部数据存储器访问指令依次读取 FIFO 中的数据。当单片机读出第一个有效字节后，wrfull 信号变为低电平。

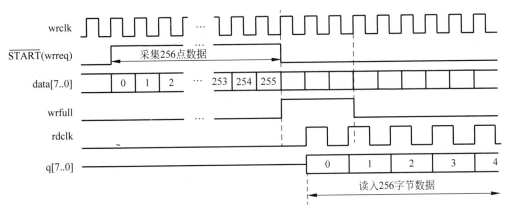

图 11.4-2　FIFO 数据缓冲电路各信号时序

图 11.4-1 中的 FIFO 模块是利用 Quartus II 创建的，具体步骤介绍如下。

选择 Tools→MegaWizard Plug－In Manager 命令，在图 11.4-3 所示的对话框中选择 Create a new custom megafunction variation，在 Memory Compiler 中选择 FIFO，目标器件系列选为 CycloneⅣ E，输出文件类型选为 Verilog HDL。单击 Next 按钮，进入图 11.4-4 所示的对话框。

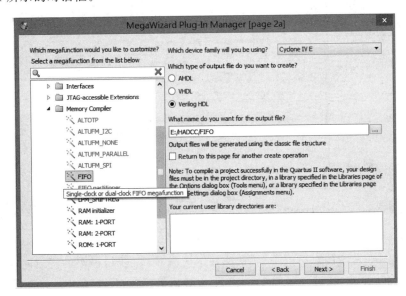

图 11.4-3　创建 FIFO

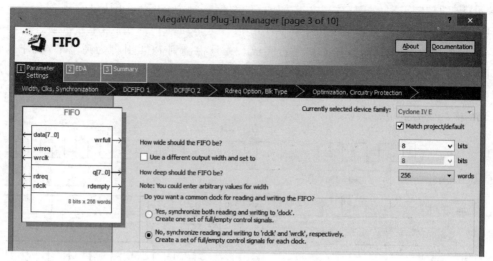

图 11.4-4 设置 FIFO 的宽度和深度

在图 11.4-4 所示的对话框中,选择 FIFO 的容量,即确定 FIFO 的宽度和深度,然后选择单时钟还是双时钟。FIFO 分为单时钟 FIFO 和双时钟 FIFO。双时钟 FIFO 具有读时钟 rdclk 和写时钟 wrclk,分别用来同步读端口信号和写端口信号。由于高速数据采集系统中,写操作和读操作速度是不一致的,因此,应采用双时钟 FIFO。完成设置以后单击 Next 按钮,进入如图 11.4-5 所示的对话框。

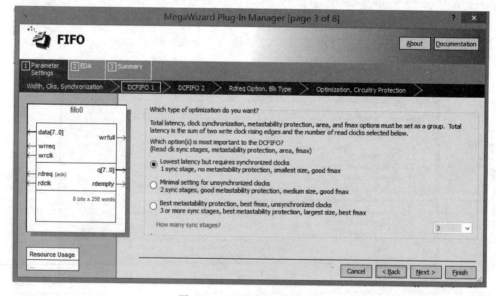

图 11.4-5 "优化类型"选择

在图 11.4-5 所示的对话框中,通常选择第 1 选项,以获得最小的延迟时间。完成选择以后单击 Next 按钮,进入如图 11.4-6 所示对话框。在图 11.4-6 所示的对话框中,选择读端口和写端口的控制信号。在读端口,选择 empty 信号用于指示数据是否读完;在写端口,选择 full 用于指示数据是否写满。完成设置以后单击 Next 按钮,进入如图 11.4-7 所示的对话框。

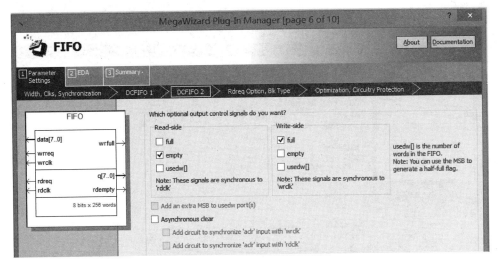

图 11.4-6 选择输出控制信号

在图 11.4-7 所示的对话框中,选择读操作模式。正常模式(Normal mode):将读信号 rdreq 置高后,下个时钟才能将 q 端数据读出,有一个周期的延时;预读模式(Show-ahead mode):将读信号 rdreq 置高后,第一个时钟就可以将数据读出,也就是说可以没有延时读出数据。这里选择预读模式。连续单击 Next 按钮,进入如图 11.4-8 所示的对话框。

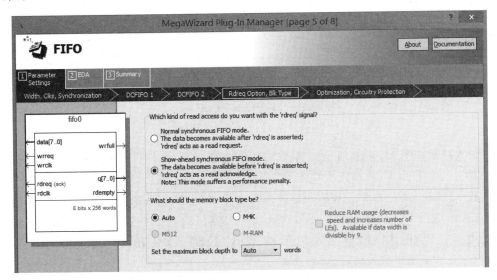

图 11.4-7 选择读操作模式

在图 11.4-8 所示的对话框中,选择要生成的文件类型,直接单击 Finish 按钮完成 FIFO 的设定。

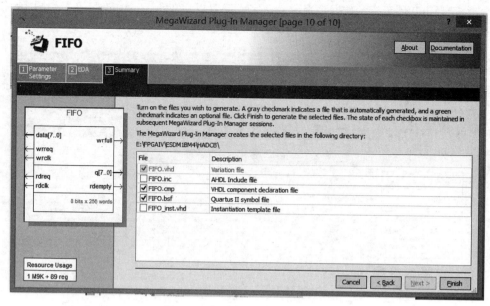

图 11.4-8　选择生成的文件类型

　　为了对 FIFO 的功能进行仿真,采用了图 11.4-9 所示的仿真电路。为了便于观察仿真结果,仿真电路中 FIFO 的存储深度设为 16 字节,数据宽度设为 8 位。

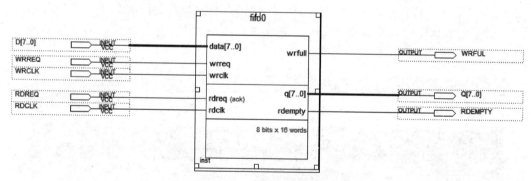

图 11.4-9　FIFO 仿真原理图

　　仿真结果如图 11.4-10 所示。当 WRREQ 为高电平时,FIFO 进行写操作。在写时钟 WRCLK 的作用下,数据依次写入 FIFO。当写完 16 字节后,WRFULL 变为高电平,表示数据已满。这时必须将 WRREQ 置成低电平,禁止对 FIFO 继续写操作。在读时钟 RDCLK 的作用下,FIFO 中的数据依次读出。当读出第一个有效字节后,WRFULL 变为低电平。WRFULL 信号与时钟信号 WRCLK 同步,只有在 WRCLK 的作用下 WRFULL 才能输出有效信号。

　　FPGA 内部电路顶层原理图如图 11.4-11 所示。FIFO 数据缓冲电路的右侧引脚与高速 ADC 连接,左侧引脚与单片机并行总线连接。START 由单片机 PC5 提供,当 PC5 变为低电平时,启动数据采集,当采集满 256 字节时,WRFULL 变为高电平。单片机检

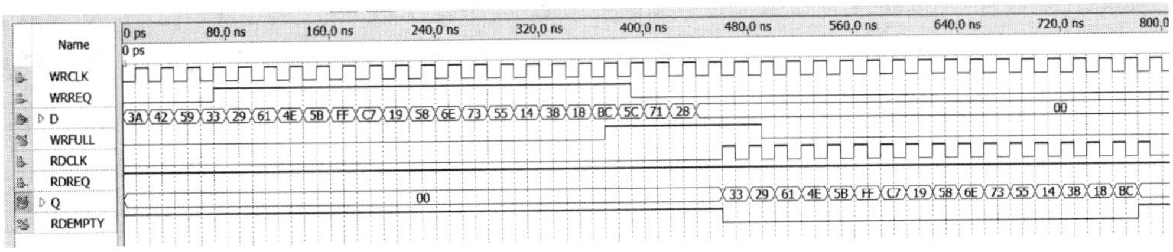

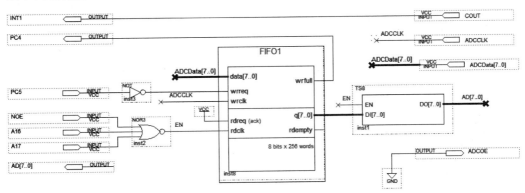

图 11.4-10　FIFO 仿真结果

测到 PC4 引脚变为高电平时,从 FIFO 中连续读取 256 字节数据。模拟量输入通道中电压比较器的输出 COUT 通过 FPGA 送单片机的外部中断引脚,用于实现设计题目中的第(3)项功能。

图 11.4-11　FPGA 内部电路顶层原理图

11.5　系统软件设计

输入正弦信号经过电压比较器后得到同频率的方波信号 COUT,在 COUT 的下降沿时刻启动一次数据采集。由于每次采集都在正弦信号的同一位置触发,因此每次采集到的信号在 TFT 上显示是重叠的。这时在 TFT 上看到的波形是不会移动的,这就是所谓的同步。具有同步触发功能的数据采集的时序图如图 11.5-1 所示。

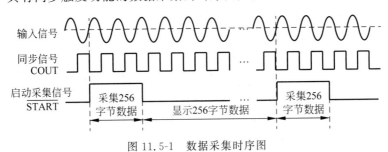

图 11.5-1　数据采集时序图

为了实现同步触发功能,用电压比较器的输出作为单片机的外部中断信号,每次 COUT 下降沿来时,触发 INT1 中断,在 INT1 的中断服务程序中,发出 START 信号采集 256 字节数据。主程序从 FIFO 读 256 字节数据并显示波形。由于采集 256 字节数据所需要的时间远小于显示一帧数据波形所需要的时间,因此,不是每次 INT1 中断都需要启动数据采集,而是要等到上一帧数据显示完毕时,才启动数据采集。

如果输入信号幅值太小,或者幅值不在比较器的阈值电压范围内,比较器将不会输出与输入信号同频率的方波,INT1 的中断不会发生,将导致数据采集停止。为了解决这一问题,单片机需要检测 INT1 的中断情况,如果 INT1 未发生中断超过一定的时间,则改为由主程序发出 START 信号,启动数据采集。为了检测 INT1 的中断情况,定义一个软件计数器,在 INT1 中断服务程序中将软件计数器清零,而在定时器中断服务程序中对软件计数器加 1。如果软件计数器的值超过某一个设定值,说明 INT1 中断停止了,这时由主程序启动数据采集。一旦 INT1 中断恢复正常,马上切换回 INT1 中断启动数据采集。显然,主程序启动数据采集,采集的起始点不在正弦信号的同一位置,TFT 上显示的波形看起来是移动的。

单片机软件由主程序、INT0 键盘中断服务程序、INT1 中断服务程序和定时器 1 中断服务程序组成。主程序的流程图如图 11.5-2 所示。主程序采用了循环程序结构。在主程序中定义了两个标志:同步标志和显示标志。同步标志为 0,表示 COUT 的方波信号消失。显示标志为 0,说明采集的数据还没有送 TFT 模块显示。中断服务程序的流程图如图 11.5-3 所示。

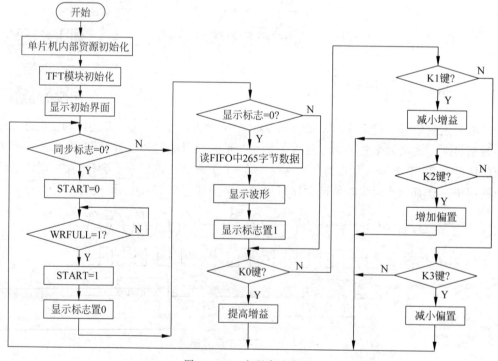

图 11.5-2　主程序流程图

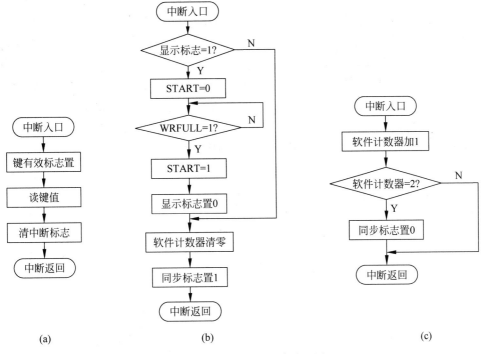

图 11.5-3 中断服务程序流程图

(a) 键盘中断(INT0)服务程序；(b) 同步触发中断(INT1)服务程序；(c) 定时器 1 中断服务程序

单片机启动采集、从 FIFO 读取数据并显示波形相关源代码介绍如下。

1）FIFO 片选、I/O 引脚操作的宏定义

```
# define FIFO   ( * ((volatile unsigned short * ) 0x60000000))      //FIFO 片选地址
# define WRFULL   GPIO_ReadInputDataBit(GPIOC,GPIO_Pin_4)            //读 PC4 引脚电平
# define START_HIGH()   GPIO_SetBits(GPIOC, GPIO_Pin_5)             //START 置高
# define START_LOW()   GPIO_ResetBits(GPIOC, GPIO_Pin_5)           //START 置低
```

2）启动一次数据采集

```
START_LOW();                    //START 置成高电平
while (WRFULL == 0);            //等待数据采集完成
START_HIGH();
```

3）显示波形

```
for (j = 0;j < 255;j++)
{
    _LCD_Set_Pixel(j + 20,WaveData[j] + 11,BLACK);      //清除上一次显示的波形
    _LCD_Set_Pixel(j + 20,WaveData[j] + 10,BLACK);
    WaveData[j] = FIFO;                                  //从 FIFO 中读 1 字节数据
    _LCD_Set_Pixel(j + 20,WaveData[j] + 11,YELLOW);      //注 1
    _LCD_Set_Pixel(j + 20,WaveData[j] + 10,YELLOW);
}
```

注1:这里用了两条语句写两点像素,是为了加粗显示波形曲线,以便看起来更加清晰。WaveData[]为自定义的256字节的数据缓冲区。

当模拟信号通过高速ADC转换成数字信号后,除了在TFT上显示波形外,还可以计算模拟信号的各种参数。如周期性信号的频率、峰峰值(有效值)、方波信号的占空比等。进一步,可以采用快速傅里叶变换(FFT)算法对模拟信号进行频谱分析。假设采集的256字节数据已经存放在WaveData[]数据缓冲区,而且256字节包含了正弦信号两个以上完整的周期。先找出一个周期内的最大值和最小值,然后将最大值和最小值相减,再乘上一系数K就可以得到峰峰值。具体程序代码介绍如下。

```
u16 max = 0, min = 0xffff;
float Vpp;
char Vpp_temp[10];
for(i = 2;i < 130;i++)                    //找最大值
{
  if(WaveData[i] > max)
  {
    max = WaveData[i];
  }
}
for(i = 2;i < 130;i++)                    //找最小值
{
  if(WaveData[i] < min)
  {
    min = WaveData[i];
  }
}
Vpp = K * (float)(max - min);            //系数K与信号调理电路的增益有关
```

11.6　系统调试

高速数据采集系统是硬件和软件相结合,单片机系统、数字系统和模拟系统相结合的综合电子系统。当设计完成以后,需要对整个系统进行调试和测试,验证系统是否达到设计的功能。调试时应遵循"硬件和软件相结合""各子系统单独调试和联合调试相结合"的原则。从硬件上高速数据采集系统由3部分组成:单片机子系统、FPGA子系统以及模拟量输入子系统。调试一般先模块调试,后整机调试。

1. 单片机子系统调试

对单片机子系统来说,主要调试两大功能:一是调试TFT显示功能是否正常。为了测试TFT能否正确显示波形曲线,可在单片机数据缓冲区设定256字节数据(数据最好有规律变化,如数值逐渐增加),运行波形显示程序,观察TFT上显示的曲线是否正确。

二是调试按键功能是否正常。由于单片机的 DAC2(PA5 引脚)控制信号调理电路的直流偏置,PC0~PC2 控制信号调理电路的增益。按 K0 键和 K1 键,用示波器观察 PC0~PC2 的电平变化;按 K2 键和 K3 键,用示波器观察 PA5 引脚的电压变化。

2. 信号调理电路调试

将单片机的 PA5、PC0~PC2 分别与信号调理电路的 V_{DC}、S0~S2 连接,信号调理电路输入端接由信号发生器产生的峰峰值为 100mV、频率为 200kHz 的正弦波,使用示波器观察信号调理电路的输出信号波形。通过按键调节信号调理电路的增益和直流偏置,使信号调理电路输出的正弦信号电压范围为 1.5~3.5V。用示波器观察电压比较器输出,正常时应观察到频率 200kHz、占空比约 50% 的方波信号。图 11.6-1 所示为信号调理电路和电压比较器输出信号的实测波形。

3. FPGA 子系统调试

将模拟量输入通道与 FPGA 连接。通过 QuartusⅡ软件将图 11.4-11 所示的设计进行输入、编译、引脚锁定,下载到 FPGA 中。用示波器测试以下信号:

(1) INT1 信号。电压比较器的输出通过 FPGA 传送到单片机的 INT1(PB1)引脚,正常时应观察到方波。

(2) 高速 A/D 的数据输出波形。图 11.6-2 所示为 ADC 工作正常时的 D11(最高位)和 D4 的输出波形。

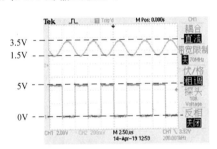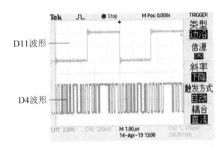

图 11.6-1　信号调理电路和电压比较器输出波形　　　图 11.6-2　高速 ADC 的 D11 和 D4 输出波形

4. 联机调试

将 FPGA 与单片机连接。用示波器观测单片机 PC5(START)和 PC4(WRFULL)引脚,正常时应观察到如图 11.6-3 所示的波形。START 的低电平期间,FIFO 采集 256 字节数据,从图 11.6-3 所示波形可以看到,START 信号的负脉冲非常窄,说明采集 256 字节数据所需要的时间很短。STRAT 高电平期间用于单片机读取 FIFO 中数据并将数据对应的波形显示在 TFT 上。从 START 的波形可以看到,在一次采集和显示的过程中,采集所占时间的比例极低,这正是高速数据采集系统的主要特点。当整个系统工作正常以后,就可以在 TFT 上观察到如图 11.6-4 所示的波形。

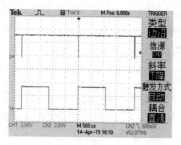

图 11.6-3　PC5 和 PC4 引脚测试波形

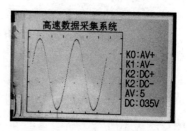

图 11.6-4　TFT 显示波形

思考题

1. 简述低速数据采集系统和高速数据采集系统各有什么特点。

2. 已知有一个双极性的信号源：$v(t)=10\sin 4\times 10^5\pi t\,(\mathrm{mV})$，ADC 的电压输入范围为 1.5～3.5V，为了使这个信号可以被 ADC 可靠地采集，请设计信号调理电路。

3. 模拟量输入通道中，电压比较器有什么作用？

4. 当输入信号的频率发生变化时，如何使一个周期的采样点数不变？

5. 假设以 25MHz 采样频率采集的 256 字节数据已经存放在 WaveData[] 数据缓冲区，而且 256 字节至少包含了 1 个完整周期的正弦信号。请编写程序，测量正弦信号的频率。

6. 高速 ADC 将内部参考电压送到外部输出引脚，该参考电压有什么用处？在使用中要注意什么？

7. 如何用单片机直接控制高速 ADC？

8. 本章介绍的高速数据采集系统中，采样频率是固定的。如何实现采样频率跟随输入信号频率的变化而变化？在图 11.2-1 所示框图的基础上画出原理框图。

设计训练题

设计题一　简易存储示波器

设计并制作一台简易数字存储示波器，示意图如图 P11-1 所示。设计要求：

(1) 要求仪器具有单次触发存储显示方式，即每按动一次"单次触发"键，仪器在满足触发条件时，能对被测周期信号或单次非周期信号进行一次采集与存储，然后连续显示。

(2) 要求仪器的输入阻抗大于 100kΩ，垂直分辨率为 32 级/div，水平分辨率为 20 点/div；设示波器显示屏水平刻度为 10div，垂直刻度为 8div。

(3) 要求设置 0.2s/div、0.2ms/div、20μs/div 三挡扫描速度，仪器的频率范围为 DC～50kHz，误差≤5%。

(4) 要求设置 0.01V/div、0.1V/div、1V/div 三挡垂直灵敏度，误差≤5%。

（5）仪器的触发电路采用内触发方式，要求上升沿触发、触发电平可调。

（6）观测波形无明显失真。

（7）增加连续触发存储显示方式，在这种方式下，仪器能连续对信号进行采集、存储并实时显示，且具有锁存（按"锁存"键即可存储当前波形）功能。

（8）增加水平移动扩展显示功能，要求存储深度增加一倍，并且能通过操作"移动"键显示被存储信号波形的任一部分。

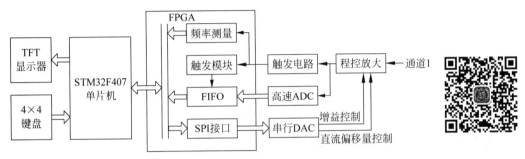

图 P11-1 存储示波器示意图

设计题二 脉冲信号参数测量仪

测量矩形脉冲信号的幅度 V_m 频率 f，占空比 D，被测脉冲信号幅度范围为 $0.1\sim 10V$，频率范围为 $10Hz\sim 2MHz$，占空比 D 范围为 $10\%\sim 90\%$。测量误差不大于 2%。脉冲信号参数定义如图 P11-2 所示。

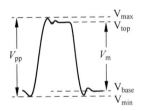

◆ $V_{pp}=V_{max}-V_{min}$，称峰峰值

◆ $V_m=V_{top}-V_{base}$，称幅度值。
其中，V_{top} 称为上稳定电平，
V_{base} 称为下稳定电平

◆ 本题，$V_{base}=0V$，则 $V_m=V_{top}$

图 P11-2 脉冲信号参数定义

第12章

CAN总线通信系统

12.1　CAN 总线简介

CAN 总线的全称为 Controller Area Network,即控制器局域网,是国际上应用最广泛的现场总线之一。CAN 总线最初被设计作为汽车环境中的微控制器通信,在车载各电子控制装置之间交换信息,形成汽车电子控制网络。由于其高性能、高可靠性及独特的设计,CAN 总线已经在汽车工业、航空工业、工业控制、安全防护等领域中得到了广泛应用。

CAN 总线的主要特性可概括如下:

(1) CAN 总线是一种多主方式的串行通信总线,网络上任一节点均可以在任意时刻主动地向网络上其他节点发送信息,而不分主从,通信方式灵活,且无需节点地址信息;

(2) 具有高的位速率,高抗电磁干扰性,而且能够检测出产生的任何错误。当信号传输距离达到 10km 时,CAN 总线仍可提供高达 5kbit/s 的数据传输速率;

(3) CAN 总线网络上的节点信息分成不同的优先级,可满足不同的实时要求;

(4) CAN 总线采用非破坏总线仲裁技术,当多个节点同时向总线发送信息时,优先级较低的节点会主动退出总线,而优先级最高的节点可不受影响地继续传输数据;

(5) CAN 总线能够使用多种物理介质,例如双绞线、光纤等;

(6) 可根据报文的 ID 决定接收或屏蔽该报文;

(7) 可靠的错误处理和检错机制;

(8) 发送的信息遭到破坏后,可自动重发;

(9) 节点在错误严重的情况下具有自动退出总线的功能。

12.2　CAN 总线协议

1. CAN 总线的物理层

CAN 总线具有 CAN_H 和 CAN_L 两条差分信号线。典型的 CAN 总线网络如图 12.2-1 所示。每个 CAN 节点由单片机、CAN 控制器、CAN 收发器三部分组成。单片机负责执行应用功能,如执行控制器、读传感器、处理人机接口等。CAN 控制器和 CAN 收发器构成 CAN 总线接口。CAN 控制器作为 CAN 总线的协议控制器,负责物理信令子层和数据链路子层的连接。CAN 收发器是 CAN 控制器和物理传输线路之间的接口,负责物理媒体连接子层的连接。常见的 CAN 控制器有恩智浦(NXP)公司的 PCX82C200、SJA1000 等。常见的 CAN 收发器有恩智浦公司的 PCA82C250、TJA1050 等。随着技术的发展,越来越多的单片机内部集成了 CAN 控制器,如 STM32 系列单片机所有型号都内部集成了 CAN 控制器,与 USART 接口、I²C 总线接口、SPI 总线接口一样,CAN 控制器已经成为高性能单片机的标配。

CAN 总线可以用高达 1Mb/s 的速率在两条有差动电压的总线电缆上传输数据。

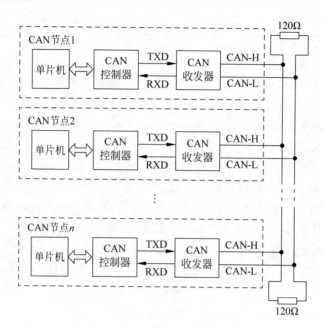

图 12.2-1　CAN 总线网络示意图

CAN 总线两端两个 120Ω 的电阻,对于匹配总线阻抗,起着相当重要的作用。忽略掉它们,会使数据通信的抗干扰性及可靠性大大降低,甚至无法通信。

　　CAN 总线上的数据是以隐性信号电平和显性信号电平来表示的。当 CAN 收发器的 TXD 输入高电平时,CAN-H 和 CAN-L 输出均为 2.5V 的额定电压,这时称 CAN 总线处于隐性状态;当 TXD 输入低电平时,CAN-H 输出 3.5V 的额定电压,CAN-L 输出 1.5V 的额定电压。CAN 总线的隐性电平和显性电平示意图如图 12.2-2 所示,隐性电平表示逻辑"1",显性电平表示逻辑"0"。CAN 收发器在发送数据时,收发器内部的比较器同时在监控总线。CAN 收发器内部的比较器将差动的总线信号转换成 TTL 逻辑电平,并在 RXD 输出。

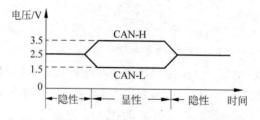

图 12.2-2　隐性电平和显性电平

　　在图 12.2-1 中,CAN 收发器的输出引脚通过 CAN 总线"线与"连接。假如有两个 CAN 节点,在同一时间一个输出隐性电平,一个输出显性电平,"线与"后总线处于显性电平状态。

　　当总线上的两个节点同时发送报文时,需要竞争 CAN 总线的占有权,这个过程称为仲裁。报文中首先出现隐性电平的节点将失去总线占有权,进入接收状态,另外一个节点竞争总线成功,继续发送信息。图12.2-3所示为CAN总线的仲裁过程。在区间1,节点1和节点2发送的电平一致,两个节点继续发送数据。在区间2,节点1首先出现隐性电平(图中用高电平表示),退出总线,改为接收状态,而节点2竞争总线成功,继续发送数据。

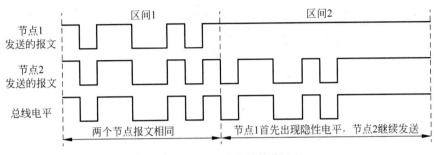

图12.2-3　CAN总线的仲裁过程

2. CAN 通信数据帧的结构

CAN总线虽然只有两条差分信号线,硬件电路非常简洁,但具有传送速率高、可靠性高、错误检测能力强,这些优点是通过一套复杂的协议来实现的。简单地讲,CAN通信是通过将命令或者数据进行打包以后进行传送的。将需要传输的数据前面加上传输起始标签、识别标签、控制标签,在数据的后面加上CRC校验标签、应答标签和传输结束标签,就构成一个需要传送的报文。其他设备接收到报文以后,只要按规定的格式去解读,就可以还原出命令或者数据。为了更有效地控制通信,CAN通信一共规定了5种类型的报文:数据帧、遥控帧、错误帧、过载帧、帧间隔。其中数据帧是CAN通信中最主要、最复杂的报文。数据帧有标准数据帧和扩展数据帧两种结构,如图12.2-4所示。

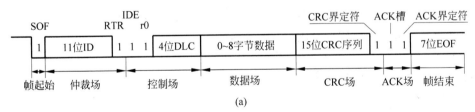

(a)

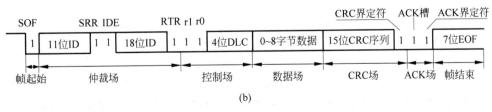

(b)

图12.2-4　数据帧的结构

(a) 标准数据帧;(b) 扩展数据帧

从图 12.2-4 可知,数据帧以一个显性位(图中以低电平表示)开始,以 7 个连续隐性位(图中以高电平表示)结束。

1) 仲裁场

仲裁场的主要内容为数据帧的标识符(Identifier,ID)信息。标准数据帧和扩展数据帧的主要区别在于 ID 的长度不一样,标准数据帧的 ID 长度为 11 位,扩展数据帧的长度为 29 位。在 CAN 通信中,ID 起到十分重要的作用。首先,CAN 总线上的数据帧是以广播的形式发送的,所以连接在 CAN 总线上的节点都会收到所有其他节点发出的数据帧。CAN 控制器根据数据帧的 ID 来决定是否接收数据(这个过程称为过滤)。其次,ID 也决定数据帧的优先级,根据图 12.2-3 所示的 CAN 总线仲裁过程,ID 的二进制值越小,其优先权就越高。

仲裁场除了 ID 外,还有 RTR(Remote Transmission Request)、IDE(Identifier Extension)、SRR(Substitute Remote Request)位。其中 RTR 位用来区分数据帧还是遥控帧,RTR 为显性(低电平)表示数据帧,否则为遥控帧。IDE 位用来区分标准数据帧还是扩展数据帧,在标准数据帧中 IDE 位为显性,在扩展数据帧中 IDE 位为隐性。SRR 位只存在于扩展数据帧中,它的位置与标准数据帧中的 RTR 位相同。由于扩展数据帧中的 SRR 为隐性,而标准数据帧的 RTR 位为显性,所以,两个 ID 相同的标准数据帧和扩展数据帧,标准数据帧的优先级较高。

2) 控制场

在控制场中,主要是 4 位 DLC,用来表示数据场中有多少个字节。DLC 表示的数字范围为 0~8。

3) 数据场

数据场为数据帧的核心内容,它由 0~8 个字节组成。

4) CRC 场

数据帧中包含了 15 位的 CRC 校验码。如果接收端计算出的 CRC 校验码和接收到的 CRC 校验码不一致,则接收端会向发送端反馈出错信息,要求重新发送。CRC 校验码的计算和出错处理一般由硬件完成。

5) ACK 场

ACK 场包括一个 ACK 槽和一个 ACK 界定符。

6) 帧结束

由发送端发送 7 个隐性位表示结束。

12.3　STM32F407 单片机的 CAN 控制器

STM32F407 单片机内含 bxCAN 控制器(Basic Extended CAN),它支持 CAN 协议 2.0A 和 2.0B。STM32F407 单片机有两个 CAN 控制器 CAN1 和 CAN2,其框图如图 12.3-1 所示。这里只简要介绍一下 CAN1。CAN1 中共有 3 个发送邮箱,供软件发送报文。发送调度器根据优先级决定哪个邮箱的报文先被发送。接收过滤器中共有 27 个位宽可变/可配置的标识符过滤器组。软件通过对它们的编程,使 CAN 控制器能够选择它需要的报文,把不需要的报文丢弃。CAN1 中有两个接收 FIFO,每个 FIFO 都可以存放3 个完整的报文,它们完全由硬件来管理。

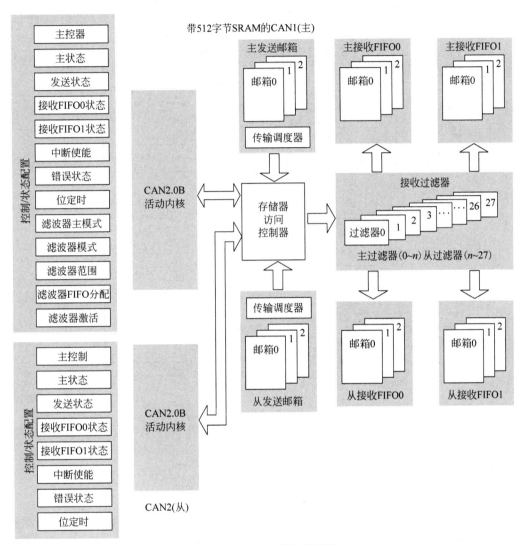

图 12.3-1　CAN 控制器框图

12.4　CAN 通信系统设计举例

12.4.1　设计题目

设计一个由一台主控器和两台智能节点组成的温度检测系统,其系统框图如图 12.4-1所示。

设计要求如下:

(1) 智能节点每隔 0.5s 测量一次温度值,将采集的温度值在本机显示并通过 CAN 总线传输到主控器。智能节点的温度传感器可以用一个可调电位器来模拟,可调电位器输出 0~3.3V 可调电压,经过单片机内部的 ADC 转换成数字量,该数字量就作为温度测量值。

(2) 主控器接收并显示两个智能节点的温度值。

(3) 主控器按 K0 键向智能节点 1 传送温度报警值"1234",按 K1 键向智能节点 2 传送温度报警值"5678"。

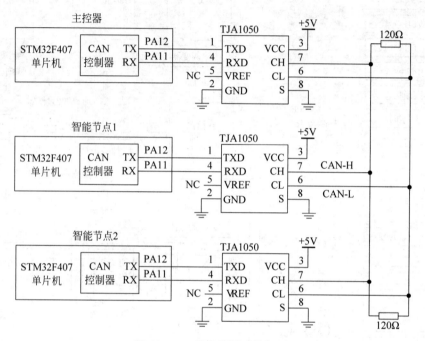

图 12.4-1　温度检测系统框图

12.4.2　方案设计

由于 STM32F407 单片机内部含有 CAN 控制器,因此,只要配上 CAN 收发器 TJA1050 就可以构成 CAN 通信系统,硬件电路十分简单。在图 12.4-1 所示的 CAN 总线系统中,有 3 个 CAN 节点:主控制器、智能节点 1、智能节点 2。STM32F407 单片机内部 CAN 控制器的发送数据线 CAN_TX 和接收数据线 CAN_RX 与单片机的 PA12 和 PA11 引脚对应(参见表 6.2-1)。PA12 和 PA11 与 TJA1050 相连。需要指出的是,CAN 总线上的节点没有主器件(主机)和从器件(从机)之分,所有节点都是平等的。之所以将节点命名为主控器或者智能节点,一方面是为了叙述方便,另一方面为了体现功能上的区别。

根据题目要求,需要传送 4 种不同的报文:主控器向智能节点 1 发送温度报警值的报文;主控器向智能节点 2 发送温度报警值的报文;智能节点 1 向主控器发送温度值的报文;智能节点 2 向主控器发送温度值的报文。CAN 总线系统中的每个报文需要设定标识符。假设采用 29 位的扩展标识符,由于要发送的报文种类比较少,因此报文标识符设定非常简单。4 种报文的标识符定义如表 12.4-1 所示。

表 12.4-1 报文标识符定义表

报文名称	报 文 说 明	标识符
报文 1	智能节点 1 向主控器发送温度值	0x1111
报文 2	智能节点 2 向主控器发送温度值	0x2222
报文 3	主控器向智能节点 1 发送温度报警值	0x1001
报文 4	主控器向智能节点 2 发送温度报警值	0x2002

因为智能节点采用单片机内部 12 位 ADC 的 A/D 转换值作为温度值,其数值范围为 0~4095。为了便于在 TFT 显示屏上显示,将温度测量值和报警值均转化为 4 字节的 BCD 码后再通过 CAN 总线传送。表 12.4-1 中的 4 种报文数据格式如图 12.4-2 所示。

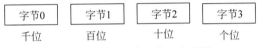

图 12.4-2 报文中 4 个字节数据

报文传送的示意图如图 12.4-3 所示。在初始化程序中定义好要接收报文的标识符,只要报文的标识符与初始化程序中的标识符一致,该报文就能被接收。

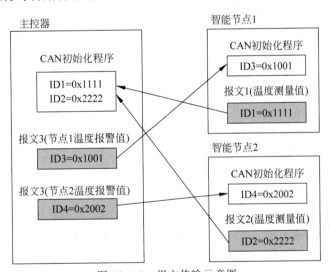

图 12.4-3 报文传输示意图

12.4.3 系统软件设计

1. 主控器软件设计

主控器的功能是接收来自智能节点的温度值,并向智能节点发送温度报警值。主控器的程序由主程序、键盘(INT0)中断服务程序、CAN 接收中断服务程序组成。

主程序主要完成单片机内部资源初始化、CAN 控制器初始化,其流程图如图 12.4-4 所示。CAN 接收中断服务程序接收来自智能节点 1 和智能节点 2 的温度测量值,其程序流程图如图 12.4-5 所示。

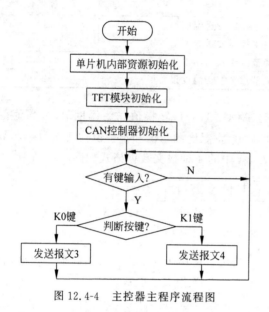

图 12.4-4　主控器主程序流程图　　　　图 12.4-5　CAN 接收中断服务
　　　　　　　　　　　　　　　　　　　　　　　　　程序流程图

2. 智能节点软件设计

智能节点的功能是每隔 0.5s 采集一次温度值,并通过 CAN 总线发送给上位机,同时,接收来自上位机的温度报警值。智能节点 1 和智能节点 2 的软件功能相同,因此,只需介绍智能节点 1 的软件设计即可。智能节点 1 的程序由主程序、定时器 0 中断服务程序、CAN 接收中断服务程序 3 部分组成。

主程序主要完成单片机内部资源初始化、CAN 控制器初始化、温度数据的采集、显示温度值和发送温度值,其流程图如图 12.4-6 所示。

智能节点通过 CAN 总线接收来自主控器的温度报警值。当 CAN 控制器接收到有效的数据帧以后,将产生 CAN 接收中断。智能节点 1 通过执行 CAN 接收中断服务程序来获得温度报警值并显示,其程序流程图如图 12.4-7 所示。

3. CAN 总线典型子程序设计

CAN 总线典型子程序包括 CAN 控制器初始化子程序、报文发送子程序和 CAN 接收中断服务程序。利用这 3 个子程序,就可以编写出基本的 CAN 总线通信应用程序。

1) 初始化子程序

CAN 总线的初始化包括以下步骤:

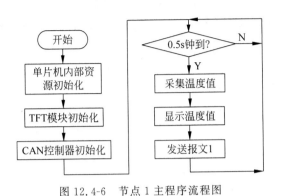

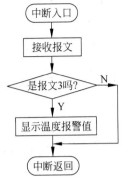

图 12.4-6　节点 1 主程序流程图　　　　　图 12.4-7　节点 1CAN 接收中断服务
　　　　　　　　　　　　　　　　　　　　　　　　程序流程图

（1）配置相关引脚的复用功能，使能 CAN 时钟。

这里需要设置 PA11(CAN1_RX) 和 PA12(CAN1_TX) 为复用功能，并使能 PA 口时钟。

```
RCC_AHB1PeriphClockCmd(RCC_AHB1Periph_GPIOA, ENABLE);          //使能 PORTA 时钟
RCC_APB1PeriphClockCmd(RCC_APB1Periph_CAN1, ENABLE);          //使能 CAN1 时钟
GPIO_InitStructure.GPIO_Pin = GPIO_Pin_11| GPIO_Pin_12;        //使能 GPIO
GPIO_InitStructure.GPIO_Mode = GPIO_Mode_AF;
GPIO_InitStructure.GPIO_OType = GPIO_OType_PP;
GPIO_InitStructure.GPIO_Speed = GPIO_Speed_100MHz;             //100MHz
GPIO_InitStructure.GPIO_PuPd = GPIO_PuPd_UP;
GPIO_Init(GPIOA, &GPIO_InitStructure);
GPIO_PinAFConfig(GPIOA,GPIO_PinSource11,GPIO_AF_CAN1);         //引脚复用映射配置
GPIO_PinAFConfig(GPIOA,GPIO_PinSource12,GPIO_AF_CAN1);
```

（2）设置 CAN 工作模式和波特率等。

```
CAN_DeInit(CAN1);
CAN_InitStructure.CAN_TTCM = DISABLE;          //不采用时间触发通信模式
CAN_InitStructure.CAN_ABOM = DISABLE;          //软件自动离线管理
CAN_InitStructure.CAN_AWUM = DISABLE;          //睡眠模式通过软件唤醒
CAN_InitStructure.CAN_NART = DISABLE;          //报文自动传送
CAN_InitStructure.CAN_RFLM = DISABLE;          //报文不锁定,新的覆盖旧的
CAN_InitStructure.CAN_TXFP = DISABLE;          //优先级由报文标识符决定
CAN_InitStructure.CAN_Mode = CAN_Mode_Normal;  //模式设置

CAN_InitStructure.CAN_SJW = CAN_SJW_1tq;       //注 1
CAN_InitStructure.CAN_BS1 = CAN_BS1_7tq;       //注 1
CAN_InitStructure.CAN_BS2 = CAN_BS2_6tq;       //注 1
CAN_InitStructure.CAN_Prescaler = 6;           //设置分频系数
CAN_Init(CAN1, &CAN_InitStructure);            //初始化 CAN1
```

注 1：这三条语句用来设定 t_{SJW}、t_{BS1}、t_{BS2} 这 3 个时间参数。t_{SJW} 的可选参数为 CAN_

$SJW\_1tq\sim CAN\_SJW\_4tq, t_{BS1}$ 的可选参数为 $CAN\_BS1\_1tq\sim CAN\_BS1\_16tq, t_{BS2}$ 的可选参数为 $CAN\_BS2\_1tq\sim CAN\_BS2\_8tq$。这 3 个时间参数和分频系数 Prescaler 用来确定 CAN 通信的波特率。波特率可通过下式计算：

$$波特率=\frac{1}{t_{SJW}+t_{BS1}+t_{BS2}}\times\frac{f_{PCLK1}}{Prescaler}=\frac{1}{1+7+6}\times\frac{42MHz}{6}=0.5MHz$$

$$(12.4\text{-}1)$$

式中，f_{PCLK1} 为 CAN1 外设所使用的 APB1 总线时钟 PCLK1 的频率(参考图 5.2-2)。CAN 总线上所有节点的波特率设置必须相同。

(3) 设置过滤器。

所谓过滤，就是 CAN 控制器根据收到报文的 ID，选择是否把报文保存到接收 FIFO 中。ID 的过滤模式有两种：一种是标识符列表模式，把要接收报文的 ID 列成一个表，当接收到报文的 ID 与列表中的某一个 ID 完全相同才可以接收。另一种是标识符屏蔽模式。这种模式不是把 ID 的每一位都拿来比较，而是只对 ID 其中的某几位(屏蔽位)作比较，只要求报文 ID 的屏蔽位与列表中标识符相应屏蔽位相同，报文就保存到接收 FIFO 中。在主控器和智能节点的初始化程序中，将过滤模式设置为 32 位标识符屏蔽模式。需要指出的是，主控器需要接收两种报文，所以在设置过滤器时，需要配置两个过滤器组。如果针对智能节点 1 和智能节点 2 的初始化程序，则只需要配置一组过滤器即可。以下的初始化程序用于主控器。如果用于智能节点，只需要以下程序段中的一半语句即可。

```
CAN_FilterInitStructure.CAN_FilterNumber = 0;                              //过滤器 0
CAN_FilterInitStructure.CAN_FilterMode = CAN_FilterMode_IdMask;            //屏蔽模式
CAN_FilterInitStructure.CAN_FilterScale = CAN_FilterScale_32bit;           //32 位
CAN_FilterInitStructure.CAN_FilterIdHigh =
((((u32)0x2222 << 3)|CAN_ID_EXT|CAN_RTR_DATA)&0xFFFF0000)>> 16;            //注 1
CAN_FilterInitStructure.CAN_FilterIdLow =
(((u32)0x2222 << 3)|CAN_ID_EXT|CAN_RTR_DATA)&0xFFFF;                       //注 1
CAN_FilterInitStructure.CAN_FilterMaskIdHigh = 0xFFFF;                     //注 2
CAN_FilterInitStructure.CAN_FilterMaskIdLow = 0xFFFF;                      //注 2
CAN_FilterInitStructure.CAN_FilterFIFOAssignment = CAN_Filter_FIFO0;       //过滤器 0 关联到 FIFO0
CAN_FilterInitStructure.CAN_FilterActivation = ENABLE;                     //激活过滤器 0
CAN_FilterInit(&CAN_FilterInitStructure);                                  //滤波器初始化

CAN_FilterInitStructure.CAN_FilterNumber = 1;                              //过滤器 1
CAN_FilterInitStructure.CAN_FilterMode = CAN_FilterMode_IdMask;
CAN_FilterInitStructure.CAN_FilterScale = CAN_FilterScale_32bit;
CAN_FilterInitStructure.CAN_FilterIdHigh =
(((((u32)0x1111 << 3)|CAN_ID_EXT|CAN_RTR_DATA)&0xFFFF0000)>> 16;
CAN_FilterInitStructure.CAN_FilterIdLow =
(((u32)0x1111 << 3)|CAN_ID_EXT|CAN_RTR_DATA)&0xFFFF;
CAN_FilterInitStructure.CAN_FilterMaskIdHigh = 0xFFFF;
CAN_FilterInitStructure.CAN_FilterMaskIdLow = 0xFFFF;
CAN_FilterInitStructure.CAN_FilterFIFOAssignment = CAN_Filter_FIFO0;
```

```
CAN_FilterInitStructure.CAN_FilterActivation = ENABLE;        //激活过滤器 1
CAN_FilterInit(&CAN_FilterInitStructure);                     //滤波器初始化
```

注 1：这两条语句用于设置标识符的高 16 位和低 16 位。赋值时,32 位标识符 0x00002222 左移 3 位,是因为扩展标识符本身只有 29 位,同时将低 3 位用于保留位、RTR 位和 IDE 位。

注 2：这两条语句用于屏蔽字的高 16 位和低 16 位。值为 1 的对应位参与比较,值为 0 的位不参与比较。由于上述语句中将所有屏蔽为设为 1,ID 的每一位都要参加比较,屏蔽模式实际上跟列表模式已经没有区别了。在实际的屏蔽模式使用中,一般不会要求 ID 的每一位都参与比较,而是选择某些位参与比较,目的是过滤出一组报文。

（4）中断配置。

```
CAN_ITConfig(CAN1,CAN_IT_FMP0,ENABLE);                          //FIFO0 消息挂号中断允许
NVIC_InitStructure.NVIC_IRQChannel = CAN1_RX0_IRQn;
NVIC_InitStructure.NVIC_IRQChannelPreemptionPriority = 1;       //抢占先级为 1
NVIC_InitStructure.NVIC_IRQChannelSubPriority = 0;              //响应先级为 0
NVIC_InitStructure.NVIC_IRQChannelCmd = ENABLE;
NVIC_Init(&NVIC_InitStructure);
```

2）报文发送子程序设计

CAN 控制器完成初始化后,就可以用 CAN 控制器来发送数据了。发送数据前,要先把数据打包成完整的报文格式。以下是主控器发送报文的子程序。

len：数据长度,最大值为 8；msg：数据指针,最大为 8 个字节；sendID：报文标识符。

```
u8 Can_Send_Msg(u8 * msg,u8 len,u32 sendID)
{
        u8 mbox;
        u16 m = 0;
        CanTxMsg TxMessage;
        TxMessage.ExtId = sendID;                              //设置扩展标示符(29 位)
        TxMessage.IDE = CAN_ID_EXT;                            //使用扩展标识符
        TxMessage.RTR = CAN_RTR_DATA;                          //报文类型为数据帧,一帧 8 位
        TxMessage.DLC = len;                                   //数据长度
        for(m = 0;m < len;m++)
        TxMessage.Data[m] = msg[m];                            //第一帧信息
        mbox = CAN_Transmit(CAN1, &TxMessage);                 //发送函数
        m = 0;
        while((CAN_TransmitStatus(CAN1, mbox)!= CAN_TxStatus_Failed)&&(m < 0xFFF))  m++;
                                                               //等待发送结束
        if(m > = 0xFFF)
        return 1;
        return 0;
}
```

3）CAN 接收中断服务程序

当 CAN 控制器的 FIFO0 接收到报文时,将会进入中断。以下是主控器中断服务程序源程序。

```
void CAN1_RX0_IRQHandler(void)
{
    CanRxMsg RxMessage;
    CAN_Receive(CAN1, CAN_FIFO0, &RxMessage);      //从 FIFO 中读取数据
    if(RxMessage.ExtId == 0x1111)                   //显示从智能节点 1 接收到的温度测量值
    {
        LCD_ShowCharBig(200,190,RxMessage.Data[2],YELLOW);
        LCD_ShowCharBig(216,190,RxMessage.Data[3],YELLOW);
        LCD_ShowCharBig(232,190,RxMessage.Data[4],YELLOW);
    }
    if(RxMessage.ExtId == 0x2222)                   //显示从智能节点 1 接收到的温度测量值
    {
        LCD_ShowCharBig(200,110,RxMessage.Data[2],YELLOW);
        LCD_ShowCharBig(216,110,RxMessage.Data[3],YELLOW);
        LCD_ShowCharBig(232,110,RxMessage.Data[4],YELLOW);
    }
}
```

12.4.4 系统调试

将主控器、智能节点 1 和智能节点 2 按照图 12.4-1 连接好。将程序下载，正常运行后，主控器、智能节点 1 和智能节点 2 的显示界面如图 12.4-8 所示。智能节点显示的当前温度值(实际上是单片机内部 ADC 的 A/D 转换值)，其范围为 0~4095。当前温度值每隔 0.5s 变化一次，调节 ADC 的输入电压，当前温度值也随之改变。当智能节点的当前温度值与主控器接收到的温度值一致时，说明主控器接收功能正常。按主控器的 K0 键或者 K1 键，智能节点 1 收到"1234"(该温度报警值在主控器程序中设定)，智能节点 2 收到"5678"，说明主控器发送功能正常。

图 12.4-8 主控器和智能节点的显示界面

为了进一步了解 CAN 通信系统的工作状况，可以对关键信号进行测试。在主控器的 CAN 接收中断服务程序中，加入 PE0 取反的测试程序 PE0Tog(该程序源代码参见例 5.3-1)。用示波器观察主控器单片机的 PE0 引脚，正常情况下，每执行一次中断服务程序，PE0 引脚电平翻转一次。图 12.4-9(a)所示为 CAN 总线上只有一个智能节点发送报文时，PE0 的波形。从波形图可以看到，PE0 在 0.5s 的间隔内翻转一次，说明每隔 0.5s 主控器接收到一帧数据。图 12.4-9(b)所示为 CAN 总线上有两个智能节点发送

报文时,PE0 的波形,在 0.5s 的间隔内翻转两次,说明每隔 0.5s 主控器接收到两帧数据。

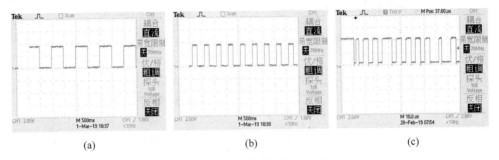

(a)   (b)   (c)

图 12.4-9　主控器的测试波形

将智能节点 2 发送的报文 2 的 29 位 ID 码设为 0x13333333,数据长度 DLC 设为 4,用示波器观察主控器 CAN_RX(PA11)引脚,得到图 12.4-9(c)的波形。该波形就是智能节点 2 送过来数据帧的前半部分波形。图 12.4-10 就是参照 12.2-4(b)所示的扩展数据帧格式分析的结果,表明实际波形与程序设定是相符的。另外,根据图 12.4-9(c)的波形可以测量每位数据的位宽,其倒数就是波特率。

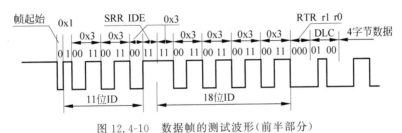

图 12.4-10　数据帧的测试波形(前半部分)

上述测试均正常以后,表明 CAN 总线工作正常,达到了题目设计要求。

思考题

1. CAN 总线有什么特点?
2. CAN 总线有哪几种类型的帧?
3. CAN 总线的数据帧由哪几部分组成?
4. 如何设置 CAN 总线通信波特率?
5. 请简述标识符屏蔽模式和标识符列表模式的原理。

设计训练题

设计题一　步进电机速度监控系统

设计并制作一套用于步进电机的监控系统,它由主控器和步进电机控制器两部分组成,系统结构如图 P12-1 所示。

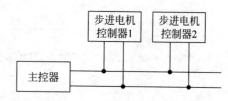

图 P12-1　步进电机速度监控系统

（1）步进电机控制器可控制步进电机的速度和方向,并能在显示器上显示设定速度和方向。

（2）主控器能显示步进电机控制器的编号、速度和方向,并可以向步进电机控制器发送速度报警值。

（3）步进电机控制器的速度如果超过速度报警值,能声光报警,并可用手动方式解除报警状态。

（4）通信距离要求大于 30m。

参 考 文 献

［1］　赛尔吉·弗朗哥.基于运算放大器和模拟集成电路的电路设计［M］.荣玫,等,译.西安:西安交通大学出版社,2004.

［2］　康华光.电子技术基础　模拟部分［M］.6版.北京:高等教育出版社,2014.

［3］　王欣,等.Intel FPGA/CPLD 设计(基础篇)［M］.北京:人民邮电出版社,2017.

［4］　Grout I.基于 FPGA 和 CPLD 的数字系统设计［M］.金明录,等,译.北京:电子工业出版社,2009.

［5］　Roth C H.数字系统设计与 VHDL［M］.2版.北京:电子工业出版社,2008.

［6］　黄继业,陈龙,潘松.EDA 技术与 Verilog HDL［M］.3版.北京:清华大学出版社,2017.

［7］　刘火良,杨森.STM32 库开发实战指南——基于 STM32F4［M］.北京:机械工业出版社,2017.

［8］　黄根春,周立青,张望先.全国大学生电子设计竞赛教程——基于 TI 器件设计方法［M］.北京:电子工业出版社,2011.

［9］　陈祝明,李晓宁.电子系统专题设计与制作［M］.成都:电子科技大学出版社,2012.

［10］　Williams T.电路设计技术与技巧［M］.2版.周玉坤,等,译.北京:电子工业出版社,2007.

图 书 资 源 支 持

感谢您一直以来对清华版图书的支持和爱护。为了配合本书的使用，本书提供配套的资源，有需求的读者请扫描下方的"清华电子"微信公众号二维码，在图书专区下载，也可以拨打电话或发送电子邮件咨询。

如果您在使用本书的过程中遇到了什么问题，或者有相关图书出版计划，也请您发邮件告诉我们，以便我们更好地为您服务。

我们的联系方式：

地　　址：北京市海淀区双清路学研大厦 A 座 701

邮　　编：100084

电　　话：010－62770175－4608

资源下载：http://www.tup.com.cn

客服邮箱：tupjsj@vip.163.com

QQ：2301891038（请写明您的单位和姓名）

用微信扫一扫右边的二维码，即可关注清华大学出版社公众号"清华电子"。

教学交流、课程交流

清华电子

扫一扫，获取最新目录